„ALLES IST TEURER ALS UKRAINISCHES LEBEN"

„ALLES IST TEURER ALS UKRAINISCHES LEBEN“

Texte über Westsplaining und den Krieg

Herausgegeben von
Aleksandra Konarzewska
Schamma Schahadat | Nina Weller

*edition.*fotoTAPETA____*Flugschrift*

INHALT

ANGRIFFSKRIEG, IGNORANZ UND EMPÖRUNG
Einleitung 11

KULTURELLE VIELFALT IST DIE STÄRKE DER UKRAINE
Andrii Portnov – 2. März 2022 22

IST DIE RUSSISCHE KULTUR VERANTWORTLICH FÜR „PUTINS KRIEG"?
Oleksiy Panych – 10. März 2022 27

GENIALE SCHRIFTSTELLER ALS CHAUVINISTEN
Michael Martens, Petro Rychlo – 28. März 2022 31

NICHT JEDE KRITIK IST RUSSOPHOB
Lia Dostlieva, Andrii Dostliev – 29. März 2022 39

CANCEL CULTURE GEGEN EXECUTE CULTURE
Victoria Amelina – 31. März 2022 46

WAS SIND RUSSIST:INNEN DER UKRAINE SCHULDIG?
Susan Smith-Peter – 1. April 2022 50

SCHLUSS MIT WESTSPLAINING
Szczepan Twardoch – 6. April 2022 56

RUSSLAND WIRD RUSSLAND BLEIBEN – AUCH WENN PUTIN GEHT
Szczepan Twardoch – 7. April 2022 64

MEHR ALS NUR RUSSISCH
Alexander Kratochvil – 12. Apil 2022 69

SCHLUSS MIT DEN RUSSLANDMYTHEN!
Witold Jurasz – 13. April 2022 72

LEKTIONEN AUS EINEM GROSSEN BLUFF
Oksana Sabuschko – 22. April 2022 80

FÜR DAS RECHT DER STÄRKEREN
Georg Witte – 3. Mai 2022 88

WAS KANN DENN TOLSTOI DAFÜR?
Jens Herlth – 8. Mai 2022 92

VON JUGOSLAWIEN LERNEN
Alida Bremer – 12. Mai 2022 97

VERBÜNDETE DER HENKER
Matthew Omolesky – 13. Mai 2022 102

PUTIN IN UNS SELBST
Karolina Kołpak, Aleksandra Konarzewska –
15. Mai 2022 117

WIE DER KRIEG DIE WORTE ZERSTÖRT
Claudia Dathe, Olga Radetzkaja, Thomas Weiler –
25. Mai 2022 122

FALSCHE ERINNERUNGEN
Timothy Snyder – 27. Mai 2022 128

IRGENDWIE IST ALLES TEURER ALS
UKRAINISCHE LEBEN
Kateryna Mishchenko – 28. Mai 2022 137

DIE RUSSISCHE SCHULD
Boris Schumatsky – 29. Mai 2022 140

ENTFESSELTE GEWALT ALS NORM
Sergej Medwedew – 3. Juni 2022 147

DER KRIEG IST KEINE METAPHER
Halyna Kruk – 18. Juni 2022 153

FIFTY SHADES OF „GRAUTÖNE"
Franziska Davies – 4. Juli 2022 157

WIR WERDEN VERNICHTET
Serhij Zhadan – 6. Juli 2022 164

DIE RUSSISCHE KULTUR VERDIENT EINE
VIEL GRÖSSERE STRAFE ALS EINEN BOYKOTT
Kinga Dunin, Oleksiy Radynski – 7. Juli 2022 167

HISTORISCHE IGNORANZ?
Marcel Krueger – 19. August 2022 176

DIE „WESTSPLAINERS" ERKLÄREN
Aliaksei Kazharski – 19. Juli 2022 182

DIE RUSSEN HABEN PUTIN ERSCHAFFEN.
ER IST IHR FLEISCH UND BLUT
Marci Shore, Wolodimir Rafejenko – 23. Juli 2022 190

MARIUPOL UND DAS WARSCHAUER GHETTO
Tomasz Kamusella – 9. August 2022 199

DAS HERRSCHERVOLK REGIERT
NOCH IN DEN KÖPFEN
Botakoz Kassymbekova, Annette Werberger –
23. August 2022 210

AUCH IM KULTURBETRIEB MÜSSEN SANKTIONEN
GEGEN RUSSLAND EINGEFÜHRT WERDEN
Natalka Sniadanko, Tanja Dückers – 30. August 2022 215

PUTIN, RUSSLAND UND DER KRIEG
GEGEN DIE UKRAINE
Nicolas Hayoz – 1. September 2022 221

DIESER SOGENANNTE PAZIFISMUS IST
EINE KLEINBÜRGERLICHE IDEOLOGIE
Vasyl Cherepanyn, Fabian Bechtle, Leon Kahane –
6. Oktober 2022 230

DIE DEUTSCHE NARBE
Felix Ackermann – 14. November 2022 239

WENN WIR VERSTUMMEN, FÜHLT SICH
DAS BÖSE SICHERER
Serhij Zhadan – 2. Dezember 2022 245

ANMERKUNGEN 252

AUTOR:INNEN 268

ANGRIFFSKRIEG, IGNORANZ UND EMPÖRUNG

Einleitung

„Irgendwie ist alles teurer als ukrainische[s] Leben. Irgendwie darf die Ukraine nicht gewinnen, auch wenn es nicht laut ausgesprochen wird. Diese politökonomische Logik sollte umgehend infrage gestellt werden! Aber nicht mittels weiterer Opfer, sondern mittels einer kritischen Position der Menschlichkeit." Diese bitteren Sätze schrieb die Schriftstellerin, Kuratorin und Verlegerin Kateryna Mishchenko in einem Text für den Berliner *Tagesspiegel.* Der Text erschien im Mai 2022, als der großangelegte russische Angriffskrieg gegen die Ukraine schon drei Monate und vier Tage andauerte, als die russischen Invasoren mit zunehmender Härte bereits horrende Zerstörungen in der gesamten Ukraine angerichtet hatten und Tausende von Zivilisten durch den gezielt gegen sie eingesetzten Vernichtungswillen seitens Russlands vertrieben, misshandelt oder getötet worden waren. Charkiw, Mariupol, Butscha, Irpin, Mykolajiw… Ortsnamen von ukrainischen Städten, die es besonders hart getroffen hat, sind aufgrund der Bombardierungen, der Menschenrechtsverletzungen und der entsetzlichen Gewaltverbrechen an Ukrainer:innen zu trauriger internationaler Berühmtheit gelangt.

Es ist der folgenreichste Angriffskrieg auf ein europäisches Land mit der schlimmsten Flüchtlingskrise in Europa seit dem Zweiten Weltkrieg. Von Februar bis Dezember 2022 wurde nach Angaben des UNHCR über ein Drittel der ukrainischen Bevölkerung zur Flucht gezwungen, mehr als 7,8 Millionen Menschen aus der Ukraine leben mittlerweile als Flüchtlinge in europäischen Staaten; Millionen von Ukrainer:innern sind wieder zurückgekehrt, gleichzeitig sind weiterhin mehr als 7 Millionen Menschen innerhalb des Landes auf der Flucht.[1] Hunderttausende Menschen aus der Ukraine sind in Deutschland als Kriegsflüchtlinge registriert.[2]

Auch Kateryna Mishchenko, die zuvor in Kyjiw lebte, ist im März 2022 mit ihrem Sohn über die westukrainische Stadt Iwano-Frankiwsk nach Berlin geflohen. Seither schreibt sie, wie viele ukrainische Schriftsteller:innen, Künstler:innen, Wissenschaftler:innen und Journalist:innen, unermüdlich über die Kriegsverbrechen in der Ukraine, berichtet über den Selbstverteidigungsmut der Ukrainer:innen, diskutiert darüber, wie Europa die Ukraine in Richtung Sieg unterstützen und wie man Räume eines differenzierten Dialogs pflegen und verteidigen kann. Im Laufe des mittlerweile zehn Monate (Stand Dezember 2022) anhaltenden Krieges appellierte sie zusehends wütender an Deutschland, die Ukraine in ihrem Kampf gegen den russisch-imperialistischen Angreifer – der auch ein Kampf für Europa ist – nicht alleine zu lassen und den lang eingeübten russlandzentrierten Blick spätestens jetzt abzulegen, was konkret bedeutet: die Verteidigung der Ukraine als souveränen Staat mit seiner ganz eigenen Geschichte, Sprachsituation und Kultur – aus einer „kritischen Position der Menschlichkeit" – endlich ernst zu nehmen. Überhaupt ist die Wut eine der typischsten Emotionen, die die ukrainischen Texte seit Kriegsbeginn charakterisieren, eine Emotion, die allzu verständlich ist, wenngleich nicht alle sie verstehen, zumal, wenn sie im warmen und sicheren Westen sitzen und an die ukrainischen Stimmen appellieren, doch vernünftiger und gemäßigter zu sein. Dieser Konflikt zwischen der ukrainischen Wut und der westlichen Forderung nach Mäßigung kommt in einigen der hier abgedruckten Texte zum Ausdruck. Überhaupt ist die Wut offensichtlich in der ukrainischen Literatur seit Kriegsbeginn, so bestimmt sie den Ton in Serhij Zhadans Sammlung von Social-Media-Posts *Himmel über Charkiw. Nachrichten vom Überleben im Krieg* oder in Oksana Sabuschkos Essaysammlung *Die längste Buchtour*, beide nach Kriegsbeginn erschienen. Mäßigung kann man fordern, wenn das eigene Leben, das Leben der eigenen Familie und der eigenen Freund:innen nicht bedroht ist. Wenn der Preis aber das eigene Leben – in diesem Fall: das ukrainische Leben – ist, dann ist Mäßigung fehl am Platze.

Doch nicht nur die Ukrainer:innen sind wütend, sondern auch Menschen, die ausreichend Erfahrung mit der russischen

Vorherrschaft im zentral- und osteuropäischen Raum haben. „Schluss mit Westsplaining", fordert der polnische Star-Autor Szczepan Twardoch. „Liebe westdeutsche Intellektuelle", so schreibt er weiter, „ihr habt keine Ahnung von Russland. Russland hat euch nie berührt." Der Hintergrund dieser Wut auch auf die deutsche Leserschaft ist Folgender: Während die Ukrainer:innen in Deutschland einerseits auf eine enorme Welle der Unterstützung und Solidarität treffen, so kommt es daneben (spätestens seit den langwierigen Diskussionen über Waffenlieferungen) zu vielfach dünkelhaften Debatten-Wolken, die sich aus Ignoranz, Relativierung und Überheblichkeit speisen und in deren Dunst das konkrete (Über)leben der Ukrainer:innen tatsächlich weniger Wert zu haben scheint als der Erhalt der eigenen Überzeugungen und Komfortzonen. In einem „Offenen Brief an Kanzler Scholz" vom April 2022[3], in einem Waffenstillstandsappell vom Juni 2022[4], in dem vom Berliner Sender *radioeins* übertragenen, desaströs empathielos geführten Gespräch Jakob Augsteins mit der Schriftstellerin Tanja Maljartschuk im Literaturhaus Berlin[5], sowie in zahlreichen Debatten-Artikeln, Radiosendungen und Talkshows kam oft eine zutiefst unsensible und belehrende Haltung sogenannter linksliberaler deutscher Intellektueller zum Vorschein, für die es inzwischen den bereits genannten Begriff des „Westsplaining" gibt. Analog zum Begriff des „Mansplaining" zur Bezeichnung der belehrenden, aber unwissenden Haltung eines Mannes gegenüber einer Frau – „Selbstüberschätzung gepaart mit Ahnungslosigkeit"[6] –, bezeichnet der Begriff „Westsplaining" die grundsätzlich überhebliche, aber ignorant-ahnungslose Blickweise vieler Westeuropäer:innen oder Amerikaner:innen auf Zentral- und Osteuropa im Allgemeinen und eine Position des Besserwissens, das immun scheint gegenüber dem Leid und dem Kampf der Ukrainer:innen im Besonderen. Dabei kann man den „28 Intellektuellen und Künstler:innen", die am 29. April 2022 einen „Offenen Brief an Kanzler Scholz" in der Zeitschrift *Emma* publiziert haben, nicht einmal Boshaftigkeit unterstellen, sondern einfach eine bodenlose Naivität, die dazu führt, dass sie anti-ukrainischen russischen Narrativen auf den Leim gehen. Um „Grautöne" bemüht in einem Krieg, der eigentlich glasklar schwarz-weiß ist (Täter vs. Opfer), erwarten die deutschen Intellektuellen und Künstler:innen von den Ukrainer:innen, ein „perfektes Opfer" zu sein, „um wirklich Solidarität zu verdienen", wie die Münchner Osteuropahistorikerin Franziska Davies schreibt. Viele Zentral- und Osteuropäer:innen und derzeit insbesondere Ukrainer:innen müssen die Erfahrung machen, in Debatten über Osteuropa und über den Krieg als Objekt und nicht als Subjekt der Geschichte und der Kriegsereignisse betrachtet zu werden; ganz ähnlich war es übrigens bei den Jugoslawienkriegen (s. den Beitrag von Alida Bremer). „Im Wirbel der Äußerungen werden nicht alle Stimmen gleichermaßen gehört. Die Hierarchie, die bestimmt, wer Handlungsmacht ausüben darf, folgt bis heute den kolonialen Narrativen und führt dazu, dass ukrainische Stimmen nicht gleichberechtigt gehört werden" (Lia Dostlieva, Andrii Dostliev).

Zentral- und Osteuropär:innen, darunter auch Russ:innen, warnten seit Jahrzehnten davor, dass die Grundstimmung in Russland stets imperialistisch und gewaltbereit blieb. Die Appelle der NGOs, unabhängiger Journalist:innen, Aktivist:innen und Politiker:innen, die konkrete Beispiele von russischen Kriegsverbrechen und Völkerrechtsverletzungen in Europa und im Kaukasus aufzeichneten, blieben jedoch politisch weitgehend wirkungslos. Trotz der gut dokumentierten russischen Gräueltaten in Itschkerien (Tschetschenien), Georgien, Transnistrien und in der Ukraine konnten deutsche, amerikanische, britische und französische Prominente und Politiker:innen nicht nur für Russland, sondern auch für Wladimir Putin selbst immer verständnisvolle Worte finden: „Es ist meine Aufgabe als Premierminister, Herrn Putin zu mögen" (Tony Blair 2001 im Gespräch mit Anna Politkowskaja),[7] „Ich habe dem Mann in die Augen gesehen [...]. Ich konnte ein Gefühl für seine Seele bekommen" (George W. Bush, 2001),[8] „[Er] ist ein lupenreiner Demokrat" (Gerhard Schröder, 2004),[9] „Ich mache den Russen überhaupt keinen Vorwurf für die Schritte, die sie in der Ukraine unternommen haben" (John Mearsheimer, 2020).[10] Solche, sich der Realität der russischen Ideologie gegenüber verschließenden Einstellungen waren aber nicht nur in der Politik und in der

Wirtschaft zu beobachten, sondern auch in Kultur und Wissenschaft. Die westlichen Literatur-, Musik-, und Kulturkreise, die sich sonst gerne als humanistisch, progressiv und pazifistisch bezeichnen, feierten jahrelang Künstler:innen, die enge Beziehungen zum Kreml hatten bzw. die brutale Politik Russlands gegen seine Nachbarländer (Ukraine, Georgien) laut und überzeugt unterstützten: sei es der Schriftsteller Sachar Prilepin, die Opernsängerin Anna Netrebko, der Filmregisseur Nikita Michalkow oder der Dirigent Waleri Gergijew. Das Deutsche Historische Institut in Moskau hatte unter seinen Kooperationspartner:innen Sergej Naryschkin, einen der engsten Mitarbeiter Putins und Chef des russischen Auslandsgeheimdienstes.[11]

In Deutschland (und in vielen anderen Ländern) haben die Osteuropawissenschaftler:innen nun ein Problem (das, angesichts des Problems des Krieges, zugegebenermaßen eher eine Nebensache ist), denn sowohl die Osteuropäische Geschichte als auch die Slavistik sind eindeutig russlandzentriert. Die Wissenschaftler:innen sind größtenteils in den Russlandstudien sozialisiert, sprechen fast alle Russisch und (manchmal) auch Polnisch, Tschechisch oder Bosnisch-Kroatisch-Serbisch, so dass sie die russische Optik selten in Frage gestellt haben. Daher wurde auch unter vielen Fachspezialist:innen die Geschichte und Kultur der Ukraine, von Belarus, Bulgarien, Kasachstan oder der Kaukasusländer zuerst durch die Augen der Petersburger und Moskauer Autor:innen wahrgenommen. Das zeigt sich z. B. daran, dass die blutige Militärpolitik Russlands in seinen Nachbarländern in den letzten drei Jahrzehnten auf der „mental map" der westlichen Slavistik und der Regionalstudien weitgehend (systemisch) ignoriert wurde. Erst seit der völkerrechtswidrigen Annexion der Krim 2014 und seit den Protesten in Belarus im Sommer 2020 sind auch die ukrainische und belarusische Literatur, Sprache und Geschichte, zumindest zeitweise, von der Peripherie in Richtung Zentrum gerutscht – wobei die Trägheit der (Wissenschafts-)Politik, die ihre Aufmerksamkeit eher auf große Player richtet, eine Institutionalisierung der Ukrainistik oder der Belarusistik an den Universitäten fast unmöglich macht. Jene Wissenschaftler:innen, die über solide Kenntnisse über die Ukraine und Belarus verfügen, lassen sich an einer Hand abzählen, aber zum Glück gibt es sie. Die wissenschaftliche Unterversorgung dieser Räume angesichts des russischen Krieges gegen die Ukraine hat zwei Effekte: Zum einen versuchen Slavist:innen von der russischen Literatur zu retten, was zu retten ist; das zeigt sich an der (aufgeregten) Debatte um Oksana Sabuschkos Artikel „Lektionen aus einem großen Bluff", in dem sie der russischen Literatur abspricht, „humanistisch" oder „europäisch" zu sein. Zum anderen sind die Osteuropawissenschaftler:innen fieberhaft damit befasst, ihren Gegenstandsbereich neu zu denken, die Osteuropastudien zu dekolonialisieren und fehlende Kenntnisse über die Ukraine (und andere Länder) aufzuholen. Dies ist u. a. deshalb notwendig, um auch den negativen Phänomenen (z. B. dass der Bandera-Kult schleichend Teil der offiziellen ukrainischen Erinnerungspolitik wird)[12] in Ost- und Zentraleuropa adäquat begegnen zu können. Immer mehr Stimmen werden laut, die eine „Diversifizierung der Osteuropastudien und den Umbau von Strukturen, Studiengängen und Kontakten" als eine „wichtige Investition" sehen, „damit wir in Europa in Zukunft in den Morgenstunden seltener von ‚der Geschichte' überrascht werden", so Botakoz Kassymbekova und Annette Werberger.

Im deutschen Kontext lässt sich die russophile Neigung der intellektuellen Kreise durch eine lange „Tradition der deutsch-russischen Verständigung auf Kosten Ostmitteleuropas" erklären,[13] die ihre Wurzeln im späten 18. Jahrhundert hatte und im langen 19. Jahrhundert ihren Höhepunkt fand. Nach dem Ersten Weltkrieg wurden Staaten wie Polen oder die Tschechoslowakei im deutschen Diskurs (der später von den Nationalsozialisten übernommen wurde) als künstliche und vergängliche Konstrukte dargestellt, deren Bewohner:innen niemals zu einer Staatlichkeit fähig sein würden. In Deutschland zum Beispiel wurde Polen nicht nur von den Nazis als „Saisonstaat" bezeichnet, während der Ausdruck „hässliche Kreatur des Versailler Vertrags" die sowjetische Haltung gegenüber Polen zusammenfasst.[14] Die Verweigerung des Rechts auf Selbstbestimmung und auf souveräne Staatlichkeit für die Länder Ost- und Zentraleuropas (einschließlich der baltischen Länder), die 1922 mit dem

Vertrag von Rapallo begann, wurde im August 1939 mit dem Hitler-Stalin-Pakt und der Aufteilung dieses Teils Europas zwischen Berlin und Moskau offiziell.

Wenn also die Bewohner:innen der Ukraine, von Belarus, der Tschechischen Republik, Polens oder der baltischen Staaten deutschen Prominenten zuhören, die ohne die geringste Verlegenheit die ukrainische Staatlichkeit, die nationale Identität oder gar das Recht auf Selbstbestimmung anzweifeln, haben sie gute Gründe, unbequeme Fragen zu stellen. Ist es nur mangelnde Fachkompetenz in Bezug auf die ukrainische Geschichte, Sprache und Kultur oder die verinnerlichte Westeuropa-zentristische, koloniale Überzeugung, dass das Recht des Stärkeren in Europa doch akzeptabel ist, solange nur die seltsamen „Saisonstaaten" irgendwo im Osten darunter leiden? Was ist die deutsche Erinnerungskultur mit ihrem ‚Nie wieder' wirklich wert, wenn in deutschen Debatten teils so sehr die Perspektive auf die eigene Vergangenheit dominiert, dass akute gegenwärtige Verbrechen, wie Mord, Folter, sexuelle Gewalt und die Errichtung von Konzentrationslagern (in Russland „Filtrationslager" genannt) systematisch ignoriert werden? Aus dieser Perspektive erscheint die deutsche Russlandpolitik ganz und gar nicht als Erfolgsgeschichte; so schreibt der amerikanische Historiker Timothy Snyder: „Geschäfte mit Moskauer Autokraten waren [in Deutschland] durch den Zweiten Weltkrieg moralisch gerechtfertigt. Die Ukrainer wurden als Störenfriede betrachtet, die sich dieser Geschichte in den Weg stellten". Der polnische Journalist Witold Jurasz bemerkt dazu: „Meine positive Einstellung zu Deutschland veranlasst mich, auf die deutsche Russlandpolitik noch einige wenige Sätze zu verwenden. Aus Mitleid."

Das vorliegende Buch ist eine Sammlung solch unbequemer Fragen. Dabei weisen die Autor:innen in verschiedenen Beiträgen darauf hin, dass die politische Naivität gegenüber Wladimir Putin und gegenüber Russland nicht nur auf die tiefe Missachtung des Selbstbestimmungsrechts für „kleine Nationen" zurückzuführen ist, die bis in die Kolonialzeit zurückreicht, sondern auch auf Russlands „Soft Power": auf die gelungene Selbststilisierung Russlands als faszinierende Alternative zum technokratischen, „verdorbenen“, liberalen und langweiligen „Westen“. Dazu kommt das erstaunlich wirkmächtige Narrativ, dass die russische Kultur unabhängig von der russischen Politik (oder politischen Geschichte) wahrgenommen werden sollte. Dass dieses letzte Narrativ auch von vielen überzeugten Putinkritiker:innen geteilt wird, beweist das Ausmaß der russischen „Soft Power“, ist doch die privilegierte Position der russischen Sprache und Kultur auf dem globalen Kulturmarkt eine Konsequenz politischer Entscheidungen: Die ukrainische (lettische, belarusische, polnische, usw.) Sprache und Kultur wurde jahrzehntelang durch Russland (und/oder die Sowjetunion) aktiv missbilligt und verfolgt, während die russische Sprache und Kultur mithilfe des Staatsapparats gefördert wurde. Heutzutage verbrennen russische Soldaten ukrainische Bibliotheken, bombardieren ukrainische Schulen, Universitäten, Galerien, Opernhäuser und Theater, plündern ukrainische Museen und töten ukrainische Schriftsteller:innen, all dies nach dem Prinzip, das in der berüchtigten Schrift aus der *RIA Novosti* vom 03. April 2022 dargelegt wurde: Die Ukraine müsse nicht nur militärisch erobert und Russland unterworfen, sondern auch systematisch „de-ukrainisiert“ werden.[15] In genau diesem Kontext sollten die für den folgende Band ausgewählten Texte gelesen werden: In einer Zeit, in der der russische Außenminister Sergej Lawrow an einem Kulturprojekt teilnimmt, in dem er Alexander Puschkins Gedicht „Den Verleumdern Russlands“ vorliest (ein fürchterliches Lob des militärischen Imperialismus),[16] lässt sich die russische Literatur und Kultur nicht mehr nur unpolitisch wahrnehmen.

Aus diesem Grund befassen sich viele der Autor:innen in unserem Sammelband so intensiv mit Fragen zur Kultur, zur Literatur und zum Imperialismus, zur Erinnerungskultur und zur Erinnerungspolitik. Sie repräsentieren unterschiedliche Branchen (Literatur, Film, Journalismus, Literatur-, Geschichts- und Politikwissenschaft) und verschiedene politische Ansichten (links, liberal, konservativ, anarchistisch). Manche wurden durch die russische Aggression zum Exil und zum Verlassen ihres ganzen bisherigen Lebens gezwungen, andere besitzen das Privileg des „richtigen Passes“, dank dessen sie den Krieg nur durch die Medienberichte kennen. Eine ganz zentrale Rolle spielt in vielen Beiträgen die Sprache, einmal die Beziehung zwischen dem Russischen und dem Ukrainischen, aber auch die Sprache im Krieg bzw. die Sprache des Krieges. Während manche ukrainische Autor:innen, wie zum Beispiel Wolodymyr Rafejenko, bereits seit 2014 in ihrem literarischen Schreiben bewusst vom Russischen ins Ukrainische gewechselt haben, sagt Oleksiy Radynski: „Die russische Sprache gehört zu uns, die geben wir Putin nicht her." Wie lässt sich Sprache, zumal dichterische Sprache, im Krieg noch verwenden? „Töten, vergewaltigen, plattmachen. Ich wüsste keine Metaphern, mit denen man diese Worte attraktiver oder doch immerhin weniger schockierend wirken lassen könnte [...] Der Krieg vereindeutigt alles in einem Maß, das für Dichtung praktisch kein Raum mehr bleibt." (Halyna Kruk)

Die hier versammelten Texte stellen einen Ausschnitt aus einer seit dem 24. Februar 2022 geführten medialen Debatte dar. Es sind Texte, die in den letzten Monaten in unterschiedlichen Medien veröffentlicht wurden: in apolitischen Fachzeitschriften und konservativen Tageszeitungen, in linken Wochenblättern und auf nichtkommerziellen Blogs. Auf diese Weise ist eine Vielfalt der Stimmen entstanden, die heute und in der Zukunft ein wichtiges Zeugnis ihrer Zeit sind.

***

Wir haben die Texte im Wesentlichen so belassen, wie sie in der (deutschen) Erstveröffentlichung abgedruckt wurden, d.h. deutsche steht neben Schweizer Rechtschreibung, alte neben neuer; manche Texte sind gegendert, andere nicht. Auch die Transkription der ukrainischen, russischen und belarusischen Namen haben wir nicht verändert. Die von uns beauftragten Übersetzer:innen haben die Duden-Schreibweise verwendet.

Ein riesiger Dank geht an alle, die auf die eine oder andere Weise an diesem Buchprojekt beteiligt waren: Allen voran dem Verleger von *edition.*fotoTAPETA, Andreas Rostek, der sich schnell für das Projekt begeistern ließ; Andreas Breitenstein von der *Neuen Zürcher Zeitung*, Renate Buhren und Andreas Rosenfelder von *Der Welt*, Daniel Gleichgewicht von *New Eastern Europe*, Ostap Kushmir und Oleksandr Pankieiev von *Forum for*

Ukrainian Studies, die uns zeitnah und unbürokratisch die Rechte für den Wiederabdruck einer ganzen Reihe von Beiträgen großzügig überließen, und überhaupt danken wir allen Redaktionen der Print- und Online-Medien, die dem Zweitabdruck oder der Übersetzung zugestimmt haben. Vor allem aber bedanken wir uns ganz herzlich bei allen Autor:innen, deren Texte wir hier abdrucken dürfen, um eine Debatte abzubilden, die seit Kriegsbeginn läuft und auch jetzt noch nicht abgebrochen ist; wir hätten gerne noch mehr Texte aufgenommen, mussten jedoch einen Schlussstrich ziehen, damit das Buch zum ersten Jahrestag des Krieges – der bis dahin wahrscheinlich nicht vorbei sein wird – erscheinen kann. Und ein Dank geht natürlich an unsere Übersetzer:innen: Anselm Bühling, Holly Geiss, Stefan Heck, Valentin Peshanskyi, Julian Pokay, Nele Saß, Anja Dagmar Schloßberger, an die studentischen Hilfskräfte in Tübingen: Alexander Karl Golec, Josefine Götzl und Zuzanna Tymoftyjewicz sowie an die studentische Assistentin des Verlages Anni-Lotta Hamer.

Wie gesagt, die Debatte geht weiter.[17] Nicht mehr aufnehmen konnten wir zum Beispiel einen Beitrag des Berliner Slavisten Georg Witte, der im Winter-Heft 2022 von *Lettre International* erschienen ist: „Das Verhör. Ein Lehrstück des politischen Zynismus und wie man ihn zerstört". Wir möchten unsere Vorrede mit einem Zitat aus diesem Essay zum Thema „Selbstimmunisierung" schließen, mithilfe derer „sogenannte linksliberale Intellektuelle" geradezu „reflexhaft" ein Mitleiden mit den Ukainer:innen abwehren, um eine „neutrale Distanz" zu diesem Leid einzunehmen. Diese Haltung zielt geradewegs ins Herz der deutschen Debatte, gegen die die Ukrainer:innen, Russ:innen, Belarus:innen und Pol:innen (und, um gerecht zu sein, auch die Deutschen) in unserem Buch ihre Stimme erheben:

„Je länger und zäher diese Diskussion wird, um so deutlicher wird, daß es immer dieselbe, geradezu reflexhaft Abwehr gegen eine Teilhabe am Leiden und am Kämpfen der Ukrainer ist, die eine solche Haltung der neutralen Distanz motiviert. Mit den immerselben Zwar-Aber-Argumenten: *Zwar* hat Rußland angegriffen, *aber* es wurde ja auch provoziert. *Zwar* ist auch Russland imperialistisch, *aber* das ist nichts gegen die NATO = USA. *Zwar* ist in Rußland eine Diktatur, *aber* in der Ukraine gibt es auch viele Nazis. *Zwar* sehen wir schlimme Bilder, *aber* Selenskyj, TV-Profi, versteht was von Propaganda. *Zwar* ist das ein scheußlicher Krieg, *aber* alle anderen Kriege sind es auch. *Zwar* herrscht dort Terror, *aber* der Terror in Libyen, Afghanistan, Syrien, Tschetschenien – warum exklusive Empathie mit den Ukrainern haben? *Zwar* werden dort Zivilisten getötet, *aber* der Genozidvorwurf ist übertrieben, kein Vergleich mit den echten Völkermorden. Immer neue Versionen des Relativierens: sich nicht vom *Hier und Jetzt* der Bestialität, von *diesem* Krieg, von *diesem* Terror verwunden lassen, mit Vergleichen, das Ereignis enteignen [Hervorhebungen im Original].“[18]

Die Herausgeberinnen
München, Tübingen und Berlin
im Dezember 2022

KULTURELLE VIELFALT IST DIE STÄRKE DER UKRAINE

Andrii Portnov – 2. März 2022

Die kulturelle Vielfalt ist die wichtigste Grundlage für die Widerstandsfähigkeit der Ukraine. Gerade auch jetzt, in ihrer schlimmsten Zerreissprobe.

Führende europäische Politiker haben erst *nach* den blutigen Kämpfen und der ungeheuerlichen Aggression Putins ernsthaft über die Anerkennung der europäischen Perspektive der Ukraine zu sprechen begonnen. Hier spielte nicht nur die bekannte Trägheit der Bürokratie eine Rolle, sondern auch die tief verwurzelten Stereotype über Osteuropa.

Im Westen wird die Ukraine oft als Teil Russlands verstanden, als „historisches Missverständnis" und eine „tief gespaltene Gesellschaft". Ich erinnere mich, wie unmittelbar nach den Maidan-Protesten und Putins Annexion der Krim im Jahr 2014 der frühere deutsche Bundeskanzler Helmut Schmidt zum Verständnis für Putins Politik aufrief. Wobei er als Argument vorbrachte, dass unter Historikern umstritten sei, ob es überhaupt eine ukrainische Nation gebe.

Um welche Historiker geht es, und warum hat der ehemalige Bundeskanzler überhaupt Historiker erwähnt? Und warum verweist Putin ständig auf die Geschichte? Man möchte hoffen, dass es inzwischen klar ist: Das Hauptziel von Putins „historischen" Reden besteht darin, seinen offensichtlichen Völkerrechtsbruch mit einer manipulierten Diskussion über „historische Rechte" zu verschleiern. Und natürlich geht es ihm auch darum, die Souveränität der Ukraine infrage zu stellen.

Die heldenhafte ukrainische Armee

Bis vor kurzem war Putin damit durchaus erfolgreich. Die erste Assoziation mit dem Wort „Ukraine" war lange das Wort „Spaltung". Gerade jetzt zeigt sich deutlich, wie falsch dieser Eindruck ist. Wäre das Land so tief gespalten, wie manche meinen, es könnte einer weit überlegenen russischen Armee nie so heldenhaft entgegentreten.

Die ukrainische Gesellschaft zerfällt auch in dieser verheerenden Kriegssituation nicht in sprachliche Teilgebiete. Ich möchte daran erinnern, dass es in der Ukraine – anders etwa als in der Schweiz – keine historisch gewachsenen Regionen gibt, in denen die eine oder die andere Sprache vorherrscht, sondern dass man von einer situativen Zweisprachigkeit sprechen sollte, von bestimmten sprachlichen Unterschieden zwischen städtischen und ländlichen Gebieten. Und schliesslich von der Variabilität der ukrainischen Sprache selbst.

Ich bin im Südosten der Ukraine, in der Stadt Dnipro, in einer russischsprachigen Familie aufgewachsen. Ich habe als Teenager Ukrainisch gelernt, und diese Sprache ist auch zu meiner Muttersprache geworden. Die jüdische Kultur (Dnipro war und wird ihr wichtigstes Zentrum bleiben) sowie die polnische Sprache und Literatur sind mir nicht unbekannt. Mein Leben in der Ukraine war also von einer Vielfalt an sprachlichen und kulturellen Erfahrungen geprägt. Diese Vielfalt wird leider allzu oft als Fluch verstanden – als eine Vielfalt, die auf Kosten des Zusammenhalts gehe. Das Gegenteil ist aber der Fall.

Die Vielfalt in der Ukraine (auch die religiöse gehört dazu) fördert den politischen Pluralismus und hat wohl auch den Machtwechsel in der Ukraine beschleunigt. Ist es ein Zufall, dass die postsowjetische Ukraine sechs Präsidenten hatte (der sechste, Wolodimir Selenski, hat sich in diesem Krieg als wahrer Staatsmann erwiesen), Russland drei und Weissrussland einen? Vielleicht ist die Vielfalt die wichtigste Grundlage für die Widerstandsfähigkeit unseres Landes. Gerade auch jetzt, in seiner schlimmsten Zerreissprobe.

Deutschlands historische Verantwortung

2003 veröffentlichte der damalige ukrainische Präsident Leonid Kutschma ein Buch mit dem Titel „Die Ukraine ist nicht Russland". Damals erschien der Titel unglücklich formuliert und banal. Er war es nicht. Denn erst jetzt scheint die ukrainische Besonderheit im Westen Anerkennung zu finden. Ich hoffe auch, dass endlich erkannt wird, dass die Sowjetunion nie bloss mit Russland gleichzusetzen war. Auch das klingt banal. Es bedeutet aber, dass Deutschland seine historische Verantwortung, die es gegenüber Russland empfindet, im gleichen Masse auf die Ukraine und Weissrussland überträgt – Länder, die 1941 vom „Dritten Reich" vollständig besetzt worden waren.

Daneben gilt es, sich voll und ganz bewusst zu machen, dass „russisch" und „russländisch" nicht ein und dasselbe sind. Und schliesslich, dass Kritik an Putin mit „Russophobie", wie es die Kreml-Propaganda nennt, nichts zu tun hat. Es ist Putins Politik, die Russland als Staat und Gesellschaft in eine Katastrophe geführt hat. Dies zu benennen, impliziert nicht im Geringsten eine Ablehnung gegen die russische Bevölkerung.

Der Nationalismusverdacht

Von den Klischees, die im Zusammenhang mit der Ukraine immer wieder auftauchen, hält sich am hartnäckigsten die Idee, jede ukrainische Bewegung müsse gleich mit Nationalismus und Faschismus identifiziert werden. Sicherlich braucht die Ukraine, wie jedes andere Land auch, eine ehrliche und selbstkritische Auseinandersetzung mit den dunklen Seiten der Vergangenheit. Aber ist es möglich, die Komplexität der ukrainischen Politik und Kultur auf den Nationalismus zu reduzieren?

Ich möchte meine persönlichen Erfahrungen weitergeben. In der Ukraine selbst hat man mir wegen meiner historischen Veröffentlichungen immer wieder „mangelnden Patriotismus" vorgeworfen. Im Westen hingegen musste ich mich – wie viele meiner ukrainischen Kolleginnen – an eine Art Nationalismusverdacht gewöhnen: Jede zweite meiner Publikationen oder Reden wurde mit der Versicherung eingeführt, ich sei bezüglich Nationalismus eine Ausnahme. Ich übertreibe nicht!

Vor einigen Jahren stellte mich ein Schweizer Bekannter auf einer Konferenz als einen Historiker aus der Ukraine vor, „der völlig frei von nationalistischen Vorurteilen" sei. Das geschah durchaus wohlwollend, aber eine ähnliche Vorstellung eines deutschen oder amerikanischen Kollegen habe ich nie erlebt. Historiker aus der Ukraine werden eben noch nicht selbstverständlich als gleichberechtigte Gesprächspartner wahrgenommen.

Ich sollte anmerken, dass ich von meinen wunderbaren Lehrern und Freunden aus Russland – Dmitri Furman, Arseni Roginski, Irina Scherbakowa und Nikita Sokolow – immer als gleichberechtigt behandelt wurde. Nachdem Putin im Frühjahr 2014 im Zusammenhang mit dem Ausbruch des Krieges im Donbass die Zustimmung des Föderationsrates zum Einsatz der russländischen Armee im Ausland beantragte (und natürlich auch bekam), erhielt ich einen kurzen Brief von Boris Dubin, einem hervorragenden russischen Soziologen und Literaturwissenschaftler. Er schrieb: „Wir sind zusammen." Ich fühle mich ihm auch heute noch sehr verbunden, wie vielen russischen Kolleginnen und Kollegen, die sich nicht scheuen, ihre Stimme gegen Putins Aggression zu erheben.

Ein verantwortungsvoller und ehrlicher intellektueller Dialog ist immer wichtig, gerade auch in den dunkelsten Momenten der Geschichte. Damit ein Gespräch sinnvoll ist, braucht es eine gemeinsame Sprache. Wohlfeile Phrasen zu „Frieden in der Welt" machen Putins Invasion in der Ukraine nicht ungeschehen. Und Spekulationen über „historische Rechte" werden nichts zur Lösung der Probleme der Krim und des krimtatarischen Volkes beitragen.

Eine faszinierende Region

Warum sind ukrainische Stimmen in der ukrainischen und auch russischen Geschichtsschreibung besonders wichtig? In der zeitgenössischen ukrainischen Historiografie geht es nicht um eine nationale und erst recht nicht um eine nationalistische Erzählung. Vielmehr soll die Ukraine als faszinierende Region in Europa sichtbar gemacht werden: Die Ukraine als Schauplatz polnischer und russischer Geschichte. Die Ukraine als Ort einer reichen jüdischen Kultur. Die Ukraine als Begegnungszone von Christentum und Islam. Die Ukraine als kulturelle Heimat der Krimtataren.

Wenn die Ukraine, wie Putin nun behauptet, erst von Lenin und der Nato geschaffen wurde – warum erschien die erste deutsche Übersetzung des grossen ukrainischen Dichters Taras Schewtschenko schon 1911 in Leipzig? Und warum trat der ukrainische Philosoph Hrihori Skoworoda bereits im 18. Jahrhundert in einen interessanten Dialog mit deutschen Mystikern?

In der Vision eines kulturell vielfältigen Landes fungiert die Ukrainistik als ein notwendiges und äusserst produktives Werkzeug, um etablierte Studien aus Russland und Polen zu ergänzen, zu überdenken und zu vertiefen. Die Ukraine sollte endlich als ein Staat, eine Gesellschaft, eine Kultur und eine Sprache betrachtet werden, deren Existenzberechtigung nicht weiter bewiesen werden muss.

Erstveröffentlichung: *Neue Zürcher Zeitung*, 2. März 2022, https://www.nzz.ch/feuilleton/kampf-um-die-geschichtsdeutung--ld.1672436 [Zugriff: 23. Dezmber 2022]

IST DIE RUSSISCHE KULTUR VERANTWORTLICH FÜR „PUTINS KRIEG"?

Oleksiy Panych – 10. März 2022

Mit Ausbruch des russisch-ukrainischen Krieges sind sofort heftige Debatten über politische und militärische, aber auch über kulturelle Fragen entbrannt. Sollten die Sanktionen auf die Repräsentant:innen der zeitgenössischen russischen Kultur oder gar der russischen Kulturtradition insgesamt erweitert werden? Oder ist „[d]as Canceln der russischen Kultur ein Fehler und nützt niemandem außer Putin"?[19]

Diese Frage reicht weit tiefer als die situationsbezogenen Debatten darüber, ob ein Seminar[20] über Fjodor Dostojewski oder russische Ballettaufführungen[21] in Großbritannien abgesagt werden sollten. Es ist leicht, in solchen „Cancelling"-Aktionen nichts als emotionale Überreaktionen zu sehen. Schließlich wird niemand bestreiten, dass sowohl Dostojewski als auch das russische Ballett integrale Bestandteile des Weltkulturerbes sind. Andererseits fällt es jedoch auch schwer, dem US-Politikwissenschaftler Alexander J. Motyl[22] zu widersprechen, der feststellt, dass „mit einer Kultur, die stolz auf Völkermord ist, ganz entschieden etwas nicht stimmt". Und diesen Stolz teilen zweifellos viele – wenn auch nicht alle – Repräsentant:innen der russischen Kultur, in der Vergangenheit wie in der Gegenwart und in der Hochkultur wie in der Alltagskultur.

Um dieses komplexe Thema zu entwirren, sollten wir uns zunächst darauf besinnen, dass sich die menschliche Kultur nicht auf Kunst und Literatur beschränkt. In einem weitgefassten anthropologischen Sinn lassen sich unter dem Begriff „Kultur" die „Verhaltens- und Denkmuster" verstehen[23], „anhand derer Mitglieder von Gruppen einander erkennen und miteinander interagieren". Diese Auffassung ist deshalb hilfreich, weil sich daraus leicht ersehen lässt, dass Gespräche über, sagen wir, politische und rechtliche Kultur (als eine Reihe von Mustern, die spezifisch für eine bestimmte Gesellschaft sind) genauso sinnvoll sind wie Gespräche über geistige, religiöse oder künstlerische Kultur.

Ausgehend von diesem Kulturbegriff könnte man sagen, dass die Kultur der Moskauer Rus aus zwei heterogenen Quellen erwachsen ist. Die Grundlagen der religiösen und künstlerischen Kultur (kurz „Geisteskultur") kamen aus Südosteuropa (Byzanz, Balkan) über Kyjiw nach Moskau. Hier liegen die Ursprünge dessen, was das kulturelle Schaufenster Russlands mit seinem erkennbar europäischen Charakter ausmacht – die weltweit berühmten Ikonen, Romane, Sinfonien und dergleichen. Die Grundlagen der politischen und juristischen Kultur hat Moskau hingegen von *Ulus Dschötschi* (auch unter dem Namen „Goldene Horde" bekannt) ererbt.[24] Sie wurden zu einem Eckpfeiler seiner staatlichen Infrastruktur, die im Wesentlichen nicht europäisch geprägt ist.

Diese eigentümliche kulturelle Mischung bildete ein widersprüchliches Ganzes, in dem *die rücksichtslos imperiale politische Kultur die russische Geistigkeit beständig vergiftet hat.* So erklärt sich etwa Puschkins und Tjutschews aufrichtige Lobpreisung des russischen Imperiums, Dostojewskis fanatischer Antipolonismus oder der Chauvinismus in Berdjajews Frühwerk.

Natürlich gab es auch Leute, denen die imperiale Vergiftung Angst machte und solche, die sie nicht ertragen konnten. Für sie hielt die russische Geistestradition eine breite Auswahl an inneren politischen Alibis bereit: „Ist das denn meine Schuld? Ich bin doch nur ein kleines Licht; der Staat begeht da irgendwo Verbrechen, aber ich habe damit nichts zu schaffen; ich tue sogar alles, um mich davor zu verstecken! Warum soll ich bestraft werden?!" Als Vorbilder für diese Haltung lassen sich etwa Leskows *Klerisei*, viele Figuren bei Tschechow oder Tolstois von Eskapismus und Rückzug geprägtes Spätwerk anführen. Heute nehmen gewissenhaftere Vertreter:innen der russischen Intelligenz – nicht zu Hunderten, sondern zu Tausenden – Zuflucht zu genau solchen Alibis.

Und schließlich gibt es in der russischen Kultur neben der imperialen Vergiftung und den internen politischen Alibis noch eine weitere Spielart, die zugleich am seltensten vorkommt: eine bewusst antiimperiale Haltung bei gleichzeitiger Zurückweisung innerer Alibis. Letztere zeigt sich am deutlichsten am Prinzip des

„Nicht-Alibis im Sein"[25] in Bachtins Frühwerk, erstere unter anderem bei Tschaadajew, Saltykow-Schtschedrin und dem späten Berdjajew.

Diese allgemeine Typologie der Wechselbeziehungen zwischen politischer und geistiger Kultur in Russland macht deutlich, dass die Aufrufe russischer und einiger westlicher Persönlichkeiten des öffentlichen Lebens, „die russische Kultur vor Sanktionen zu retten", da sie angeblich nichts mit Putins aggressiver Politik zu tun habe, ein Körnchen Wahrheit sowie ein Gutteil aufrichtige Oberflächlichkeit oder getarnte Heuchelei enthalten. Beim Umgang mit der russischen Kultur sind Differenzierungen in der Tat möglich und nötig.

Die antiimperiale Spielart der russischen Kultur hat nichts als Unterstützung verdient. Ihre heutigen Vertreter:innen würden aufrichtig anerkennen, dass Russlands Ansprüche auf ukrainisches Territorium, einschließlich der Krim, ihrem Wesen nach imperialistisch sind und rückhaltlos aufgegeben werden sollten.

Den Russ:innen, die sich hinter „inneren Alibis" verstecken, kann man nur wünschen, dass sie ihren angemessenen Platz im Prozess der unvermeidlichen Entimperialisierung Russlands finden, damit sie persönliche Verantwortung für ihren Staat und all seine Handlungen übernehmen können. Sie sollten jedoch auch eingestehen, *dass sie derzeit passive Komplizen bei den Verbrechen ihres Imperiums sind* – einfach deshalb, weil sie es unterlassen, sich den bösen Taten entgegenzustellen, die der Staat, in dem sie leben, fortlaufend begeht. Um es mit Martin Niemöller zu sagen: Es ist „das Nichtstun, das Nichtreden, das Nicht-Verantwortlich-Fühlen"[26], in dem ihre Mitschuld besteht.

Und diejenigen, die sich bewusst auf die Seite ihres Imperiums gestellt haben, sind jetzt schon in vollem Umfang verantwortlich für alle seine Gräueltaten.

Wenn Sie schnell herausfinden möchten, für welche der drei Spielarten der russischen Kultur eine bestimmte Person steht, stellen Sie ihr die Testfrage: „Zu welchem Land gehört die Krim?" Die einen würden antworten „Zu Russland", die anderen „Zur Ukraine" und wieder andere würden eine ausweichende Antwort geben, die letztlich nicht mehr sagt als „Das ist nicht mein Problem".

Moralisch und politisch inakzeptabel erscheint es vor allem, die imperiale Spielart der russischen Geisteskultur passieren zu lassen, als habe sie nichts mit dem heutigen russischen Staat zu schaffen. Sie sollte selbstverständlich untersucht, aber nicht verbreitet, begrüßt und gefördert werden.

Was die betrifft, die sich hinter „inneren Alibis" verstecken, so geht es vor allem darum, sie durch Sanktionen *aufzuwecken*. Und genau das bezweckt deren Einführung unter anderem (oder sollte es jedenfalls tun).

Natürlich können wir heute Musik von Richard Wagner hören, ohne ständig daran zu denken, dass er Antisemit war oder dass Nazis sich von seinen Melodien inspirieren ließen. Wir können uns auch Filme von Leni Riefenstahl ansehen, sogar den berühmt-berüchtigten *Triumph des Willens*[27], und fasziniert von ihrem filmischen Können sein. Auf dieselbe Weise wird auch die imperiale Spielart der russischen Kultur mit ihren besten Werken ein Teil des kulturellen Erbes der Menschheit bleiben. Doch dieses russische Kulturerbe wird erst dann ungefährlich sein, wenn das Imperium, das es hervorgebracht hat, Geschichte geworden ist.

Aus dem Englischen von Anselm Bühling

Erstveröffentlichung: Oleksiy Panytch, „Is Russian Culture Responsible for ‚Putin's war' in Ukraine?", *Desk Russie*, 28. Mai 2022, https://en.desk-russie.eu/2022/05/28/is-russian-culture-responsible.html [Zugriff: 23. Dezember 2022]

GENIALE SCHRIFTSTELLER ALS CHAUVINISTEN

Michael Martens, Petro Rychlo – 28. März 2022

In Russland hat man sich nicht wirklich bemüht, Geschichte und Kultur der Ukraine zu studieren. Man pflegte vielmehr ein hegemoniales Verhältnis zu einem Volk, das doch Teil der großen russischen Kultur sei: Ein Gespräch mit dem ukrainischen Literaturwissenschaftler Petro Rychlo.

Michael Martens: In den Staaten, die einst die Sowjetunion bildeten, ist Russisch Lingua franca – auch hier in Czernowitz, wo neben der ukrainischen Mehrheit Rumänen, Russen und andere Minderheiten leben. Wie wird das nach diesem Krieg sein?
Petro Rychlo: Es ist schwer zu sagen, wie es künftig um die russische Sprache in Czernowitz und der Ukraine überhaupt stehen wird. Ich glaube, die Begeisterung für die russische Kultur, die in der Welt bis heute herrscht, muss relativiert werden. Man sollte nicht länger übersehen, dass selbst viele der höchsten Leistungen der russischen Kultur imperiale Züge in sich tragen.

Denken Sie an Dostojewski, der ein großer Schriftsteller und ein russischer Imperialist in einem war?
An ihn, aber auch an Puschkin, der etwa in seinem Poem „Poltawa" den ukrainischen Hetman Mazeppa als Verräter darstellt.

Die Schlacht bei Poltawa wird im Westen meist aus russischer Perspektive geschildert, als Sieg Peters des Großen und Russlands. Dass sie nicht nur für das Schweden Karls XII., sondern auch für die Ukraine eine Niederlage war, kommt selten vor.
Weil die russische Geschichtsschreibung auch die westliche Interpretation dominiert. Mazeppas Streben nach ukrainischer Eigenständigkeit, das von Russlands Armee zerschlagen wurde, hat da keinen Platz. Das Bild von Mazeppa in der westeuropäischen

Literatur ist allenfalls ein romantisiertes, bei Byron etwa. Es geht um romantische Episoden wie die Eifersucht eines gehörnten Ehemanns, der Mazeppa an ein Pferd anbinden und beinahe zu Tode schleifen lässt.

Aus diesem Bild hat auch Brecht eine Ballade gemacht.
Bei Brecht klingt das allerdings nicht romantisch, er schildert das nüchtern. Aber insgesamt wird die Schlacht von Poltawa aus russischer Sicht glorifiziert und Mazeppa nach russischer Lesart als Verräter dargestellt, ohne Rücksicht auf seine Motive in der damaligen Konstellation. Das ist die im Westen vorherrschende Lesart, und sie war früher in der Ukraine selbst sehr präsent.

Die Loslösung von russischen historischen Narrativen schreitet rasch voran. Niemand in der Ukraine spricht mehr vom „Großen vaterländischen Krieg", der die Mittäterschaft der Sowjetunion beim Überfall auf Polen 1939 ausschließt. Stattdessen ist wie im Rest der Welt außer Russland vom Zweiten Weltkrieg die Rede.
Vom großen vaterländischen Krieg wird in der Ukraine nicht mehr gesprochen, da diese Formulierung behauptet, wir hätten noch ein mit Russland gemeinsames Vaterland, was nicht der Fall ist. Der Mythos vom vaterländischen Krieg wird in Russland missbraucht und monopolisiert, mit dieser Perversion der Geschichte wollen wir nichts mehr zu tun haben.

Sie beherrschen neben Ihrer Muttersprache Russisch – werden Sie es künftig sprechen?
Nur noch sehr ungern. Schon seit dem Zerfall der Sowjetunion 1991 versuche ich es zu vermeiden. Schon in den Neunzigerjahren spürte man die russischen Versuche, uns Ukrainer als Bauernnation zu bezeichnen, als wurzelloses Volk, das keinen Staat verdient – so wie es Putin heute sagt. Die Russen haben sich nie darum bemüht, die ukrainische Geschichte und Kultur zu studieren. Sie leben weiter mit sowjetischen Mythen und pflegen ein imperiales, hegemoniales Verhältnis zur Ukraine.

Die akademische Welt in Russland schweigt bisher zu dem Krieg, mit wenigen Ausnahmen. Gibt es überhaupt noch Beziehungen zu russischen Universitäten?
Nun nicht mehr. Ich lehne schon seit Jahren Einladungen zu Tagungen in Russland ab. In den Neunzigern war ich noch einmal bei einer Tagung in Sankt Petersburg, aber da kursierten all diese chauvinistischen Ansichten russischer Wissenschaftler, die ich auch bei internationalen Symposien mit Akademikern aus Russland oft bemerkt habe: Sie sagen einem sinngemäß, was der Ukraine einfalle, sich von Russland getrennt zu haben, wir seien ein Volk, Teil einer großen russischen Welt, und es gebe keine eigenständige ukrainische Kultur.

Es ist ein paternalistisches Verhältnis.
Genau. Die Ukraine ist der jüngere Bruder, der keine eigene Stimme haben und schweigen soll. Das habe ich von bedeutenden russischen Intellektuellen gehört, so von dem Übersetzer und Publizisten Jurij Archipow, der viel aus dem Deutschen übertrug. Er war furchtbar chauvinistisch. Ich habe diese Herablassung gegenüber der Ukraine oft erfahren. Allerdings hätte ich nie gedacht, dass daraus eine Barbarei entstehen könnte, wie wir sie nun erleben. Ich begriff die russische Überheblichkeit als Teil einer kulturellen Auseinandersetzung, hätte mir aber nicht vorstellen können, dass die Russen daraus eines Tages ein Verhalten gegenüber uns ableiten wie früher die Nationalsozialisten, dass sie Wohnhäuser, Hospitäler und Kindergärten beschießen und die Zivilbevölkerung vernichten.

Was folgt daraus für die Zeit nach dem Krieg? Nachbarn werden die Ukraine und Russland ja immer sein.
Ja, leider. Bevor wir überhaupt wieder über Beziehungen reden können, müssen die Russen einen demokratischen Staat aufbauen. Derzeit ist Russland eine Diktatur mit einem Soziopathen an der Spitze, der einem völlig verdrehten Geschichtsbild anhängt, das auch in vielen russischen Köpfen spukt. Das sind die Mythen von einer russischen Sonderrolle.

Es scheint bei der jüngeren Generation in der Ukraine eine noch größere Wut auf Russland, die russische Kultur und die russische Sprache zu geben als bei Ihnen. Oder täuscht das?
Durchaus nicht. Ich bin Jahrgang 1950, wurde also noch in der Sowjetunion sozialisiert. Wir haben viel mehr russische Bücher gelesen als die jungen Leute heute, und natürlich lasen wir auch verbotene Autoren: Mandelstam, Achmatowa, Pasternak, Zwetajewa, Babel, Charms. So wussten wir, dass es auch eine andere russische Tradition gibt, nicht nur die imperiale, die uns erdrücken wollte.

Zu den in der Sowjetunion verbotenen Autoren gehörte auch der in Kiew geborene und aufgewachsene Michail Bulgakow. Wie wird er heute in der Ukraine lesen?
Als genialer Schriftsteller und ausgeprägter russischer Chauvinist. Das sieht man an seinem Roman „Die weiße Garde" und der sarkastischen Darstellung der ukrainischen Volksrepublik. Ich würde deshalb zwar nie sagen, meine Studenten sollten Bulgakow nicht mehr lesen. Aber sie sollten sich auch mit den russisch-chauvinistischen Zügen bei ihm befassen.

Wie steht es mit dem größten aller aus der Ukraine stammenden Schriftsteller? Machen Sie auch Gogol Vorwürfe?
Nein. Er hat zwar russisch geschrieben, aber sein Bewusstsein und sein Selbstverständnis waren ukrainisch, besonders in seiner frühen Phase.

Das gilt etwa für den frühen Erzählband „Abende auf dem Weiler bei Dikanka". Nabokov sagte davon, in seinen Albträumen stelle er sich vor, Gogol hätte nur das geschrieben und wäre danach gestorben ...
In seinen frühen Erzählungen wie „Abende bei Dikanka" befindet sich Gogol noch im volkstümlichen Diskurs, das ist aus der Sicht des russischen Aristokraten Nabokov nur ein folkloristisches Phänomen, also keine hochkarätige Literatur. Aber selbst Puschkin hat volkstümliche Märchen geschrieben, und niemandem fällt es ein, ihm deswegen Vorwürfe zu machen. Später entwickelte sich Gogol zu einem der bedeutendsten kritischen

Realisten und überaus scharfen Satiriker Russlands, der die grässlichen Seiten des russischen Lebens gnadenlos an den Pranger stellte. Er hat das autokratische, rückständige, durchaus rudimentäre russische Zarenregime nicht verherrlicht. Das sieht man an seinem Drama „Der Revisor" oder am Roman „Die toten Seelen", den Gogol selbst übrigens als „Poem" bezeichnete.

Im unvollendeten zweiten Teil der „Toten Seelen" sieht man es allerdings nicht mehr. Da sieht man russisch-orthodoxen Prosakitsch.

Damals war er schon dem Mystizismus und seinen Ängsten verfallen – aber er gehört trotzdem nicht in die gleiche Kategorie wie Bulgakow.

Noch einmal zur Sprache: Wird es schwer sein, Russisch zu sprechen in der Nachkriegsukraine?

Unter der russischen Aggression leiden auch die Russischsprachigen bei uns. Sie leiden sogar besonders. Sie stammen aus zerbombten Städten im Osten, aus Charkiw, Cherson, Mariupol. Das ist ja das Absurde: Der russische Präsident vernichtet die russischsprachige Bevölkerung der Ukraine, er entrussifiziert sie. Die russische Sprache wird trotzdem auch künftig eine Rolle spielen in diesem Land. Aber alle russischsprachigen Menschen in der Ukraine werden sich fragen müssen, ob sie noch ein moralisches Recht haben, Russisch zu sprechen. Es gibt viele russischsprachige Einwohner dieses Landes, die in den vergangenen Jahren zum Ukrainischen übergegangen sind. Immer mehr russischsprachige Intellektuelle werden sich vermutlich überlegen, diesem Beispiel zu folgen. Das betrifft natürlich nicht die sogenannten einfachen Menschen ohne besonderen Bezug zur Kultur und zur Sprache. Die werden weiter Russisch reden. Was eigentlich merkwürdig ist, da sie seit 30 Jahren in einem Staat leben, dessen Sprache laut Verfassung Ukrainisch ist.

Da wenden viele ein, warum nicht Russisch als zweite Amtssprache anerkannt werden könne, so wie die Schweiz vier Amtssprachen hat.

Das Beispiel Schweiz ist falsch. Französisch, Deutsch und Italienisch sind dort exterritoriale Sprachen, sie kamen aus Frankreich, Österreich oder Italien mit ihren Trägern, wurden also importiert. Ukrainisch ist in der Ukraine eine autochthone Sprache, es gibt kein anderes Territorium, wo es gesprochen wird, abgesehen von Diasporaenklaven. Außerdem sind die Sprachen der Schweizer Konföderation voneinander recht entfernt, keine assimiliert die andere. Mit Russisch und Ukrainisch ist das anders. Russisch in der Ukraine zur zweiten Staatssprache zu machen wäre gefährlich, denn dann wird Russisch als aggressivere, von der historischen und politischen Entwicklung einflussreichere Sprache dominieren und das Ukrainische auf ein immer kleineres Verbreitungsgebiet in der Westukraine verdrängen.

Das einst habsburgische Czernowitz war dank des Judentums lange auch eine deutschsprachige Stadt. Das hat der Holocaust beendet. Wird dieser Krieg dem Russischen in Czernowitz ein Ende bereiten?

Ich glaube nicht, dass die russische Sprache vollkommen verschwinden wird aus Czernowitz. Gerade in der Literatur wird es für manche nicht möglich sein, zum Ukrainischen zu wechseln. Dichten kann man nur in der Muttersprache. Selbst nach dem Holocaust konnten die überlebenden deutsch-jüdischen Dichter aus Czernowitz auf ihre Sprache nicht verzichten. Rose Ausländer ging nach New York, sie konnte acht Jahre lang keine einzige Zeile mehr auf Deutsch schreiben, so stark war das Trauma, nachdem sie in einem Versteck in Czernowitz den Holocaust überlebt hatte. Sie schrieb auf Englisch. Es gibt einen Band von ihr mit Gedichten, die auf Englisch entstanden. Als sie in den Fünfzigerjahren nach Europa zurückkehrte und wieder Kontakt mit dem deutschen Literaturbetrieb aufnahm, ging sie in einem schmerzhaften Prozess wieder zum Deutschen über. Paul Celan hatte beide Eltern verloren, seine Mutter wurde von einem SS-Offizier erschossen. In seinem Gedicht „Nähe der Gräber“, das 1944 in Czernowitz entstand, fragt er: „Und duldest du, Mutter, wie einst, ach, daheim, // den leisen, den deutschen, den schmerzlichen Reim?“ Das ist eine sehr ernste Frage. Aber Celan konnte nicht auf die Muttersprache verzichten. Er wurde einmal gefragt, ob er an die Zweisprachigkeit in der Dichtung glaube. Celan antwortete, dass es in der Lyrik zwar Doppelzüngigkeit geben könne, aber keine Zweisprachigkeit. Nur in der Muttersprache könne ein Dichter die Wahrheit sagen, in einer Fremdsprache lüge er. Bei Prosaschriftstellern ist das anders, sie können eher die Sprache wechseln.

Nabokov begann auf Englisch zu schreiben, als er längst ein russischer Schriftsteller war. Erwarten Sie einen solchen Wechsel auch von ukrainischen Schriftstellern, die derzeit noch auf Russisch schreiben?
Andrej Kurkow in Kiew schreibt auf Russisch, aber er versteht sich als ukrainischer Schriftsteller. Niemand in der Ukraine hat etwas dagegen. Wenn die russischsprachigen Ukrainer sich als Patrioten dieses Landes verstehen und zu seiner Entwicklung beitragen, dann können sie das selbstverständlich auch in russischer Sprache tun. Aber die russische Sprache darf in der Ukraine nicht mehr Trägerin eines imperialen Modells sein, das aus Moskau kommt. Dieses Modell hatte übrigens immer schon eine Wirkung auf russischsprachige Intellektuelle außerhalb Russlands. An Joseph Brodsky oder Alexander Solschenizyn sieht man, dass die russische Überheblichkeit und die imperialen Ideen selbst das Bewusstsein bedeutender Autoren verseuchen. Brodsky und Solschenizyn waren Gegner des Sowjetregimes und wurden ausgewiesen, entwickelten sich im Westen aber zu russischen Nationalisten. Nachdem die Ukraine ihre Unabhängigkeit erklärt hatte, hat Brodsky 1992 ein schreckliches Gedicht geschrieben, in dem er chauvinistische russische Positionen vertrat – dabei war er Jude.

Ist das ein Widerspruch? Der Petersburger Alexander Rosenbaum ist auch Jude und war in der späten Sowjetunion ein populärer, regimekritischer Liedermacher, vertritt nun aber schon seit Jahren Putins russisch-chauvinistische Politik.
Rosenbaum ist ein Beispiel dafür, dass Angehörige von Minderheiten oft noch größere Nationalisten sind als die Mehrheit. Leu-

te wie Rosenbaum wollen den Russen beweisen, dass sie päpstlicher sind als der Papst. Gegenstimmen sind rar. Als die Sowjetunion 1968 in Prag einmarschierte, warnte der Barde Alexander Galitsch vor russischen Panzern in einem fremden Land. Heute hört man nichts dergleichen von russischen Dichtern.

Sie werden ungerecht. Was ist mit Schriftstellern wie Wladimir Sorokin?

Gut – Sorokin, Viktor Jerofejew, Ljudmila Ulizkaja, Boris Akunin, Irina Scherbakowa – einige kritische Stimmen gibt es. Aber es sind zu wenige. Und viele sind nicht mehr in Russland. Sie sind im Exil, in Haft – oder wurden von Putins Schergen getötet. Die wenigen russischen Gegenstimmen ändern zudem nichts daran, dass sich die Einstellung der Ukraine zu Russland, zur russischen Sprache und zur russischen Kultur durch diesen neuesten Krieg noch einmal radikal geändert hat. Was aus Russland kommt, wird in der Ukraine derzeit als feindlich verstanden, auch von mir. Ich hoffe, dass die russische Schuld in Zukunft, wenn sich Russland demokratisieren und in die Gemeinschaft der europäischen Nationen einfügen sollte, allmählich verbleichen wird. Aber zuvor muss es eine umfassende russische Reue geben, und davon sind wir noch weit entfernt. Ich werde den Russen nie verzeihen, was sie diesem Land angetan haben.

Erstveröffentlichung: *Frankfurter Allgemeine Zeitung*, 28. März 2022, https://www.faz.net/aktuell/feuilleton/literaturwissenschaftler-kritisiert-russische-arroganz-17913839.html [Zugriff: 23. Dezember 2022]

NICHT JEDE KRITIK IST RUSSOPHOB

Lia Dostlieva, Andrii Dostliev – 29. März 2022

Russlands großflächiger Krieg gegen die Ukraine war schon in der zweiten Woche, als uns ein westeuropäischer Freund kontaktierte, ein namhafter Künstler und Kurator: „Hey Lia, wie geht es euch? Ich organisiere eine Antikriegsausstellung mit ukrainischen und russischen Künstler:innen, die gegen Putin und seinen Krieg protestieren. Dazu brauche ich eure Hilfe."

Er war erstaunt und enttäuscht, als ich sofort ablehnte. Nach einem langen Austausch begriff ich, dass es zwecklos war, ihm erklären zu wollen, was mit dem Ansatz „Ukrainer und Russen vereint gegen Putin und seinen Krieg" nicht stimmte. Ich fühlte mich hilflos, weil ich merkte, dass all meine Argumente ihn nicht umstimmen konnten und meine Haltung ihn offensichtlich abstieß. „Ich versuche, dich zu verstehen, aber ich lehne die Idee des Nationalismus zutiefst ab", schrieb er. Als ich mich etwas später mit meinen polnischen Kolleg:innen traf, war ich immer noch aufgewühlt. Ich erzählte ihnen von dieser Diskussion und sie reagierten so, wie ich es erwartet hatte: Ihnen war völlig klar, was das Problem bei solchen gemeinsamen Veranstaltungen in Kriegszeiten ist.

Durch die groß angelegte russische Militärinvasion erfährt die Ukraine weltweit mehr Aufmerksamkeit als je zuvor. Aber zugleich hat sich schon gezeigt, dass diese Aufmerksamkeit nicht unbedingt mit der Fähigkeit einhergeht, zuzuhören und zu verstehen. Das Problem, das durch den Krieg sichtbar geworden ist, hätte schon lang zuvor angegangen werden müssen: Im Wirbel der Äußerungen werden nicht alle Stimmen gleichermaßen gehört. Die Hierarchie, die bestimmt, wer Handlungsmacht ausüben darf, folgt bis heute den kolonialen Narrativen und führt dazu, dass ukrainische Stimmen nicht als gleichberechtigt akzeptiert werden. Denken wir nur an den CBS-Reporter, der die Ukraine als „relativ zivilisierten, relativ europäischen" Ort bezeichnete, wo man nicht mit einem Krieg rechnen würde, anders als im Irak oder Afghanistan, wo die Konflikte seit Jahrzehnten andauern.[28] Abgesehen von dem offenen Rassismus, der darin zum Ausdruck kommt, suggeriert dieser Kommentar, dass eine militärische Invasion nur an „unzivilisierten Orten“ stattfinden könne und spricht damit der überfallenen Gesellschaft paradoxerweise die Handlungsmacht ab.

Der Kolonialismus und die Anspruchshaltung des Westens sind in den letzten vierzig Jahren gründlich analysiert und beschrieben worden und es gilt nicht mehr als strittig, dass bei der Diskussion der Beziehungen zum sogenannten Westen dekoloniale Ansätze angewandt werden müssen. Der Denkansatz, der die russische Kultur als ihrer Natur nach imperialistisch und kolonial auffasst, ist hingegen immer noch eher marginal vertreten.

Ewa Thompson legt in ihrem Buch *Imperial Knowledge. Russian Literature and Colonialism*[29] dar, dass es in Russland keine Dekonstruktion des imperialen Mythos gab, weil der russische Imperialismus für ein Problem der vorkommunistischen Vergangenheit gehalten wurde. Der postkoloniale Diskurs befasste sich mit den ehemaligen westlichen Kolonien und deren Unterstützung durch die Sowjetunion, nicht mit der Ähnlichkeit kolonialer Praktiken während der Zarenherrschaft und der Sowjetherrschaft. Nach der Auflösung der Sowjetunion verdrängte die Freude über den Sturz der Tyrannei viele kleinere Themen aus der öffentlichen Diskussion, und eine Kritik am Erbe des russischen Kolonialismus in der russischen Literatur und Kultur fand nicht statt. Die russische Literatur hatte in der Wahrnehmung westlicher Leser:innen ein starkes nichtkoloniales Image erzeugt. Andere Stimmen wurden selten gehört – und wenn sie doch hervortraten, wurden sie leichthin abgetan.

Die jahrhundertelange Zerstörung ukrainischer Kultur bleibt völlig außerhalb des Blickfelds. Der genaue Name, unter dem die Kolonialmacht in der jeweiligen Repressionsphase firmierte – ob nun Russisches Kaiserreich, Sowjetunion oder Russische Föderation – tut dabei wenig zur Sache. Entscheidend ist, dass die Haltung dieser Kolonialmacht gegenüber dem Projekt der ukrainischen Nation stets gleich blieb: Seine bloße Existenz wurde nicht zugelassen. Um dies sicherzustellen, wurden alle Mittel eingesetzt – vom Verbot des Gebrauchs der ukrainischen Sprache bis zur physischen Vernichtung ihrer Sprecher.

Erinnern wir uns an das Walujew-Zirkular von 1863, in dem es heißt: „Eine separate kleinrussische Sprache [so die damalige russische Bezeichnung für das Ukrainische – L.D./A.D.] hat nie existiert, existiert nicht und wird nie existieren, und die Sprache, die dort von den gemeinen Bürgern verwendet wird, ist nichts als ein durch den Einfluss des Polnischen korrumpiertes Russisch",[30] und an den Emser Erlass von 1876, mit dem der Gebrauch des Ukrainischen in offen zugänglichen Druckerzeugnissen vollständig untersagt wurde.

Erinnern wir uns auch an die menschengemachte Hungersnot von 1932–1933, die vom Sowjetregime orchestriert wurde und den Tod von fast 4 Millionen Menschen auf dem Gebiet der Sowjetukraine verursachte.

Erinnern wir uns an Sandarmoch in Karelien, wo 1937 der NKWD 1.111 Menschen hinrichtete, darunter die führenden Vertreter der ukrainischen intellektuellen Elite: den innovativen Theaterregisseur Les Kurbas, der das Beresil-Theater gegründet hatte, den Schriftsteller Mykola Kulisch, den Philosophen und Romanautor Walerjan Pidmohylnyj, die Dichter, Schriftsteller und Übersetzer Mykola Serow, Pawlo Fylypowytsch, Walerjan Polischtschuk, Hryhorij Epik, Myroslaw Irtschan, Marko Woronyj, Mychajlo Kosoris, Oleksa Slisarenko, Mychajlo Jalowyj, den Geografen Stepan Rudnyzkyj, den Historiker Matwij Jaworskyj und viele andere.

Weder Putins Rede kurz vor der Invasion (in der er die Idee der ukrainischen Eigenstaatlichkeit zu einer Fiktion erklärte) noch die Invasion selbst sind etwas Neues oder nie Dagewesenes – sie sind lediglich die jüngste Entwicklung in einer langen Geschichte, in der die russische Kolonialmacht die Ukraine und die ukrainische Kultur als Bedrohung wahrnimmt, die vernichtet werden muss.

Trotzdem gibt es vor allem im Westen immer noch zahlreiche Stimmen, die fordern, zwischen der russischen Kultur und dem, was sie „Putins Aggression" nennen, zu unterscheiden. Eines der prominentesten Beispiele für eine solche Kurzsichtigkeit ist der

Offene Brief des PEN-Deutschland, in dem es ausdrücklich heißt, der Feind „heiße Putin, nicht Puschkin oder Tolstoi", und Aufrufe zum Boykott der russischen Kultur so kommentiert werden: „Wenn wir uns zu solchen Reflexen, zu Pauschalisierungen und Anfeindungen gegen Russinnen und Russen hinreißen lassen, hat der Wahnsinn gesiegt, die Vernunft und die Menschlichkeit verloren."[31] Diese Aussage infantilisiert nicht nur die gesamte russische Gesellschaft und lenkt die Schuld an der Kriegstreiberei auf eine einzelne Person um, sondern scheint darüber hinaus völlig zu ignorieren, dass gerade Puschkin und Tolstoi – neben vielen anderen – den imperialen Mythos Russlands und die Kolonialkriege lautstark unterstützt haben.

Die historisch bedingte Unfähigkeit, die russische Kultur als ihrem Wesen nach imperial und kolonialistisch zu begreifen und zu erkennen, dass ihre Träger:innen einer privilegierten Gruppe angehören, sowie die tief verwurzelte Auffassung, die Kultur Russlands sei wichtiger als die Kulturen der Nachbarländer, haben zu der heute im Westen verbreiteten Ansicht geführt, das Leid der durch russische Artillerie und Bombenangriffe getöteten Ukrainer:innen sei mit den Unannehmlichkeiten, die die russische Zivilbevölkerung erlebt, mehr oder weniger gleichzusetzen. Aus dieser Sicht sind die Menschen aus der Ukraine und Russland gleichermaßen Opfer des verbrecherischen Putin-Regimes. Also bieten westliche Institutionen verstärkt Notfall-Aufenthaltsprogramme und -Stipendien für Künstler:innen und Wissenschaftler:innen aus der Ukraine UND Russland an. Und immer wieder laden westliche Veranstalter:innen zu Podiumsdiskussionen über den Krieg sowohl Teilnehmer:innen aus der Ukraine als auch solche aus Russland ein.

Zudem ist im Zusammenhang mit den Sanktionen gegen Russland und Aufrufen zum Boykott russischer Kultur immer öfter die Rede von Diskriminierung, „Russophobie" und Hass. So wird eine Reaktion, die unmittelbar durch eine militärische Aggression verursacht ist, zu grundlosem Hass auf eine ethnische Gruppe umgedeutet.

In einem aktuellen Musikvideo der russischen Band „Leningrad" wird die gegenwärtige Situation der Russ:innen mit der

Lage der jüdischen Bevölkerung in Berlin 1940 verglichen.[32] Um dies zu veranschaulichen, tragen die männlichen Darsteller in dem Video traditionelle russische Kossoworotkas – Hemden mit seitlichem Stehkragen –, an denen improvisierte Davidsterne befestigt sind. Das ist eine unerhörte Beleidigung des Andenkens der Shoah-Opfer. Dazu kommt, dass sich die Formulierungen im Liedtext mit dem manipulativen Diskurs der russischen Propaganda decken.

Dass Kultur und Politik in Russland nicht voneinander zu trennen sind, zeigt auch eine Fotoinszenierung des Balletttheaters im russisch besetzten Donezk.[33] Für dieses Fotoshooting, das russische Medien nutzten, um Unterstützung für den Krieg in der Ukraine zu bekunden, formierten sich die Ballerinen auf der Bühne zu einem großen *Z* und einem großen *V* – den Buchstaben, die auf den bei der Invasion eingesetzten russischen Militärfahrzeugen angebracht sind und in Russland weithin als Symbole für diesen Krieg genutzt werden. Das Ballett ist seit jeher einer der Eckpfeiler der kulturellen Identität Russlands und einer seiner wichtigsten kulturellen Exportartikel. Zugleich ist es historisch in das russische imperialistische Narrativ verstrickt und wird offenkundig immer noch genutzt, um dessen Botschaften zu verbreiten.

Neben solchen Beispielen dafür, wie die russische Kultur als Instrument der staatlichen Propaganda mit all ihren kannibalistischen Botschaften eingesetzt wird, ist festzuhalten, dass dieses imperialistische Denken manchmal auch bei russischen Kulturschaffenden zu beobachten ist, die Putin nicht unterstützen und sich als Oppositionelle positionieren. Meist wird das in Online-Diskussionen oder Kommentaren unter Facebook-Posts von ukrainischen Künstler:innen deutlich.

Ein solcher Fall ist die Reaktion auf einen Facebook-Post der Künstlerin Alewtyna Kachidse zu einer öffentlichen Diskussion mit dem Titel „Teach-in zur Ukraine für Künstler:innen, Aktivist: innenen und Kunstarbeiter:innen“. Sie erklärte, dass sie die Mitwirkung russischer Künstler:innen für deplatziert hielt und rief diese auf, sich persönlich in die Entkolonialisierungsprozesse einzubringen, indem sie zugunsten von Ukrainer:innen auf die Teilnahme an solchen Veranstaltungen verzichten. Ein russischer Teilnehmer, Dmitri Wilenski, erklärte daraufhin in einem offenen Brief seinen Rücktritt von der Veranstaltung. Er begründete dies jedoch damit, dass die russischen Teilnehmer:innen „viele wütende Nachrichten" erhalten hätten, „nachdem in den sozialen Medien Informationen über die Veranstaltung verbreitet wurden". Statt zu erkennen, dass er einer Kultur angehört, die seit Jahrhunderten Unterdrückung praktiziert hat, erklärte er, dass „wir uns nicht an Diskussionen beteiligen können, in denen [...] alles Russische als eine Kultur der Unterdrückung und Kolonialisierung betrachtet wird".[34] Zudem belehrt er die Ukrainer über die richtige Einstellung zur gemeinsamen Geschichte. Selbst wer von sich behauptet, gegen das koloniale Bewusstsein zu sein, kann also als dessen Verfechter auftreten.

Was können russische Stimmen in öffentliche Diskussionen einbringen, wer ist ihre Zielgruppe und wer wird ihnen tatsächlich zuhören? Was können diese Stimmen den Ukrainer:innen sagen, das die Fotos oder die unmittelbare Erfahrung zerstörter Häuser, Entbindungsstationen, Kindergärten in Mariupol, Charkiw, Tschernihiw, Wolnowacha usw. nicht schon erzählt haben? Können sie mehr signalisieren als dass sie versuchen, sich von ihrer Mitverantwortung für diesen Krieg zu distanzieren?

Wenn ihre Botschaften an ihre russischen Landsleute gerichtet sind, warum brauchen sie dann eine Bühne in der „zivilisierten" Welt, wo sie doch sicher nur wenige Russ:innen erreichen, wenn überhaupt? Sollten sie sich nicht lieber darauf konzentrieren, ihre Botschaften gegen den Krieg und das Regime in Russland selbst zu verbreiten? Oder sind die eigentlichen Adressaten dieser Erklärungen westliche Kulturinstitutionen und Universitäten, Stipendiengeber:innen, Kurator:innen, Sammler:innen – all die Leute, die den russischen Künstler:innen und Wissenschaftler:innen ein gutes Leben und den Aufbau ihrer Karriere ermöglicht haben?

Wenn Sie sich als Kulturschaffende:r aus Russland für diesen Krieg schämen oder schuldig fühlen und nicht wissen, was Sie tun sollen, fangen Sie an, indem Sie Ihre eigene Kultur von innen heraus dekolonisieren oder Ihren Platz auf internationalen Bühnen an ukrainische Stimmen weitergeben. Das wäre sicher unbequem und beklemmend, aber Sie sind damit nicht allein. Einige Ihrer Kolleg:innen tun das schon.

Aus dem Englischen von Anselm Bühling

Erstveröffentlichung des Originaltexts: Lia Dostlieva, Andrii Dostliev, „Not all criticism is Russophobic: on decolonial approach to Russian culture“, *blokmagazine*, 29. März 2022, http://blokmagazine.com/not-all-criticism-is-russophobic-on-decolonial-approach-to-russian-culture/ [Zugriff: 23. Dezmber 2022]

CANCEL CULTURE GEGEN EXECUTE CULTURE

Victoria Amelina – 31. März 2022

Statt über den Umgang mit der russischen Kultur zu debattieren, sollten westliche Intellektuelle darüber sprechen, wie die nächste Hingerichtete Renaissance[35] *verhindert werden kann. Für Ukrainer:innen ist die sowjetisch-russische Säuberung ihrer nationalen Intelligenzija in den 1930er Jahren mehr als nur Erinnerung.*

Während die Ukrainer:innen ihr Land seit einem Monat gegen eine atomare Supermacht verteidigen, diskutiert die Kultur-Community im Westen darüber, ob die Beziehungen zu Russland abgebrochen werden sollten. Man könnte die Frage stellen, wer hier wohl erschöpfter ist. Westliche Intellektuelle suchen nach guten Russ:innen, die sie vor dem bösen Russland „retten" können – vielleicht deshalb, weil es viel schwieriger ist, ukrainische Künstler:innen zu „retten".

Ich bin laut Wikipedia eine preisgekrönte ukrainische Schriftstellerin, aber gerade verbringe ich meine Tage als Freiwillige in einem humanitären Hilfszentrum in Lwiw. Trotzdem kann ich nicht umhin, die Absurdität solcher „Rettungsaktionen" zu registrieren.

Nachdem etwa die russische Ballerina Olga Smirnowa jahrelang für die mörderische Elite ihres Landes getanzt hatte, prangerte sie plötzlich den Krieg an und verließ Russland, um lieber beim Niederländischen Nationalballett zu tanzen.

Anders erging es dem ukrainischen Ballettstar Artem Dazyschyn. Er starb nach einem russischen Bombenangriff auf Kyjiw. Sie werden Artem nicht auf der Bühne erleben.

Nachdem die russische Propagandistin Marina Owsjannikowa jahrelang Fake News produziert hatte, die die russische Aggression verteidigten, tauchte sie plötzlich für einige Sekunden mit einem Plakat mit der Aufschrift „Nein zum Krieg" auf dem Bildschirm auf und gewann Millionen von Unterstützer:innen.

Die ukrainische Journalistin Oleksandra Kuwschynowa starb, als ihr Fahrzeug am Stadtrand von Kyjiw, wo sie ihr Leben riskierte, um der Welt die Wahrheit zu berichten, unter russisches Feuer geriet. Sie werden sie nicht auf dem Bildschirm sehen.

Nachdem russische Autor:innen Bücher geschrieben haben, die den Geist des Imperiums atmeten, die russische Geschichte schönfärbten und den nächsten Massenmord an Ukrainern inspirierten, möchten sie nun gern als Vertreter:innen des „anderen Russland" gesehen werden und die Unterstützung der Welt gewinnen. Aber sind Autoren wie Boris Akunin bereit, die russlandzentrierte Sicht auf die osteuropäische Geschichte nicht weiter zu fördern und die unbestreitbare Zugehörigkeit der Krim zur Ukraine sowie den Anspruch der dort ansässigen Krimtataren als Teil der ukrainischen politischen Nation anzuerkennen?

Der Filmregisseur und ehemalige politische Gefangene Oleg Senzow, der selbst von der Krim stammt, und die Romanautoren Artem Tschech und Artem Tschapaj dienen hingegen gerade unter Einsatz ihres Lebens in den ukrainischen Streitkräften. Der Dichter Serhij Zhadan bleibt im belagerten Charkiw, um seine Mitbürger:innen zu unterstützen. Viele weitere ukrainische Schriftsteller:innen haben die lange und gefährliche Reise in den Westen des Landes auf sich genommen, nachdem sie mit ihren Kindern Wochen in Kellern und Luftschutzbunkern verbrachten. Sie alle haben Dinge erlebt, die sie noch nicht beschreiben oder sich auch nur klar vergegenwärtigen können; sie sind noch zu aufgewühlt vom Eindruck der apokalyptischen, mit den Leichen ihrer Nachbarn übersäten Schauplätze.

Und doch werden wir immer wieder eingeladen, an russisch-ukrainischen Gesprächen über den Frieden teilzunehmen. Wir müssen nicht nur den Massenmord und die Zerstörung unseres ukrainischen Erbes erleben, sondern nebenbei auch die Debatte darüber, ob die Welt die kulturellen Verbindungen zu Russland abbrechen sollte.

Ich habe zu dieser russlandzentrierten Diskussion nichts beizutragen; ich will einfach nur, dass sie aufhört.

*

Die Debatte über den Boykott der russischen Kultur ist nicht das, was westliche Künstler:innen- und Intellektuellenkreise jetzt beschäftigen sollte. Zumindest dann nicht, wenn ihnen irgendetwas an Europa und an Menschenrechten, Würde und Solidarität als europäischen Werten liegt.

Denn während die Welt darüber debattiert, ob sie Künstler:innen und Schriftsteller:innen, die Russland inmitten des wirtschaftlichen Zusammenbruchs plötzlich verlassen wollen, canceln oder willkommen heißen sollte, geht sie über die entscheidende Frage hinweg: Wird es Russland gelingen, die ukrainische Kultur ein weiteres Mal hinzurichten?

Vor der großflächigen Invasion, als die Bedrohung schon in der Luft lag, dachte ich immer wieder an die Hingerichtete Renaissance der Ukraine. In den 1930er Jahren ermordete das sowjetrussische Regime die Mehrheit der ukrainischen Schriftsteller:innen und Intellektuellen. Die wenigen Überlebenden waren verängstigt und unfrei. Und natürlich war dies nicht das erste Mal, dass die ukrainische Elite ausgelöscht oder gezwungen wurde, sich an die russische imperiale Kultur zu assimilieren.

Die Säuberungen und die jahrhundertelange, unvorstellbare Bedrängnis sind der Grund dafür, dass man wenig von großer ukrainischer Literatur, Dramatik und Kunst hört. Wenn Sie auf die Karte Europas schauen, sehen Sie hier Dante und dort Shakespeare, aber da, wo die ukrainische Kultur sein sollte, damit Europa ganz und unversehrt ist, klafft eine riesige Lücke.

Jetzt besteht die reale Gefahr, dass die Russen eine weitere Generation ukrainischer Kultur erfolgreich hinrichten – diesmal durch Raketen und Bomben.

Für mich würde das bedeuten, dass die meisten meiner Freund:innen umgebracht werden. Für einen durchschnittlichen Menschen aus dem Westen würde es nur bedeuten, niemals ihre Gemälde zu sehen, sie niemals ihre Gedichte lesen zu hören und niemals die Romane zu lesen, die sie erst noch schreiben müssen.

„Manuskripte brennen nicht", sagt der Teufel in Michail Bulgakows *Meister und Margarita*. Dann wendet er sich seinem Diener, einem Kater zu: „Komm, Behemoth, gib mal den Roman her."[36]

Russische Manuskripte brennen nicht; das mag stimmen. Aber Ukrainer:innen können darüber nur bitter lachen. Es sind imperiale Manuskripte, die nicht brennen; unsere tun das sehr wohl.

Haben Sie je das Buch *Die Waldschnepfen* des ukrainischen Schriftstellers Mykola Chwylowyj gelesen? Ich auch nicht. Und der Teufel aus dem russischen Buch hilft uns hier nicht weiter. Der zweite Teil des Manuskripts wurde von Russen zerstört und alle Exemplare der ukrainischen Zeitschrift, die ihn enthielten, wurden beschlagnahmt. Es wurde nie auch nur ein einziges Exemplar gefunden.

Die Zeitschrift wurde 1933 beschlagnahmt, im selben Jahr, in dem Chwylowyj in Charkiw starb. Zu dieser Zeit wurden alle Lebensmittel der Ukrainer in der Umgebung der Stadt vom Regime konfisziert. Millionen starben im Holodomor, der heute als Völkermord anerkannt ist. Das „kleinere" Verbrechen, die Zeitschrift zu beschlagnahmen und ein weiteres Werk der ukrainischen Literatur zu vernichten, blieb jahrelang unbemerkt. Die meisten, die davon wussten, wurden hingerichtet.

*

Ukrainische Leben, Gemälde, Museen, Bibliotheken, Kirchen und Manuskripte brennen. Sie brennen jetzt.

Vielleicht ist es also an der Zeit, nicht mehr darüber zu debattieren, ob die Welt der imperialen russischen Kunst und Literatur „verzeihen" sollte, sondern darüber, wie sich verhindern lässt, dass eine der Kulturen Europas einmal mehr das Opfer einer Hingerichteten Renaissance wird.

Ich habe mich nie für Cancel Culture begeistert. Aber vielleicht ist ja die Execute Culture, die die Russen mehrfach an freien Ukrainern praktiziert haben, etwas, das die Welt stoppen möchte, bevor es wieder zu spät ist.

Aus dem Englischen von Anselm Bühling

Erstveröffentlichung des Originaltexts: Victoria Amelina, „Cancel culture vs execute culture: Why Russian manuscripts don't burn, but Ukrainian manuscripts burn all to well", *Eurozine*, 31. März 2022, https://www.eurozine.com/cancel-culture-vs-execute-culture/ [Zugriff: 23. Dezmber 2022]

WAS SIND RUSSIST:INNEN DER UKRAINE SCHULDIG?

Susan Smith-Peter – 1. April 2022

Der russische Einmarsch in die Ukraine hat unter Russist:innen schon jetzt eine ernsthafte Selbstreflexion in Gang gesetzt. Dieser Prozess muss fortgesetzt werden. Den Grundstein dafür hat die Arbeit von Wissenschaftler:innen wie Vitaly Chernetsky und der Gruppe um die Zeitschrift *Ab Imperio* gelegt. Marina Mogilner, ein Mitglied dieser Gruppe, hat jüngst in einer Stellungnahme zum Einmarsch für die Zeitschrift *Slavic Review* gefordert, die Russistik zu dekolonialisieren. Ich möchte diese Forderung aufgreifen und der Frage nachgehen, was Russist:innen der heutigen Ukraine schuldig sind.

Die Russistik ist fixiert auf den russischen Staat – nicht den heutigen Staat unter Putins Führung, sondern auf den Begriff des Staates als solchen. Die russische Historiografie wurde von Nikolaj Karamsin begründet, dessen *Geschichte des russischen Staates* der Überzeugung den Boden bereitete, Staatlichkeit sei das wahre Maß der Geschichte. Diese Aussage lässt sich in jedem ihrer Teile hinterfragen und relativieren. Später gab es viele Versuche, die russische Geschichte neu darzustellen und das russische Volk oder andere Gruppen ins Zentrum zu rücken. Sie haben sich jedoch in den meisten Fällen nicht durchgesetzt. Selbst Wissenschaftler:innen, die sich unmittelbar mit sozialen Gruppen befassen, neigen dazu, sie aus zwei Perspektiven zu betrachten: der des russischen Staates [*gosudarstwo*] und der der Gesellschaft [*obschtschestwo*]. Selten fehlt der Staat völlig.

Als Russist:innen müssen wir eine eingehende moralische Bestandsaufnahme durchführen, um zu erkennen, wo wir die Perspektive des russischen Staates als die maßgebliche übernommen haben. Haben wir in irgendeiner Weise an der Verklärung des russischen Staates mitgewirkt, die Putin bis ins pathologische Extrem getrieben hat? Hat unsere Disziplin auf ihre Weise dazu beigetragen, die Ukraine als Staat ohne Geschichte hinzustellen?

Immerhin fühlte sich der Historiker Mark von Hagen 1995 genötigt, die Frage zu stellen: „Hat die Ukraine eine Geschichte?“[37] und seine positive Antwort auf eine Weise zu begründen, die Russist:innen niemals abverlangt worden ist. Dieser Beitrag soll keinen umfassenden Überblick liefern, sondern versteht sich als Einladung an meine Mitrussist:innen, sich einem Prozess der Selbstreflexion und des Hinterfragens zu unterziehen.

Russlandhistoriker:innen stützen sich in hohem Maß auf russische Staatsarchive. Das führt dazu, dass die im russischen Staat dominierende Sichtweise als Norm etabliert wird. Paradoxerweise hat vielleicht gerade die Konzentration auf die Zugänglichkeit der Archive nach 1991 eine umfassendere Diskussion über die Notwendigkeit einer Dekolonisierung des Narrativs verhindert. Was die Wissenschaftler:innen auf der lokalen Ebene vorfanden, war oft keine neue Geschichte, sondern nur eine weitere staatliche Hierarchieebene. Durch meine eigene Forschung und die von Catherine Evtuhov, Katherine Pickering Antonova, Ekaterina Boltunova und vielen anderen ist die Arbeit lokaler Autor:innen und lokaler Archive einem breiteren Publikum zugänglich gemacht worden. Als roter Faden der russischen Geschichte gilt jedoch nach wie vor die Entwicklung des zentralisierten russischen Staates. Auch bei meiner eigenen Arbeit habe ich oft sozusagen zwei Brillen aufgesetzt und sowohl die Sicht des Staates als auch die Sicht der lokalen Akteure eingenommen, über die ich schreibe. Ukrainist:innen nehmen den Standpunkt des russischen Staates eher nicht ein. Das kann zur Folge haben, dass ihre Arbeit als separate historiografische Tradition zur Seite geschoben wird, die nicht in das „etatistische“ Narrativ integriert ist.

Die Quellen und die dominierende historiografische Tradition verstärken sich hier gegenseitig. Nicht selten liest man Geschichtsdarstellungen zu nichtrussischen Gebieten, die vor allem über die Erfahrungen russischer Imperialist:innen verschiedener Epochen vermittelt sind. Von wenigen Gegenbeispielen abgesehen geht es hier um das „Andere“, selbst dort, wo die Sicht der kolonisierten Menschen selbst einbezogen wird.

Wissenschaftler:innen, die die russische Literatur erforschen, reproduzieren oft eine Werteskala, nach der eine zentrale Stellung innerhalb des Fachgebiets nur für die zu erlangen ist, die sich nicht mit der regionalen Vielfalt befassen. Tschechows Vorstellung der ortlosen Provinz und Gogols Charakterisierung des russischen Provinzraums als bedeutungslos werden kanonisiert; Gogols ukrainische Werke, die reich an Details und Bedeutung sind, finden hingegen weniger Aufmerksamkeit. Pawel Melnikow (Melnikow-Petscherski) gilt aufgrund seiner regionalen Stoffe als „Kleinschriftsteller“. Als „eigentliche“ Studienobjekte werden die Autor:innen betrachtet, die den Blick von den Kommandohöhen des russischen Staates wiedergeben, der regionale Besonderheiten einebnet und verschwinden lässt. Dieser gängige Ansatz stuft den literarischen Austausch zwischen Russland und der Ukraine als Nebenthema ein, obwohl Gogol einer der großen Schriftsteller Russlands (?!) ist. Diejenigen, die dieses Framing in Frage stellen, wie es Anne Lounsbery mit ihrer Arbeit über Provinzen und Literatur tut,[38] sind eher die Ausnahme als die Regel. Ich würde sehr gern auch von Politikwissenschaftler:innen und Russist:innen aus anderen Forschungsbereichen mehr zu den Punkten hören, die ich hier anspreche.

An dieser Stelle möchte ich von einer eigenen Erfahrung berichten: Ich forsche seit über 20 Jahren zum Thema regionaler Identitäten im Russischen Kaiserreich. In diesem Zusammenhang habe ich auch Zeitschriften gelesen, die in den 1810er und 1820er Jahren im Umfeld der Kaiserlichen Universität in Charkiw veröffentlicht wurden – der Stadt, die die russischen Streitkräfte (vorübergehend) in Schutt und Asche gelegt haben. Dabei fand ich heraus, dass die russischsprachige Universitätszeitschrift aus den 1810er Jahren die ukrainische Kultur und Sprache ablehnte. Sie stellte sie im Geist der Aufklärung als ungeschliffen und weltgeschichtlich bedeutungslos dar. Dieser Standpunkt wird, wie wir wissen, bis heute von vielen russischen Intellektuellen – und, zu aller Unglück, von Putin – geteilt. Ich will damit keine direkte Linie von dieser Zeitschrift zu den heutigen Ansichten ziehen, sondern nur festhalten, dass die in dieser Zeitschrift geäußerten

Meinungen sich in eine umfassendere Haltung gegenüber der Ukraine einfügten, die es im Russischen Kaiserreich gab und die sich im Lauf der Zeit weiterentwickelt hat. Diese Haltung sprach der Ukraine Bedeutung ab, indem sie sie aus kulturellen Gründen aus Europa ausschloss.

Charkiwer Zeitschriften der 1820er Jahre wandten sich hingegen der Romantik zu. In Entsprechung zu anderen nationalen Bewegungen in Europa priesen sie die ukrainische Sprache und Kultur als Verkörperung des authentischen ukrainischen Volksgeistes, wie ihn die Bauern des Landes zum Ausdruck bringen. Ukrainist:innen haben sich im Kontext der ukrainischen Geschichte mit diesem Thema befasst. In meinem Beitrag ging es jedoch um den Vergleich zwischen der Entwicklung der ukrainischen Identität und der Entwicklung regionaler Identitäten in Russland. Viele ukrainische Adlige förderten damals die ukrainische Identität und regionale Unterschiede wurden hochgeschätzt. In anderen Teilen des Russischen Kaiserreichs identifizierten sich die Adligen hingegen mit der Staatsmacht und lehnten die regionale Identität ab. Sie überließen es den Geistlichen, Kaufleuten und Stadtbewohnern, sie zu pflegen, doch diese Gruppen verfügten nicht über die Macht, kulturelle Kanons zu schaffen und durchzusetzen. Während also in der Ukraine wichtige Intellektuelle und Adlige die Subjektposition des russischen Staates von Anfang an zurückwiesen, geschah dies in Russland selten. Autor:innen, die es doch taten, wurden nicht in den „Kanon" aufgenommen und erfreuten sich im besten Fall lokaler Berühmtheit in ihrer Provinz oder Stadt.

Ich wollte diese Erkenntnisse in einem Aufsatz über die regionale Identität im Russischen Reich publizieren, doch die Gutachter:innen sagten, das Material zur Ukraine passe nicht in diesen Aufsatz, also legte ich es beiseite. Einige Jahre später fragte mich dann ein russischer Kollege, ob ich etwas für seine Zeitschrift hätte. Ich reichte den Aufsatz ein. Beim Lesen der Korrekturen stellte ich fest, dass jemand eine Fußnote hinzugefügt hatte, in der die Bekundung einer ukrainischen Identität als antihistorisch und falsch verhöhnt wurde. Wenn ich die Korrekturen nicht aufmerksam gelesen hätte, wäre mein Aufsatz für einen Angriff auf die Ursprünge der ukrainischen Identität instrumentalisiert worden. So blieb er mehr oder weniger unbemerkt, jedenfalls in der englischsprachigen Forschungsgemeinschaft, weil er auf Russisch erschienen war.

Mein gescheiterter Versuch, über die Ursprünge der modernen ukrainischen Identität zu schreiben, lehrte mich, dass die Ukraine für uns hier kein Thema ist. Und leider habe ich nicht wieder über sie geschrieben.

Wie können Russist:innen Wiedergutmachung leisten? Wir können nicht alle Ukrainist:innen werden, aber wir müssen darüber nachdenken, wie wir über Russland schreiben können, ohne die Ukraine abzuwerten. Ein gutes Beispiel für das, was Wissenschaftler: innen tun könnten, ist Jane Burbanks Gast-Essay über den Eurasianismus,[39] der kürzlich in der *New York Times* erschienen ist. Sie beschreibt darin unter Rückgriff auf ihre Arbeit über Imperien die illiberalen und militant imperialistischen Ideen hinter Putins Handeln. Auch wir anderen können unser Fachwissen über den russischen Staat verstärkt dazu nutzen, die Ursprünge der schrecklichen Kriegsverbrechen Russlands gegen das ukrainische Volk aufzudecken.

Was mich selbst betrifft, so sehe ich mich in einem Prozess der Rekonvaleszenz von einer „russisch-etatistischen" Sicht, und das hat viel mit den hier angesprochenen Themen zu tun. Als ich mich fragte, was ich persönlich schreiben könnte, um die Ukraine ins Zentrum zu rücken, kam ich auf eine Antwort, die ganz anders ausfiel als alles, was mir je zuvor in den Sinn gekommen war. Mein aktuelles Projekt[40] befasst sich mit Raumkonzepten im Werk des russischen Faschisten Alexander Dugin, dessen Lehrbuch „Grundlagen der Geopolitik" (Moskau 1997) zur Annexion und Teilung der Ukraine sowie Moldawiens aufruft und inzwischen in Militärakademien verwendet wird. Allein zu diesem Thema gibt es sehr viel zu tun.

Ich rufe andere Wissenschaftler:innen unseres Fachs auf, sich demselben Prozess zu unterziehen und sich mit mir in die Rekonvaleszenz von der Fixierung auf den russischen Staat zu begeben. Stellen wir uns an die Seite der Ukrainer:innen, ihrer Demokratie und ihrer starken bürgerlichen Identität – nicht nur in den sozialen Medien, sondern auch beruflich. Arbeiten wir weiter am Sinn und beziehen wir die ukrainische Identität darein ein.

Aus dem Englischen von Anselm Bühling

Erstveröffentlichung des Originaltexts: Susan Smith-Peter: „What do Scholars of Russia owe Ukraine?", *Jordan Center*, 1. April 2022, https://jordanrussiacenter.org/news/what-do-scholars-of-russia-owe-ukraine-today/#.Y6Q9Fy9XaqA [Zugriff: 22. Dezember 2022]

SCHLUSS MIT WESTSPLAINING

Szczepan Twardoch – 6. April 2022

Liebe westeuropäische Intellektuelle: Ihr habt keine Ahnung von Russland. Niemand im Westen kann verstehen, was es heisst, im russischen Machtbereich leben zu müssen.

2008 veröffentlichte Rebecca Solnit ihren Essayband „Men Explain Things to Me". Sie beschrieb darin, was später als „mansplaining" bekannt wurde. Zwar verwendet Solnit den Begriff nicht, sie schildert aber eine Anekdote, die das Wesen des Phänomens trifft: Als sie über ihr Buch sprechen wollte, unterbrach ein Mann sie mit den Worten, er habe gehört, kürzlich sei ein sehr wichtiges Buch zu dem Thema erschienen, von dem Solnit sprach.

Er kam gar nicht auf die Idee, ausgerechnet die Autorin dieses wichtigen Buches vor sich zu haben.

Eine ähnliche Haltung legen viele westeuropäische Intellektuelle an den Tag, wenn sie sich über Mittelosteuropa und sein schwieriges, von Gewalt geprägtes Verhältnis zu Russland äussern. Als Russland vor einem Monat die Ukraine überfiel und über Nacht eine Reihe von Dogmen der europäischen Politik zum Einsturz brachte, bezeichneten hierzulande einige diese paternalistische Haltung der europäischen Intellektuellen als „Westsplaining", natürlich in Anlehnung an das „mansplaining" des feministischen Diskurses, auch wenn beides sich auf ganz unterschiedlichen Ebenen abspielt. Dennoch bürgerte sich die Bezeichnung ein. „Westsplaining" meint heute die herablassend-paternalistische Einstellung der Gurus und Intellektuellen eines im weitesten Sinne verstandenen Westens zu den Meinungen, Gedanken und Überzeugungen der Europäer aus Osteuropa.

Das Phänomen ist keineswegs neu. Es kam mit dem Begriff Osteuropa im öffentlichen Raum auf, Mitte des 18. Jahrhunderts, als auf der mentalen Landkarte Europas „Ost" und „West" an die Stelle der früheren Teilung in Nord und Süd traten.

Im Niemandsland

Larry Wolff widmet sich in seinem monumentalen Werk „Inventing Eastern Europe. The Map of Civilization on the Mind of the Enlightenment“ ganz der Erfindung des Begriffs „Osteuropa“ in der Aufklärung. Vor allem Reisende trugen dazu bei, für die das Reisen in den mentalen (aber nicht immer geografischen) Osten – in der Praxis also auf den Balkan, nach Warschau, nach Petersburg oder Moskau – dann einen Sinn hatte, wenn dieser Osten sich grundsätzlich vom Westen unterschied. Wenn er all das war, was der Westen nicht war, und dem Westen über seinen Gegensatz zur Selbstdefinition verhelfen konnte.

Als der französische Diplomat Louis-Philippe de Ségur 1784 zum ausserordentlichen Botschafter am Hofe Katharinas II. ernannt wurde und nach Petersburg aufbrach, hatte er bei der Einreise in das damalige Polen folgerichtig den Eindruck, wir seien „um zehn Jahrhunderte zurückversetzt, befinden uns unter Hunnen, Skythen, Wenden, Slawen und Sarmaten“.

Die Reisenden verliessen also den Hort der „Zivilisation“ (dieser Neologismus des 18. Jahrhunderts liess sich am einfachsten durch das angebliche osteuropäische „Barbarentum“ definieren) und nahmen Kurs auf den wilden, ihrer Meinung nach unzivilisierten Osten, der keine Identität per se besass, sondern lediglich Bindeglied zwischen Europa und Asien war, allmählicher, spektraler Übergang von der Zivilisation zur Barbarei.

Soll etwa das Opfer schuld sein?

Seit der Erfindung Osteuropas sind 250 Jahre vergangen, die westeuropäischen oder – weiter gefasst – euroatlantischen Intellektuellen betrachten es immer noch ähnlich wie Ségur, wie das imaginäre Land Zubrowka aus Wes Andersons „The Grand Budapest Hotel“: einmal zauberhaftes, dann wieder absurdes Gebiet von fragwürdiger und verwaschener Identität, für das die üblichen Gesetze und Grundsätze der „zivilisierten“ Welt nicht gelten und das je nach Situation geradezu ein Zauberland ist, wie bei Anderson, oder aber – öfter – eine mit einem Fluch belegte Zone, für die Leid und Gewalt quasi naturgegeben scheinen. Was in Paris ein Skandal wäre, findet der westeuropäische Intellektuelle in Kiew völlig akzeptabel.

Nach dieser Darstellung ist Osteuropa nicht fähig, selbst über sein Schicksal zu bestimmen – es bleibt Objekt, das von den Grossmächten manipuliert wird. Deshalb darf Naomi Klein allen Ernstes in den sozialen Netzwerken behaupten, schuld am Krieg in der Ukraine sei die Nato, weil sie nach 1997 so nah an die russischen Grenzen herangerückt sei. Als wäre dieses Vorrücken auf einer Art unbewohnter *terra nullius*, einem Niemandsland erfolgt, auf dem die Imperien ihre Kräfte messen. Als wäre dieses Land nicht von selbstbestimmten Gesellschaften besiedelt gewesen.

Indes erfolgte der Nato-Beitritt der Länder hinter dem 1989 gefallenen Eisernen Vorhang nicht durch Unterwerfung. Die Nato hat Polen, Tschechien oder Lettland nicht erobert, diese Länder haben sich dem Bündnis vielmehr in einem demokratischen Willensakt der Vertretungen ihrer Bürger angeschlossen.

Ähnlich, wenn auch verspätet, erst nach Kutschma, verlief der Prozess in der Ukraine. Die ukrainische Gesellschaft verlieh ihrem Willen zur Westbindung ihres Landes Ausdruck. Dies geschah sowohl in den blutig unterdrückten, am Ende siegreichen Protesten, die in der Revolution des Maidan mündeten, als auch auf dem Weg demokratischer Wahlen, bei denen, das sollte erwähnt werden, die extreme Rechte, Lieblingsthema Putins ebenso wie der westeuropäischen Linken, eine totale Niederlage erlitt.

Die ukrainische Gesellschaft will also in einem Land mit Westbindung leben und kein Teil der „russischen Einflusssphäre" sein.

Dennoch sorgt sich Noam Chomsky um „die Sicherheitsbedenken Russlands", auf die Putin, so Chomsky, den Westen seit dreissig Jahren hinweise. Russlands Sorgen um die eigene Sicherheit werden dabei für bare Münze genommen, niemand fragt, ob sie irgendeinen rationalen Grund haben. Hat irgendjemand in Europa den Willen, die Mittel, Pläne oder Absichten, gegen Russland loszuschlagen? Nein, und das weiss in Osteuropa jeder. Die russischen „Sorgen um die eigene Sicherheit" sind ein Phantasma, das einzig zur Begründung russischer Aggression dient. Wieso weiss Noam Chomsky es nicht?

Ähnlich sieht Phyllis Bennis den Grund für den Kriegsausbruch in der Ukraine im „Druck der Nato auf Russland". Die Ukraine, ihre Gesellschaft, ihr Wille, Teil des Westens zu sein, zählen für Chomsky, Bennis oder Klein nicht. Akteure sind der Westen und Russland, dazwischen erstreckt sich eine *terra nullius*, Andersons bereits erwähntes Zubrowka, besiedelt von Menschen, die zur Selbstbestimmung unfähig sind und deren „Sicherheitsbedürfnisse" die europäischen Intellektuellen keinen Deut scheren.

Nach Chomsky, Bennis, Klein oder Branko Marcetic vom „Jacobin" handelt Russland, wenn es Mariupol dem Erdboden gleichmacht, Krankenhäuser, Theater und andere zivile Ziele bombardiert, aus „Sorge um die eigene Sicherheit". Die Angst der Menschen, die sich in den Kellern von Mariupol versteckten, zählt nicht, sie ist nicht die Angst von jemandem, der in den Augen der erwähnten Intellektuellen über sein eigenes Schicksal befinden dürfte. Mehr noch, die erwähnten Intellektuellen sind geneigt, die Ukraine so zu behandeln, wie patriarchale Gesellschaften es mit Gewaltopfern tun: Irgendwie müssen die ja auch selbst dran schuld sein. Warum hat die Ukraine es so provozierend abgelehnt, russische Einflusssphäre zu bleiben? Wozu hat sie Russland herausgefordert?

Ausserdem – würde Marcetic vom „Jacobin" bestimmt hinzufügen – kämpft in der Ukraine, in dem in Schutt und Asche gebombten Mariupol doch das Asow-Regiment, also die extreme Rechte. Faschisten. Extreme Rechte lassen sich natürlich in jedem europäischen Land finden, doch das kümmert Marcetic nicht. Noch weniger interessiert ihn, dass Russland im Grunde selbst eine faschistische Diktatur ist, mit allen Attributen einer solchen: staatlichem Nationalismus, fehlender Opposition, militärischer Indoktrinierung der Jugend schon im frühesten Alter, Arbeitslagern und Mord an politischen Gegnern. Marcetic stört sich am ukrainischen Regiment Asow, einer für das Land ganz marginalen Erscheinung, er stört sich nicht an Putins Jugend-Militär-Organisation *Junarmia* und dem ganzen faschistischen Staat, zu dem Russland sich in den letzten zwanzig Jahren entwickelt hat.

Warum? Eine psychoanalytische Deutung böte sich hier an, eine Erklärung für die unausrottbare Faszination, die Russland auf den linksliberalen Westen ausübt, angefangen mit Voltaire und seinen Ergebenheitsadressen an Katharina II. bis hin zu Sartre und leider noch weiter. Aber wichtiger als die Analyse scheint mir heute ein klares Postulat: Das muss ein Ende haben.

Westliche Lust an der Exotik

Liebe westeuropäische Intellektuelle: Ihr habt keine Ahnung von Russland. Russland hat euch nie berührt, weder euch noch eure Vorfahren. Ihr versteht es nicht, noch weniger versteht ihr Osteuropa – denn während Russland euch faszinieren mag, unsere Zubrowkas und Ruritaniens bleiben für euch immer eine *terra nullius.* Und da ihr nichts versteht, ist es höchste Zeit, dass ihr in Fragen Russlands und Osteuropas einfach einmal die Klappe haltet. Punkt.

Lasst eure komplizierten Theoriegebäude, die auf Ignoranz und Arroganz gebaut sind; hört nicht mehr auf die kleptokratische Banditendiktatur Russland, diese ewige Plage nicht nur der eigenen Bewohner, sondern auch aller Nachbarn, sondern hört endlich einmal darauf, was die Ukrainer selbst zur ukrainischen Sicherheit zu sagen haben. Was zum „Gleichgewicht der Kräfte" in Europa die Staaten sagen, die das Pech haben, an Russland zu grenzen, und deren Geschichte von russischer Gewalt gezeichnet ist.

Hört endlich einmal auf Polen, Litauen, Lettland, Estland,[41] alles Länder, die ihre *„skin in the game"* haben, Russlands unglückliche Nachbarn, in deren familiärer und kollektiver Erinnerung sehr drastisch gespeichert ist, was das bedeutet – „Russki Mir". Wer diese Traumata nicht geerbt hat, kann sie nicht verstehen. Ihr wisst wirklich nicht besser als wir, was Russland ist. Nie rollten russische Panzer in den Vororten von Paris; eure Grossmütter und Mütter haben keinen Schimmer davon, was das Anrücken der russischen „Befreier" für uns bedeutete, jene Europäer, die sich nach dem Zweiten Weltkrieg auf der schlechteren Seite des Eisernen Vorhangs fanden. Eure exotiktrunkenen Abhandlungen über die „russische Seele" sind wertlos, all die Jahre habt ihr jede euch von Russland eingeflüsterte Erzählung für bare Münze genommen.

Die deutsche Aussenministerin Annalena Baerbock wunderte sich nach dem Kriegsausbruch, dass Putin lügt. Wäre die Situation nicht so tragisch, hätte das einen grossen Lacher von Tallinn bis Bukarest verdient. Nach 2014 festzustellen, dass Putin lügt, ist wie die Erkenntnis, dass Grossbritannien eine Insel ist, eigentlich Amtsvoraussetzung für eine Aussenministerin. Wir in Osteuropa wissen sehr genau, dass Russland immer lügt, wenn es ihm gerade passt, es ist auf Lügen gebaut, die Lüge gehört zu seinem Wesen. Da hätte man besser auf Lech Kaczynski hören sollen, der 2008 in Tbilissi den künftigen Weg des Putinschen Russland vorhersagte. Das wurde damals vom Westen mit einer Handbewegung abgetan als eine typisch idiosynkratische Voreingenommenheit der Bewohner des Niemandslandes, die grundlos auf ihr Selbstbestimmungsrecht pochen.

Wenn also heute die Europäer aus Osteuropa den Deutschen, Franzosen oder Briten sagen, dass der Frieden nicht durch Verhandlungen, sondern nur durch einen Sieg der Ukraine gesichert werden kann – dann hört jetzt auf sie, denn sie wissen, was sie sagen. Wenn Russland heute den Konflikt einfrieren will, so nicht aus Sorge um die Bewohner Kiews, Charkiws oder Mariupols, sondern weil es sich neu aufstellen, sein militärisches Potenzial auffüllen und erneut zuschlagen will, so wie seinerzeit in Tschetschenien. Frieden tritt nicht ein, wenn ihr euch mit Russland einigt, sondern erst, wenn Russland zu keinen Angriffshandlungen mehr in der Lage sein wird. So einfach ist das.

Der Westen meint heute, einen Dritten Weltkrieg zu vermeiden – vielleicht trifft das zu. Aber unsere Intuition, unser *educated guess*, basierend auf hundertjähriger Erfahrung, legt doch nahe, dass dieser Krieg bereits begonnen hat und es kein Zurück in die Welt davor gibt. Das heisst natürlich nicht, dass es die Lösung wäre, jetzt Nato-Truppen in die Ukraine zu schicken, es bedeutet nicht, dass man eine Eskalation nicht vermeiden sollte. Es reicht schon, sich zu sagen: Die Nato steht im Krieg mit Russland. Diesen Krieg muss jemand verlieren. Wir hier, in Osteuropa, würden es vorziehen, wenn dieser Jemand das alte Russland ist.

Russland kann man nicht trauen

1891 ging vor der Festung von Kronstadt, unweit von Petersburg, die französische Fregatte „Marengo" vor Anker, ein Schiff, das schon vor dem Aufkommen der Dreadnoughts stark veraltet und ohne grösseren Kampfwert war. Das Besuchsziel dieses Flaggschiffs des Ostsee-Geschwaders der französischen Kriegsmarine war ein diplomatisches, kein militärisches: Der Fregattenkapitän Admiral Gervais erhoffte sich den grossen diplomatischen Durchbruch: Nach 70 Jahren des engen Bündnisses zwischen Russland und den Mittelmächten rechnete Frankreich auf eine völlige Neuordnung des europäischen Kräfteverhältnisses.

Das französisch-russische Bündnis verstand sich keineswegs von selbst: Die französische Republik war atheistisch und liberal, Zar Alexander III. dagegen wohl der konservativste von allen Romanows des 19. Jahrhunderts.

Als an Deck der „Marengo" ein russisches Orchester die Marseillaise anstimmte – erstmals in der russischen Geschichte öffentlich, vor höchsten Würdenträgern –, zog Zar Alexander III. die Mütze und nahm Haltung an. Der Autokrat und Despot erwies dem revolutionären Lied die Ehre.

Tat der Zar dies, weil er die Ideale von Freiheit, Gleichheit und Brüderlichkeit teilte?

Keineswegs. Russland, verärgert über die arrogante und kurzsichtige Politik Deutschlands nach der Entlassung des Reichskanzlers Bismarck, suchte nach neuen Bündnispartnern, einer neuen Öffnung in der europäischen Politik. Alexander III. war der gleiche Tyrann wie zuvor.

Warum erwähne ich das?

Weil ich überzeugt bin, dass in nicht allzu ferner Zukunft, wie üblich im Auf und Ab der russischen Geschichte, auf den stalinistischen Putin ein neuer Chruschtschow folgen wird, so wie auf Breschnew schliesslich Gorbatschow und Jelzin gefolgt sind. Vielleicht wird das Alexei Nawalny sein, der aus seinem Lager-Martyrium heute moralisches und politisches Kapital schlägt. Natürlich kann ich nicht wissen, ob er oder jemand anderes es sein wird. Aber dass seine freiwillige Rückkehr nach Russland, geradewegs ins Straflager, nur ein Zufall gewesen sein soll – daran mag ich nicht glauben.

Wenn also irgendwann, in nicht allzu ferner Zukunft, Nawalny oder jemand ganz anderes Putin ersetzen wird, die Mütze zu den Klängen der Marseillaise abnehmen wird wie Alexander III., eine neue Glasnost verkünden, eine neue Perestroika, ein neues Tauwetter, aus tiefstem Herzen um Vergebung bitten wird für die Irrungen und Wirrungen, für das vom Erdboden gefegte Mariupol und die bombardierten Spitäler und Theater, dann gehe ich davon aus, dass ganz Europa erleichtert aufatmen und befinden wird, Russland sei damit in die gesetzestreue Völkerfamilie zurückgekehrt, von nun an dürfe man wieder Geschäfte mit ihm machen, *business as usual.*

Dann, möchte ich gern glauben, werdet ihr auf jene hören, die dieser wundersamen Wandlung Russlands wieder einmal nicht trauen. Meine Hoffnung ist nicht die Vision einer neuen Perestroika, sondern eher die Vorstellung, dass an einem sehr geheimen Ort, irgendwo in Washington oder London, jemand eine Art Morgenthau-Plan für Russland ausarbeitet, so wie vor achtzig Jahren für Deutschland.

Aus dem Polnischen von Olaf Kühl

Deutschsprachige Erstveröffentlichung: *Neue Zürcher Zeitung*, NZZ, 6. April 2022,
https://www.nzz.ch/feuilleton/ukraine-krieg-schluss-mit-westsplaining-ld.1676881
[Zugriff: 22. Dezember 2022]

RUSSLAND WIRD RUSSLAND BLEIBEN – AUCH WENN PUTIN GEHT

Szczepan Twardoch – 7. April 2022

Ist es wirklich überraschend, dass russische Soldaten vergewaltigen und morden? Wäre nicht das Gegenteil überraschend gewesen? Auf Putin wird wieder eine vermeintliche Perestroika folgen – so viel ist sicher. Genau dann sollte uns Butscha eine Warnung sein.

Ich war keineswegs erstaunt, als ich die Fotos sah, auf denen die russischen Kriegsverbrechen in den ruhigen Vororten von Kiew dokumentiert sind. Nichts anderes habe ich von den Russen erwartet, genau dieses Bild der „russischen Welt" wird in meiner Familienerinnerung tradiert. Überrascht wäre ich eher gewesen, hätte sich herausgestellt, dass der russische Soldat 2022 kein Mörder, Vergewaltiger und Plünderer ist.

Ich bin deshalb nicht erstaunt, auf den Fotos die Leichen von ermordeten Zivilisten zu sehen, deren Hände auf dem Rücken gefesselt sind; von Vergewaltigungen und Plünderungen zu hören. Mir steht dann Alexander Solschenizyns gut aussehendes Gesicht vor Augen.

Alexander Solschenizyn hatte ein schönes Gesicht, ebenmäßige Züge, einen durchdringenden Blick, der von hoher Intelligenz und Empfindsamkeit zeugte. Ich denke also an Solschenizyns edles Gesicht, wenn ich die Fotos von Butscha sehe; aber nicht an jenes von Ernst, gravitas, geprägte, vom Patriarchenbart gerahmte; nicht das Gesicht des Gulag-Zeugen, nicht das des Nobelpreisträgers, des Propheten, der Zeugnis von der Wahrheit ablegt, nicht einmal an das Gesicht des wahnwitzigen, russlandkranken Greises, der am Lebensende in Putins Armen liegt.

Ich denke an das junge, glatt rasierte Gesicht des gut 20-jährigen Artilleriehauptmanns, des tapferen, ausgezeichneten Soldaten, der mit seiner Einheit in Ostpreußen einmarschiert.

Ein Mädchen aus Ostpreußen

Niedergeschrieben hat er das alles in den „Ostpreußischen Nächten". Er schrieb im Lager, auf Papierfetzen oder auf Seife, lernte es dann auswendig, daher die an Mnemotechnik erinnernde Prosodie dieses Werkes. Er schrieb nieder und merkte sich, wie das war, als die Russen in Ostpreußen einmarschierten; sie kamen, um zu töten, zu vergewaltigen, zu rauben. „Wer noch Jungfrau, wird zum Weibe/ Und die Weiber – Leichen bald".

Solschenizyn schreibt, er habe sich nicht widersetzt. Er selbst beteiligt sich nicht an den Vergewaltigungen, verbietet sie aber seinen Soldaten nicht. Der Gier und Wut des russischen Soldaten als einer Elementarkraft, einer uralten Natureigenschaft, lässt sich schließlich Einhalt nicht gebieten. Solschenizyn war ja auch der Meinung, dass die Bewohner Ostpreußens es nicht anders verdient hatten.

Er selbst vergewaltigt die Frau nicht, die Untergebene ihm aufs Quartier schicken. Die fleht – bitte nur nicht erschießen. Ob der künftige Gulag-Häftling, Schriftsteller, Nobelpreisträger, die moralische Autorität, ihrer Bitte nachgekommen ist, vermerkt er nicht. Wir wissen es nicht. Doch vergewaltigen tut er nicht, und das lässt ihn wieder Seele in der eigenen Seele spüren.

So wenig braucht der russische Soldat, um sich in seinem Menschsein bestärkt zu fühlen. Es reicht, nicht zu vergewaltigen. Nicht zu erschießen, vielleicht. Er hat nicht vergewaltigt, nicht erschossen, und ist dann zur Autorität geworden, zum Nobelpreisträger, und niemand hat ihn nach diesem Mädchen aus Ostpreußen gefragt.

Aufs Geratewohl Erschießungen

Vor Solschenizyn ist meine damals halbwüchsige Großmutter aus Ostpreußen geflohen. Mein Großvater war 25, als die Russen in Oberschlesien einmarschierten. Er war vom Volkssturm desertiert, weil er im Januar 1945 nicht für Hitler sterben wollte. Er versteckte sich bei Verwandten, und als die Russen kamen, sah er sie bei ihrer Arbeit. Er hat sich diesen Anblick gut gemerkt, aber mir nur ein einziges Mal davon erzählt: An der Friedhofsmauer in Przyszowice nahmen Soldaten in blauen Hosen (also vom

NKWD) und hellen, eng gegürteten Lammfelljacken aufs Geratewohl Erschießungen vor, und mein Großvater sah sie aus einem Versteck in der Nähe, er sah sie töten und muss noch viel mehr gesehen haben, doch davon sprach er nicht mehr.

Alexander Solschenizyn befand, dass Putin Russland erneuere, wider den verderbten Westen, den er hasste, auch wenn der Westen, nicht Russland, ihn zu einem großen Schriftsteller gemacht hatte. Der Westen verlieh ihm den Nobelpreis, Solschenizyn aber zog weiterhin Russland vor. Mag sein, dass in seinen Augen Russland heute wieder groß wäre. Im Jahre 1945 in Ostpreußen übte Hauptmann Solschenizyn Rache – aber nicht für die deutschen Verbrechen in Russland, davon schreibt er nicht, er schreibt von der Erniedrigung des Jahres 1914. Nicht die in Babyn Jar ermordeten Juden schreiten an Solschenizyns Seite, nein, an seiner Seite schreitet eher der 1914 erniedrigte Samsonow. Wäre das Russland des Jahres 2022 Solschenizyn nicht auch wieder groß erschienen, weil es die Erniedrigung von 1991 gerächt hat? Wäre Butscha nicht der Preis, den er gern gezahlt hätte, in fremdem Blut?

Sind wir, der Westen, wenn wir heute die Verbrechen in Butscha sehen, nicht ein bisschen zu sehr erstaunt? Hatten wir wirklich Grund zu der Annahme, Russland wäre inzwischen ein anderes Land? Es ist doch das Russland, in dem Putins treuer Diener Kadyrow Konzentrationslager für Schwule unterhält, das Russland, das die Krim erobert, weil es das kann, das Russland, das seine politischen Gegner in London oder Berlin ermordet. Weil es das kann. Und nein, nicht nur Putin tut das. Russland ist es. Es sind die Russen, die das tun.

Ich fürchte ein neues Tauwetter

Die Russen ersehnen ein großes Russland, ein Russland, das nicht einfach nur ein Staat ist, sondern die moralfreie Macht einer Urkraft in sich trägt. Gern opfern die Russen sich selbst für solch ein Russland, sie sind einverstanden damit, dass ein solches Russland nicht nur die Nachbarn, sondern auch sie selbst mordet. Viele intelligente Russen machen sich doch keine Illusionen über ihr Land, zum Beispiel Zakhar Prilepin, der draufgängerisch mit seinen Kriegsabenteuern im Donbass prahlt und sich heute mit einem Auto mit der Aufschrift „Z“ im Hinterland der russischen Front herumtreibt.

Er hat keine Illusionen, hat er doch in seinem letzten Buch geschrieben, dass alle im Donbass darauf warten, dass Russland kommt, weil sie nicht wissen, dass Russland, wenn es denn kommt, wie eine große Walze anrollt, die alles plattmacht. Prilepin ist einverstanden mit so einem Russland, er akzeptiert es nicht nur, er begrüßt es.

Wider Prilepins Hoffnungen glaube ich, dass die Russen den Krieg in der Ukraine verlieren werden. Ich glaube, dass die Ukraine siegen wird. Bedenken habe ich nur, was auf Russlands Niederlage folgen wird. Ich fürchte ein erneutes Tauwetter, eine neue Perestroika, bei der die Anwärter auf den nächsten Solschenizyn zu moralischen Autoritäten heranwachsen und den Russen und der Welt ein geläutertes Russland versprechen, ein neues Russland, und wir alle so ausgehungert nach Frieden sein werden, dass wir ihnen glauben. Vielleicht wird sogar Zakhar Prilepin endlich klar sehen, die Fehler und Entstellungen der „militärischen Spezialoperation“ kritisieren?

Wenn Putin ersetzt wird

Nun, er ganz bestimmt nicht, aber wer immer es sein wird, ich wünschte mir, dass wir diesmal nicht darauf hereinfallen. Ich wünschte mir, dass die in Butscha, Irpin umgebrachten Menschen, die vergewaltigten ukrainischen Mädchen unserem Gewissen keine Ruhe lassen. Unserem Gewissen, denn in das russische setze ich kein großes Vertrauen mehr. Ich wünsche mir, dass wir an sie denken, wenn Putin durch einen jungen, adrett Englisch parlierenden, höflichen Technokraten oder eine moralische Autorität ersetzt wird, wünsche mir, dass wir die russischen Verbrechen auch dann nicht vergessen, wenn endlich die russische Wirtschaft unter der Last der Sanktionen und der Kriegskosten zusammengebrochen ist.

Ich wünsche mir, dass unsere Politiker dann nicht einfach wieder Geschäfte mit Russland machen; wünsche mir, dass Russland diesen Krieg nicht einfach nur verliert, sondern wirklich zusammenbricht. Ich wünsche mir das für mich, für meine Kinder, und wünsche es auch den wenigen Russen, die Putin heute nicht unterstützen. Ich wünsche ihnen den totalen Zusammenbruch Russlands, dieses amoralischen, verdorbenen Diebs- und Verbrecherstaates; wünsche ihnen, dass ihr Land dann endlich jene Transformation durchmacht, die nach 1945, besonders aber nach 1968, Deutschland durchgemacht hat.

Ich bin weder Soldat noch Politiker, deshalb werde ich hier gar nicht erst zu formulieren versuchen, wie ein Morgenthauplan für Russland heute aussehen könnte. Dieser Plan wurde bekanntlich nicht umgesetzt, aber er prägte immerhin die Vorstellung der Alliierten, was nach Hitlers Sturz aus Deutschland werden sollte. Ich möchte nur, dass Butscha uns misstrauisch macht gegen jede Neuauflage eines „zivilisierten“ Russland, gegen jedes neue Tauwetter – denn dass beides kommt, dessen bin ich mir sicher.

Ich möchte, dass wir, der Westen, die bevorstehende Zeit der russischen Wirren nicht dazu nutzen, um dort neue Geschäfte einzufädeln, sondern Russland endgültig und unwiderruflich zusammenbrechen zu lassen. Russland muss seinen vermeintlichen Großmachtstatus einbüßen, es muss die Realität akzeptieren, in der es keine ungebändigte Naturkraft, sondern ein normales Land ist, das seinen Nachbarn nicht die eigenen Überzeugungen und Lösungen aufzwingen kann, ebenso wenig, wie Deutschland das heute tut.

Mit einem unbesiegten Russland wird jeder Frieden nur ein vorübergehender Waffenstillstand sein. Ich hoffe, die Fotos der Ermordeten in Butscha werden uns immer daran erinnern.

Aus dem Polnischen von Olaf Kühl

Deutschsprachige Erstveröffentlichung: Szczepan Twardoch: „Russland wird Russland bleiben – auch wenn Putin geht“, *die Welt*, 7. April 2022, https://www.welt.de/kultur/plus238023865/Szczepan-Twardoch-ueber-Butscha-Russland-wird-Russland-bleiben.html [Zugriff: 22. Dezember 2022]

MEHR ALS NUR RUSSISCH

Alexander Kratochvil – 12. Apil 2022

Die deutsche Slawistik ist auf Russland fixiert. Damit reproduziert sie ein Narrativ, das die Vielfalt der slawischen Sprachen und Kulturen unterdrückt.

Die Meldung über den Boykottaufruf russischer Musiker, Künstler und Schriftsteller rührt an grundlegende Fragen der Freiheit der Kunst, fragt nach ihrer Moral oder Unmoral. Diese Fragen schließen die Ukraine, ihre Kunst und Literatur mit ein: Wie nehmen wir die Ukraine wahr? Was wissen wir von ihr jenseits der Kriegsberichterstattung? Und vor allem – was wissen wir alles nicht von diesem in vielerlei Hinsicht großartigen Land, dessen Bürger gerade für ihre Freiheit und Demokratie sterben?

Deshalb ist die Debatte über die russische Kultur verfehlt, um sie geht es jetzt nicht. Wir sollten uns Gedanken machen, wie wir zu konstruktiven Betrachtungen über die Ukraine selbst gelangen, ohne dabei den Umweg über Russland zu nehmen. Zum Beispiel können Verlage und andere Institutionen Programme zur Förderung ukrainischer Literatur, Kunst und Wissenschaft auflegen.

Zur Literatur: Ja, es gibt vielleicht ein gutes Dutzend ukrainischer Autorinnen und Autoren, die in den letzten 30 Jahren ins Deutsche übersetzt wurden, zumeist in österreichischen Verlagen. Von den deutschen Großverlagen hat bisher Suhrkamp vier Autoren veröffentlicht, davon sind zwei (Andruchowytsch und Zhadan) fest im Programm. In den letzten zwei, drei Jahren kann man die erfreuliche Tendenz beobachten, dass sich kleine und mittelgroße Verlage ukrainischer Literatur annehmen und tolle Bücher veröffentlichen, von denen das Feuilleton oft schwärmt.

Für die Herausgabe dieser Bücher benötigen die Verlage vielfach Fördermittel, und auch hier gibt es eine erfreuliche Tendenz in der Übersetzungsförderung. Wenn man dann aber in die Buchläden blickt, wird man selbst jetzt noch selten auf ukrainische Titel stoßen. All das soll kein Gejammer sein, sondern eine Beschreibung des Ist-Zustands.

Warum hat die Ost-Politik seit den 2000ern versagt?

Die Gesellschaft in Deutschland wie in ganz Europa wird in den kommenden Jahren gezwungen sein, sich mit der Ukraine und ihren Menschen auseinanderzusetzen; mit Flüchtlingen, die alles verloren haben. Und wir werden uns selbst fragen müssen, warum etwa die deutsche Ost-Politik seit den 2000er Jahren insgesamt so versagt hat, vor allem nach der Krim-Annexion – man mag sich lieber nicht daran erinnern, dass die CDU/SPD-Regierung 2014 den Baubeginn Nord Stream 2 absegnete.

Der Blick der deutschen Öffentlichkeit auf Osteuropa stand bisher im Schatten des vermeintlichen russischen Riesen, sodass die Nachbarländer unsichtbar wurden. Deswegen schreiben sich, wenn es um die Ukraine, Belarus, Polen und andere postsowjetische Länder geht, tradierte (oft negative) Stereotype und Denkblockaden, ja eine geradezu kulturkolonialistische russische Sicht in unserer Wahrnehmung fort!

Ein anderes deutsches Beispiel: In universitären Strukturen findet sich unter der Bezeichnung „Ostslawistik" keinerlei gesicherte strukturelle Verankerung der Ukrainistik (mit Ausnahme einer halben Professur an der Viadrina in Frankfurt (Oder) oder Belarusistik.

Dies verwundert umso mehr, da inzwischen in vielen gesellschaftlichen Bereichen eine Sensibilisierung für die Macht sprachlicher Bezeichnungen vorhanden und mit der Verwendung einer gendergerechten Sprache im Alltag angekommen ist. So fand auch die Umbenennung von Slawistenverband zu Slawistikverband statt. Im Hinblick auf die Ostslawistik wird freilich vor allem in den Literatur- und Kulturwissenschaften fast ausschließlich Russistik betrieben.

Ukrainisch und Belarussisch bleiben unsichtbar

Die beiden anderen ostslawischen Sprachen (Ukrainisch, Belarussisch) bleiben in der Regel unsichtbar. Zugespitzt könnte man sagen, die Bezeichnung Ostslawistik schreibt überkommene Stereotype fort, indem zum Beispiel unter Sowjetliteratur hierzulande bisher Literatur in russischer Sprache verstanden wurde. In der Slawistik sollte eine Reflexion der eigenen institutionellen Strukturen einsetzen.

Tatsache ist, dass ohne institutionelle Infrastruktur die vielen und zweifellos wertvollen Forschungsarbeiten in Ukraine- und Belarus-Studien nicht in die breite Öffentlichkeit oder gar in die Politik hineinwirken können, also weiterhin unsichtbar bleiben. So schreibt sich die Unwissenheit über die Ukraine als „Terra incognita" fest. Es wäre Aufgabe der Slawistik, nicht ständig und immer wieder in allen Instituten die Ostslawistik-Professuren in der Literaturwissenschaft mit Russisten zu besetzen.

Die deutsche Slawistik ist nicht groß und sie schrumpft, weil die Finanzen knapp sind. Sie wäre aber mit einer vernünftigen Personal- und Nachwuchspolitik in der Lage, die Vielfalt an Kulturen der slawischen Länder in Forschung und Lehre abzubilden. Das käme dann auch der Russistik zugute.

Auch Politiker und Politikberater in Ministerien und sogenannte Thinktanks können durch Literatur und Kunst ihr Hintergrundwissen erweitern und somit bei Entscheidungen kompetent agieren. Das ist kein naives Gerede. Literatur entwirft und reflektiert im Modus der Fiktion gesellschaftliche, politische und kulturelle Szenarien.

Ein Blick in russische, ukrainische und belarussische Texte der letzten Jahrzehnte könnte in der jetzigen Situation erhellend wirken. Politik und ihre Beratungsinstanzen sollten sich ihrer gestrigen Verhaltensmuster und Denkblockaden bewusst werden – auch dazu kann ein wenig Lektüre beitragen. Frau Baerbock sagte am Morgen des russischen Angriffs auf die Ukraine den richtigen Satz „Wir sind in einer anderen Welt aufgewacht." Wir müssen uns neu orientieren.

Genau wie die riesige ukrainische Exilcommunity, der wir in den nächsten Tagen, Wochen und Jahren begegnen werden. Da sollten wir im eigenen Interesse die Geschichte und Kultur der Geflüchteten kennen. Nicht nur aus kurzfristiger Betroffenheit muss es langfristig ein Bildungsangebot für alle geben, die sich für das Denken, die Literatur und Sprache der Ukraine interessieren.

Erstveröffentlichung: *taz*, 12. April 2022, https://taz.de/Slawistik-an-der-Universitaet/!5845116/ [Zugriff: 22. dezember 2022]

SCHLUSS MIT DEN RUSSLANDMYTHEN!

Witold Jurasz – 13. April 2022

Der Krieg in der Ukraine hat der Öffentlichkeit in Europa und der Welt einen schweren Stoß versetzt. Mich persönlich hat dieser Krieg weniger aus dem Gleichgewicht gebracht, es hat mich schon mehr überrascht, wie viele intelligente, kluge und klarsichtige Menschen von den Geschehnissen völlig überrumpelt wurden.

In bestimmter Hinsicht ähneln Kriege Revolutionen. Bevor sie ausbrechen, will niemand so recht daran glauben, und wenn es dann erst einmal passiert ist, werden überaus kluge Texte darüber verfasst, wieso dies ganz unvermeidlich war. Ich würde den Leser belügen, würde ich behaupten, ich hätte den Kriegsausbruch vorausgesehen. Tatsächlich schrieb ich, die Wahrscheinlichkeit eines Kriegs sei zwar sehr hoch, doch meinte ich, es käme dennoch nicht dazu. So lag ich also gleichzeitig richtig und irrte mich doch. Ich hatte damit recht, immer anzunehmen, im Falle Russlands seien selbst die unwahrscheinlichsten Optionen möglich. Während meines langjährigen Aufenthalts als Diplomat in Moskau hatte ich Gelegenheit zu einem längeren Gespräch mit einem der damaligen stellvertretenden russischen Außenminister. Um das Beste aus der seltenen Gelegenheit zu machen, fragte ich ihn, wieso Russland eigentlich immer nur taktisch, aber nicht strategisch handle. Die Antwort fand ich frappierend, so dass ich sie mir notiert habe und heute zitieren kann: „Nun ja, Sie haben Ihre Strategie und wir handeln in der Tat taktisch. Doch zehn unserer scheinbar unbedeutenden taktischen Siege ändern die strategische Lage derart, dass Sie sich Ihre Strategie in den … (es folgte ein russischer Kraftausdruck) stecken können."

Seit jenem Gespräch antwortete ich auf die Frage, was Wladimir Putin nicht im Allgemeinen, sondern ganz konkret plane, ich wisse es nicht, weil Wladimir Putin es höchstwahrscheinlich selbst noch nicht wisse; und ich fügte hinzu, sollte jemand behaupten zu wissen, was Russland morgen tun werde, dann weiß ich über diese Person nur, dass sie keine Ahnung von russischer

Außenpolitik hat. Deren völlige Unterordnung unter taktische Überlegungen sollte einen Schluss nach sich ziehen, den der Westen leider niemals gezogen hat. Wir können uns an dieser Stelle damit trösten, wir seien insgesamt stärker, insgesamt kulturell attraktiver, insgesamt reicher und insgesamt sogar moralischer. Allein, wenn es konkret wird, können wir uns dafür nichts kaufen, denn um außenpolitisch gegenüber Russland erfolgreich zu sein, müssen wir nahtlos von einem Aktionsplan zum nächsten übergehen wollen und können, rasch auf veränderliche Umstände reagieren, bluffen und täuschen und nötigenfalls (denn so spielt Russland nun einmal) das Wort zu brechen, lügen und zu betrügen. Wir müssen spielen, wie man Poker mit einem Falschspieler spielt, nicht mit einem Gentleman, denn wenn man mit einem Falschspieler wie mit einem Gentleman spielt, ist das Spiel schon verloren.

Einige meiner Leser werden in diesem Appell, wie im Spiel mit Russland die Karten zu zinken sind, ein starkes Argument für die weitere europäische Integration entdecken, denn diese solle uns doch gerade stärker und erfolgreicher machen. Allein, wenn die Polen über europäische Politik im Verhältnis zu Russland bei verstärkter Integration nachdenken, dann gelangen sie zu einer Politik, deren Tenor von deutschen Politikern bestimmt wird, wie sie jahrelang Nord Stream 2 forcierten und Russlandprognosen trafen, von denen keine einzige eingetreten ist. Die Kompromittierung der deutschen Russlandpolitik ist leider kein Argument für, sondern gegen die vertiefte Integration.

Diejenigen meiner Leser, die mich von dieser Plattform her kennen, wissen, dass ich Deutschland positiv, aber nicht unkritisch gegenüberstehe. In Polen werde ich häufig wegen meiner zu deutschfreundlichen Ansichten attackiert. Meine positive Einstellung zu Deutschland veranlasst mich, auf die deutsche Russlandpolitik noch einige wenige Sätze zu verwenden. Aus Mitleid.

Das heißt allerdings überhaupt nicht, ich sei der Meinung, die polnische Ostpolitik sei klug gewesen. Im Hinblick auf Belarus hat Polen 25 Jahre lang den Faktor Sicherheit de facto ignoriert. Nachdem jetzt Kiew bombardiert und von den Russen in Butscha Kriegsverbrechen begangen worden sind, einem Ort, der durch die von Belarus aus gestartete Offensive eingenommen worden war, wird mir bewusst, wie sehr der Sicherheitsaspekt ignoriert wurde, indem die polnische Belaruspolitik quasi auf die Frage reduziert war, ob nun Lukaschenka ein Diktator sei oder nicht.

Alle polnischen Fehler verblassen jedoch im Vergleich zu dem, wie Deutschland in Russland etwas zu erkennen meinte, was es dort niemals gab, während es völlig blind dafür war, was mit bloßem Auge zu erkennen war. Wovon ich rede, sind der Hass und die Verachtung für den Westen, die Faschisierung der Gesellschaft, der aggressive Nationalismus, die Homophobie und der Rassismus, der Revanchismus, der Neoimperialismus und der Militarismus. Es ist geradezu peinlich, dass dies alles von den Interessen früherer Stasioffiziere und ihrer Geschäftspartner überspielt wurde. Übrigens kann man sich kaum des Eindrucks erwehren, dass das Versagen der deutschen Ostpolitik im Wesentlichen kein Versagen der deutschen Aufklärung, sondern der Gegenspionage ist. Das Problem besteht nämlich nicht darin, wenn wir schon einmal nichts unausgesprochen lassen, dass Deutschland nicht Bescheid gewusst hätte. Das Problem besteht darin, dass bestimmte deutsche Politiker Bescheid wussten und dennoch genau diese Politik betrieben, während die deutsche Gegenspionage sich nicht fragte, wieso sie dies taten.

Um noch einmal auf das oben erwähnte Gespräch mit dem russischen Vizeaußenminister zurückzukommen, muss ich noch auf einen Aspekt verweisen, der sicherlich jedem meiner Leser aufgefallen ist. Mein Gesprächspartner war ein ausgesprochen gebildeter, belesener und weltgewandter Mensch. Etwa genauso wie seine deutschen Amtskollegen. Doch besteht der Unterschied darin, dass kein deutscher stellvertretender Außenminister heute einen bewaffneten Überfall Deutschlands auf ein Nachbarland befürworten und einem europäischen Diplomaten sagen würde, er könne sich die Politik seines Landes irgendwo hinstecken. Der russische Vizeminister kann sich herausnehmen, so etwas ganz einfach zu sagen, und das ändert nichts daran, dass er außerordentlich gebildet, belesen und weltgewandt ist. Und damit gelangen wir zu einem weiteren Aspekt, an den zu erinnern anlässlich des Kriegs in der Ukraine lohnt. In Russland kannst du nämlich anscheinend ein eleganter Mensch sein und doch gleichzeitig ungemein brutal, und notwendigenfalls oder einfach nach Lust und Laune auch vulgär. Ich bitte Sie, an dieser Stelle für einen Augenblick, ja buchstäblich für einige Sekunden die Lektüre zu unterbrechen und sich ein Zwiegespräch auszumalen, zwischen Menschen, die sexistische Witze, für die etwa der russische Außenminister Sergej Lawrow bekannt ist, die schäbige Behandlung des Gesprächspartners oder Menschenrechte als Gegenstand von verächtlichen Scherzen völlig normal finden, und den feinfühligen, zudem noch durch politische Korrektheit gehemmten europäischen Politikern. Überlegen Sie sich, welchen Erfolg letztere wohl haben werden. Auf unsere Art hatten wir als Polen gegenüber den Deutschen einen gewissen Vorteil. Im Gespräch mit den Deutschen hielten sich die Russen stets zurück, um die Grenzen besagter politischer Korrektheit nicht zu überschreiten. Die Wertschätzung für unsereinen war dagegen nicht so hoch. Leider, vielleicht aber auch zum Glück, denn deshalb sagten sie im Gespräch mit uns viel mehr und gaben über sich viel offener Auskunft. Doch die deutschen Diplomaten und mehr noch die deutschen Politiker meinten, da die Russen die Deutschen mehr schätzten als die Polen, verstünden die Deutschen Russland besser als die Polen. In Wirklichkeit war es genau umgekehrt, denn die Russen pflegten die Deutschen viel öfter hinters Licht zu führen als uns Polen. Als Polen verstanden wir Russland nicht deswegen besser, weil wir eine bessere Intuition hatten, obwohl das sicher auch eine gewisse Rolle spielte, als vor allem deshalb, weil die Russen mit uns immer offener sprachen. Es ist dabei nur traurig, dass sie sich das unter anderem deswegen herausnehmen konnten, weil sie wussten, dass die Deutschen den Polen doch nie richtig zuhören würden, wenn diese ihnen zu erklären versuchten, worum es den Russen eigentlich geht. Sollte ich mir vorstellen, wie russische Politiker einen Gedanken ausdrücken würden, den in Worte zu fassen ich mich etwas schwer tue, müsste ich schreiben, der Westen, das heißt vor allem Europa (die Amerikaner sind in der Hinsicht gut aufgestellt) im Gespräch mit Russland sich einmal ein Paar gute Ohren zulegen sollte und dazu noch die nötigen *cojones*. Hier muss ich meine Leser nochmals um etwas bitten. Sollte sich jemand von den vorhergehenden Formulierungen beleidigt fühlen, dann ist er sicher ein besonders kultivierter Mensch. Aber dann empfehle ich, sich gar nicht erst mit osteuropäischer Politik zu befassen.

Zu Anfang habe ich zugegeben, mich in gewissem Sinne geirrt zu haben, zwar alle Optionen ins Auge gefasst, aber an einen Krieg doch nicht wirklich geglaubt zu haben. Dafür gibt es einen bestimmten Grund. Ich ging nämlich davon aus, die Russen würden sich rational verhalten. Genauer gesagt, ging ich davon aus, die Russen würden sich nach unserer westlichen Logik richten. Nur, dass das, was sich von westlicher Logik aus gesehen als völlig irrational darstellt, vielleicht aus russischer Sicht ganz logisch ist. Entgegen dem Anschein handelt Wladimir Putin rational, wenn er den Krieg lostritt und dann pauschal alle ukrainischen Städte bombardieren lässt. In seiner Welt ist es völlig rational, einige zig Jahre Terror auszuüben, um sich ein Nachbarland zu unterwerfen und dessen Bevölkerung gefügig zu machen.

Wenn Beobachter das hören, werden sie gewiss sagen, dass die Russen mithin nicht der europäischen Zivilisation angehören. Das will mir doch ziemlich rassistisch erscheinen. Denn die Feststellung setzt voraus, Russland befinde sich in einer anderen, als asiatisch vorgestellten Zivilisation. Ich denke nicht, die asiatische Zivilisation sei irgendwie schlechter als unsere europäische. Als in Auschwitz die Gaskammern in Betrieb waren oder in Srebrenica unschuldige Menschen ermordet wurden, war das schließlich auch ein Teil der europäischen Zivilisation. Unsere Empörung über die Ermordung von Zivilisten kann nicht bedeuten, wir würden plötzlich gewahr, dies sei etwas Uneuropäisches. Das wäre eine gefährliche Illusion, denn sie könnte uns einschläfern und uns daran hindern zu bemerken, wenn eines Tages die Dämonen nicht nur in das östliche Europa zurückkehren.

Der genannten Illusion dürfen wir uns aber noch aus einem weiteren Grund nicht hingeben. Die Russen, zu denen auch die Konsumenten der Hochkultur gehören, wie sie in den Logen des Bolschoitheaters sitzen, leben in einem Land, das nie aufgehört hat, Kriegsgefangene und Zivilisten zu töten, Frauen zu vergewaltigen und Häftlingen die Fingernägel auszureißen. Genauso ging Russland 2014/15 in der Ukraine vor. Genauso ging es vor zwanzig und dreißig Jahren in Tschetschenien vor, wo es zudem noch sogenannte Filtrationslager einrichtete. Aus irgendeinem Grund konzentrierten sich die westeuropäischen Menschenrechtsschützer aber ganz auf Guantanamo. In der Tat begingen die Amerikaner in Guantanamo Menschenrechtsverletzungen. Doch unterscheiden sich amerikanische Gefängnisse dadurch von russischen Filtrationslagern in Tschetschenien, dass in Guantanamo niemand ermordet wurde, während in den Filtrationslagern die Menschen zu tausenden umgebracht werden, um sie später in Massengräber zu werfen. Über den Bruch der Menschenrechte in Guantanamo berichten die US-Medien, die Journalisten werden dafür nicht umgebracht. Russische Journalisten, die von den Filtrationslagern in Tschetschenien berichteten, wurden dagegen von „unbekannten Tätern" ermordet. Trotz solcher einschneidender Unterschiede widmeten die westeuropäischen Menschenrechtshüter dem Bruch der Menschenrechte durch die Amerikaner sehr viel mehr Zeit als dem, was in Tschetschenien geschah. Vielleicht sollte man sich einmal die Frage stellen, ob der Antiamerikanismus nicht doch dumm macht?

Der Krieg in der Ukraine gibt noch zu einer weiteren Überlegung Anlass. Wann immer in all den Jahren von Russland die Rede war, hörte ich Behauptungen der Art, Russland fühle sich „gedemütigt", es sei herablassend und schlechter als andere Länder behandelt worden. Stimmt das aber wirklich? In Wahrheit war es doch genau andersherum. Wir verschlossen die Augen vor russischen Verbrechen, wir räumten den Russen Rechte ein, die wir den Amerikanern niemals zugestanden hätten, wir taten so, als gäbe es die Filtrationslager nicht. Obwohl ich kein religiöser Mensch bin, möchte ich hier beinahe Gott anrufen: Wo ist hier die Demütigung oder die schlechtere Behandlung?

Gedankenlos zu wiederholen, was sich die Lubjanka ausgedacht hat, um uns dazu zu bringen, Russland stets einen Sondertarif zu gewähren, weil es doch so arm und gedemütigt ist, sollte seine Grenzen haben. Tatsächlich aber hat es diese Grenzen nie gegeben. Jahrelang musste sich Polen anhören, es solle bitteschön in der NATO Mitglied zweiter Klasse bleiben, um ja nicht Russland zu „reizen“ oder zu „provozieren“. Leider ist es aber so, dass Russland im psychologischen Sinne, wie der bekannte russische Soziologe Boris Dubin in einem seiner letzten Texte schrieb, ein Narzisst ist, der sich stets und immer „provoziert“ fühlt. Das Wesen des russischen Narzissmus besteht darin, dass die Russen die Existenz anderer nicht tolerieren und allein die Tatsache ihrer Existenz für eine Irritation und den Vorwand zur Aggression darstellt. So vereinfacht wie möglich gesagt, es gibt keine Möglichkeit, Russland nicht zu provozieren, denn Moskau fühlt sich bereits dadurch provoziert, dass ihm seine Nachbarn nicht untergeordnet sind. Das häufig zu hörende Argument, Russland sei durch die NATO-Erweiterung provoziert worden, ist im Grunde genommen ein Ausdruck der Verachtung für Länder wie Polen, Tschechien, die Slowakei, Ungarn, Litauen, Lettland, Estland, Bulgarien und Rumänien. Wenn man nämlich behauptet, alle diese Länder sollten in ihrer Souveränität eingeschränkt sein, um Russland nicht zu reizen, was anderes als Verachtung ist eine solche Denkweise?

Noch so ein absurdes Argument, von dem wir uns endlich verabschieden sollten, ist die Behauptung, Russland müsse man verstehen, weil es das Trauma des Zerfalls der Sowjetunion durchgemacht habe. Vor vielen Jahren hatte ich als junger Diplomat die Gelegenheit, eine der Legenden der sowjetischen Dissidentenbewegung zu treffen, eine damals schon ältere Dame. Von ihr hörte ich etwas, was mich im Innersten erschütterte. Diese Menschenrechtlerin sagte mir nämlich, es sei der größte Fehler des Westens gewesen, Anfang der neunziger Jahre humanitäre Hilfe in das in einer dramatischen Krise steckende Russland zu entsenden. Ich dachte mir, meine Gesprächspartnerin meinte damit, die Unterschlagung dieser Hilfe sei zu einer der primären Quellen der Reichtümer der heute Russland beherrschenden KGB-Leute geworden. Mein Gegenüber schüttelte jedoch verneinend den Kopf und fragte mich, ob ich wisse, wie man Menschen von der Drogensucht abbringt, und sie gab sofort selbst die Antwort, dass nämlich die einzig erfolgreiche Methode sei, sie auf den absoluten Tiefpunkt sinken zu lassen. Dann fügte sie noch hinzu, man hätte Russland keine Hilfe schicken sollen, weil es so eben den Tiefpunkt nicht erreicht habe. Ich entgegnete, der Westen fürchte seit eh und je, in Russland könnten Nationalisten an die Macht gelangen. Sie entgegnete daraufhin, Russland werde ohnehin bereits von Nationalisten regiert, und diejenigen, die so täten, als seien sie noch schlimmere Nationalisten, seien lediglich der verlängerte Arm der Machthaber. Die Rolle der Nationalisten war immer schon, als Schreckgespenst für den Westen aufzutreten, der daraufhin mit großer Erleichterung mit den Gemäßigten im Kreml sprach. Solange jene gemäßigten Führer die Karten nicht auf den Tisch legten, nicht über die Ukraine herfielen und nicht der Welt verkündeten, dass sie alles andere als „gemäßigt" sind.

Aus dem Krieg in der Ukraine lassen sich sehr viele Schlüsse ziehen, sowohl hinsichtlich der Energie und der Militärpolitik als auch der Geheimdienste. Alle diese Schlüsse werden jedoch wertlos sein, wenn der Westen nicht den einen grundsätzlichen Schluss zieht, dass es an der Zeit ist, mit den Mythen Schluss zu machen, an die der Westen in den vergangenen dreißig Jahren so bereitwillig geglaubt hat. Besonders wenn diese Mythen von den russischen Geheimdiensten bei westlichen Intellektuellen in Umlauf gebracht wurden. Von deren Agenten wie auch von „nützlichen Idioten".

Aus dem Polnischen von Andreas R. Hofmann

Deutschsprachige Erstveröffentlichung: *Dialog Forum*, 13.04.2022, https://forumdialog.eu/2022/04/13/schluss-mit-den-russlandmythen/ [Zugriff: 22. Dezember 2022]

LEKTIONEN AUS EINEM GROSSEN BLUFF

Oksana Sabuschko – 22. April 2022

Der europäische Charakter der russischen Kultur wird auch und gerade in Zeiten des Überfalls auf die Ukraine betont. Doch sollte man endlich genauer hinschauen. Denn russischer Humanismus folgt dem Irrglauben, dass „es keine Schuldigen auf der Welt gibt“ (Tolstoi).

„Warum nur?“, fragte mich eine deutsche Bekannte, bestürzt von den Bildern des Gemetzels in Butscha. „Warum machen die das?“

Wie ein Baum in einem Samenkorn sind in dieser Frage mehrere Regalmeter Bücher verborgen, die zweifellos bald den Buchmarkt überschwemmen werden, Bücher, die einer grundlegenden Neubewertung der europäischen Geschichte des 20. Jahrhunderts gewidmet sein werden. Dann wird man verstehen, wie die westliche Kultur so desorientiert sein konnte und gut zwanzig Jahre lang das geradezu lehrbuchhafte Entstehen, Wachsen und Gedeihen eines erneuerten Totalitarismus 2.0 in Russland derart ignorierte und fast wie absichtlich all jene Verhaltensmuster der 1930er Jahre wiederholte, mittels derer man seinerzeit Hitler „aufgepäppelt“ hatte.

Blinde Flecken im Auge

Selbst nach Butscha empfiehlt mir mein Facebook-Feed einen Artikel von John Mearsheimer im „Economist“ vom 19. März über die „ukrainische Krise“ (entsprechend dieser Logik handelte es sich im September 1939 um eine „polnische Krise“!).

Darin: aufdatierte Ratschläge, wie man „Hitler pazifizieren“ könne, und das totale Unvermögen des amerikanischen Autors, historische Analogien zu erkennen. Trotz meiner aufrichtigen Abneigung gegenüber Mearsheimer, wenn er vom fernen Chicago die Welt belehrt, warum ich und vierzig Millionen meiner Landsleute uns einem Serienmörder ans Messer liefern sollten, und bei aller Sympathie zu meiner deutschen Bekannten, einem Menschen mit exquisitem Geschmack und der Fähigkeit zu feinen Seelenregungen, muss ich doch sagen, dass sie beide ganz ähnlich denken: Sie denken wie Menschen, die in der gleichen Kultur gross geworden sind, mit den gleichen Vorzügen und den gleichen blinden Flecken im Auge.

Meine deutsche Bekannte weiss aus erster Hand – ihrer Mutter – von den Greueltaten der Roten Armee in Berlin 1945: von deren Jagden auf Zivilisten mit scharfer Munition; von einem mittelalterlichen Ausmass an Plünderungen, den Unmengen geraubter Teppiche und Uhren, die waggonweise nach Russland geschafft wurden; von den Müttern, die vor den Augen ihrer Töchter vergewaltigt wurden; von Mädchen mit zerfetzter Vagina; also all dem, was sich den Augen der Welt auch jetzt nach der Befreiung der Orte in der Umgebung Kiews von den russischen Okkupanten wie ein düsteres „copy and paste" offenbarte.

(Nicht zufällig wurde in Russland für den Sieg im Zweiten Weltkrieg anstelle des europäischen „Nie wieder!" der Slogan „Wir können es wiederholen!" geprägt – und nun wird wiederholt, das Ziel jetzt: ein Putinsches KGB-Imperium, ein Rekonstruktionsversuch kolossaler Dimensionen . . .)

Aber wie alle Deutschen hat meine Bekannte gegenüber Russland Schuldgefühle und findet für deren Verbrechen im Europa des Jahres 1945 – wenn nicht eine Rechtfertigung, so doch eine Erklärung, frei nach der Logik „wie du mir, so ich dir".

Doch was haben die Ukrainer mit dieser Logik zu schaffen? Die Ukraine hat Russland nicht angegriffen, und überhaupt sind wir Ukrainer für die Russen doch angeblich ein „Brudervolk" mit gemeinsamer Geschichte, wie man in ihren Schulbüchern nachlesen kann. Woher kommt also auf einmal dieser neue Völkermord? Dieses Toben eines hochherrschaftlichen Sadismus, die Befehle der Kommandeure, die der ukrainische Geheimdienst mitgehört hat: „Fickt sie tot!", oder der Wunsch eines Kinds an seinen Vater, „möglichst schnell alle Ukrainer zu töten und dann nach Hause zu kommen"?

Das Böse irgendwie verstehen

Wie bei Mearsheimer und andern westlich aufgewachsenen Menschen lassen deren Überlegungen das unbedingte Bedürfnis erkennen, das „Böse zu rationalisieren". Der Versuch, den Standpunkt des Verbrechers einzunehmen, seine Motive und Ziele zu verstehen, wie ein Scholastiker die Rolle des Advocatus Diaboli zu übernehmen (die unzähligen, verzweifelten Anstrengungen kartesianisch geschulter Hirne, zu dechiffrieren, „was Putin will" – das ist die wahre Scholastik der Neomoderne!).

All das bedeutet summa summarum, das Böse irgendwie zu verstehen, in Dialog mit ihm zu treten. Und in den letzten zweieinhalbtausend Jahren ist der Dialog der westlichen Kultur wie die Luft zum Atmen, und tatsächlich, wenn man in der freien Atmosphäre einer jahrhundertealten Agora aufgewachsen ist, kann man sich nur schwer vorstellen, dass es vor der eigenen Haustür Kulturen gibt, in denen die Menschen wie unter Wasser atmen und ganz trivial jene hassen, die anstelle von Kiemen eine Lunge haben.

Und dies ist nicht einfach eine Abweichung, die sich mit demokratischen Reformen beseitigen lässt. Zu konstatieren ist, dass ein ganzes Land von der Unterwasseratmung infiziert ist und dass ein Monolog, ein totalitärer Monolog entlang einer Machtvertikalen von oben nach unten, in Landschaft, Architektur, Sprache und Ideologie existiert, woraus monotone Städte und Strassen, Filme und Fernsehprogramme, immer die gleichen Denkmäler, im Idealfall „von Lissabon bis Wladiwostok" hervorgehen – ein Gefängnis mit entsprechend brutaler Hierarchie planetarischen Ausmasses.

Fest steht auch, dass aus dem Ei, das die stalinistische UdSSR in Form von Nordkorea legte (und solche Eier legte die Russische Föderation nach dem Zerfall der Sowjetunion ungehemmt auch in Europa, in Transnistrien und Abchasien und als sogenannte Volksrepubliken im Donbas), innerhalb von drei Generationen ein fertiges Modell zur Erneuerung des Stalinismus im (vorläufig noch) gesamtrussischen Ausmass plus Anhängsel Weissrussland schlüpfen könnte. Und dass Butscha keine Ausnahme war, sondern die Regel ist!

Es liessen sich Dutzende Gründe nennen, warum das westliche Bewusstsein gegenüber dem russischen Totalitarismus blind ist. Der offensichtlichste ist natürlich die nie gelernte Lektion über die Sowjetunion, insbesondere der verlogene Diskurs über den Zweiten Weltkrieg, in dem mit stillschweigender Zustimmung alle Verbrechen gegen die Menschlichkeit dem besiegten Nazi-Totalitarismus zugeschrieben wurden, während der siegreiche kommunistische Totalitarismus zu Kräften kommen und unbeklagt und ungestraft wuchern konnte.

Mit der Folge, dass, als an der Spitze Russlands schliesslich ein KGB-Offizier stand – Angehöriger einer Organisation, die seit 1918 direkt für die meisten und grössten Verbrechen gegen die Menschlichkeit über eine einzigartig lange Zeitspanne der modernen Geschichte verantwortlich war –, niemand im Westen mehr erschrecken wollte, so wie das etwa bei einem Gestapo-Offizier der Fall gewesen wäre. Und kaum jemandem kam es in den Sinn, dass eine Gesellschaft den Staatsterror nach vier Generationen als Norm hinnehmen würde – denn eine solche Zeitspanne bewegt sich bereits jenseits der Grenze des lebendigen, auf eigener Erfahrung beruhenden Gedächtnisses („So ist es immer schon gewesen!"). Und was lässt sich von einer solchen Gesellschaft auch erwarten, wenn ihr jene „Norm" in Person des Führers der Nation als Vorbild hingestellt wird?

Der Westen war weder moralisch noch intellektuell auf diese Herausforderung vorbereitet.

Westliche Nachkriegskollaboration

Die Nachkriegskollaboration westlicher Eliten mit dem Kreml wartet noch auf eine gründliche Erforschung: So handelte Sartre, wie man inzwischen weiss, im Dienst des KGB, so wurde Hemingway vom KGB bereits in Spanien rekrutiert – was ihn letztlich psychisch fertigmachte, so gibt es auch von den slawistischen Lehrstühlen an den westlichen Universitäten einige unangenehme Geschichten zu erzählen. Die 91-jährige Suzanne Massie, Guru der amerikanischen Slawistik und Verfasserin des Bestsellers „Land of the Firebird. The Beauty of Old Russia", welche Präsident Ronald Reagan und dessen Nachfolger Russland schätzen lehrte, erhielt auf eigene Bitte hin letzten Winter die russische Staatsbürgerschaft, da sie offensichtlich dachte, dass es angenehmer sei, den Lebensabend in einer eigenen Wohnung in St. Petersburg zu geniessen als wegen Hochverrats im eigenen Land im Gefängnis.

Dies sind nur einzelne Einsichten, wir sehen noch nicht das ganze Bild der generationenübergreifenden Inbesitznahme des Westens durch den Kreml – gleich der Schändung von Katja Maslowa durch Dimitri Nechljudow in Tolstois Roman „Auferstehung“. Und es geht dabei nicht nur um jene Arten der Kollaboration, die unzugänglich in den FSB/KGB-Archiven aufbewahrt werden, sondern um etwas Subtileres, nämlich das langfristige Aufweichen der Grenzen des noch Annehmbaren in der westlichen Kultur und den allmählichen Übergang von der europäischen Rationalisierung des Bösen zu dessen russischer Normalisierung.

Tolstoi erwähnte ich nicht zufällig. Es ist seine Beobachtung, dass das menschliche Gewissen geschmeidig ist und es hervorragend versteht, sich vor sich selbst zu rechtfertigen. Nachdem Katja Maslowa zur Prostituierten geworden ist, wandelt sich ihr Weltbild derart, dass die Bereitstellung ihres Körpers für Geld, damit Männer ihn vergewaltigen können, ihr zwar nicht unbedingt als ehrenvolles, so doch als ganz normales Gewerbe erscheint.

Im Prinzip ist dies eine geradezu universelle Metapher für die ganze russische Literatur, die man noch immer für europäisch und humanistisch hält. Vergleichbar mit Katja Maslowa nährte sie zweihundert Jahre ein Weltbild, in dem man den Verbrecher nicht verurteilt, sondern bedauert und Mitleid mit ihm hat. Denn „es gibt keine Schuldigen auf der Welt“ (wieder Tolstoi), jeder ist imstande, seinen Nächsten aufzuschlitzen, es ist nur eine Frage des Preises. Das ist „russischer Humanismus“. Und wenn Sie bereit sind, diesen zu akzeptieren – dann herzlichen Glückwunsch: Sie sind auch bereit für den Einmarsch der russischen Armee.

Und vor diesem Hintergrund ist es Zeit, die russische Literatur unter einem anderen Blickwinkel zu lesen, denn sie hat fleissig an dem Tarnnetz für die russischen Panzer mitgeknüpft. Ich bin in der UdSSR zur Schule gegangen, wo russische Literatur ein Pflichtfach war, und ich erinnere mich sehr gut an den Schock, den ich als Kind bekam, nachdem ich Turgenjews Erzählung „Mumu“ gelesen hatte. Ein stummer Leibeigener, eine gute Seele, erschlägt gemäss der Weisung seiner Herrin das ihm einzig nahe

Wesen, seinen treuen, kleinen Hund. Die Erzählung sollte bei Kindern Mitgefühl für den Helden und Hass gegenüber der bösen Herrin auslösen. Heute erkenne ich die Leute, die Putin verfluchen, als jene, die durch die gleiche Schule gegangen sind: Sie bemitleiden die Soldaten, die er in die Ukraine geschickt hat, um dort nicht nur Hunde, sondern mit Feuer und Schwert alles Lebende zu massakrieren: arme Kerle, wie sie doch leiden müssen!

Wann und wie die russische Literatur es fertigbekam, den Westen zu verführen, sich als wunderschöne Prinzessin zu inszenieren, die von einer brutalen Macht eingekerkert wird, und schliesslich den Westen still und leise zu infizieren mit ihrer kindisch-passiven Unempfindlichkeit gegenüber dem Bösen – und dies dann auch noch als Tugend auszugeben (so wie Natascha Rostowa in Tolstois „Krieg und Frieden", die unsterblich in ihren Verlobten verliebt ist, freilich in dessen Abwesenheit dem erstbesten Halunken hinterherläuft, der ihr ein verführerisches Lächeln schenkt, wofür der Autor sie aus ganzem Herzen bemitleidet) – damit sollte sich die Russistik an den Universitäten beschäftigen. Doch mit wenigen Ausnahmen reproduziert sie den Mythos vom europäischen Charakter der russischen Kultur.

Und in diesen Mythos passt der KGB-Offizier doch perfekt, nachdem er gezeigt hat, dass er ganz passabel Deutsch spricht und in Larry Kings Talk-Show aufgetreten ist. Das reichte den westlichen Eliten dann auch schon, um ihn als „einen von uns" zu sehen, anstatt ihn vor dem KGB-Hintergrund wahrzunehmen, jenem mit den aufgeschlitzten Bäuchen schwangerer Frauen im Lwiwer NKWD-Gefängnis 1941 und den zersplitterten Schädeln ukrainischer Künstler und Intellektueller vom Massaker in Kiew 1918 bis zum sibirischen Lager Perm-36 im Jahr 1985. Und die heutigen Exekutionen ukrainischer Intellektueller in den besetzten Städten – in Butscha wurde der Tacitus-Übersetzer Oleksandr Kysljuk ermordet – sind die systematische Fortsetzung dessen, was der KGB in der Ukraine verbrochen hat, und diese Verbrechen sind noch lebendig im Gedächtnis von Zeitzeugen, auch wenn das ausserhalb der Ukraine keinen je sonderlich interessiert hat.

Brodsky zertrampelt Kundera

Die Fundamente für Putins Sieg über den Westen wurden bereits früher gelegt. Als Milan Kundera in der „New York Times Book Review" seinen Essay „Einführung in eine Variation" veröffentlichte, in dem er die russische Literatur ausserhalb der europäischen Kultur verortete und erklärte, warum er Dostojewski für unverdaulich hält mit seinem Kult der Emotion und der gleichzeitig offen zur Schau getragenen Verachtung der Vernunft, eilte Josef Brodsky mit wehenden Fahnen herbei, um die russische Literatur zu verteidigen, und verkündete im Tonfall eines sowjetischen Agitators „Warum Milan Kundera in Sachen Dostojewski falschliegt". Er geiferte seinen Opponenten an wie ein heutiger Bot in den Social Media. Eine solche „Debatte" fortzuführen, hatte keiner den Magen.

Inzwischen lässt sich wohl kaum leugnen, dass Putins Angriff am 24. Februar pures Dostejewskitum im Sinne Kunderas war, und genau unter dieser Perspektive lässt sich der Feldzug richtig verstehen: Unberührt vom Denken Kants oder Descartes, aber auch von Clausewitz, handelte es sich um die Explosion reiner destillierter Bösartigkeit, eines lang unterdrückten historischen Neids und Hasses, verstärkt durch das Gefühl absoluter Straflosigkeit. „Warum solltet ihr es besser haben als wir?", fragten die russischen Invasoren die Ukrainer.

Und ja, man hätte dies alles bedeutend früher begreifen können, und nicht nur aus der Lektüre Dostojewskis, wenn man nicht den russischen Staat von der russischen Literatur getrennt hätte (oder wie es auf der glamourösen Einladung an mich zu den Russischen Kulturtagen in Brüssel formuliert war: zwischen den „schmerzvollen Momenten der russischen Geschichte" und der „Schönheit der russischen Literatur"). Sondern zugegeben hätte, dass diese Literatur vom gleichen Fleisch und Blut ist wie die ganze übrige Gesellschaft, für die diese Literatur geschrieben wurde. Diejenigen, die in Butscha eine Mutter an den Stuhl fesselten, damit sie zusehen musste, wie man ihren elfjährigen Sohn vergewaltigte – das sind auch die Helden der wunderschönen russischen Literatur, die ganz normalen Russen, die gleichen wie vor hundert und vor zweihundert Jahren. Und ihre Literatur hat Anteil an deren Erziehung.

Wenn Brodsky und sein russischer Trupp Kundera (und andere Nichtrussen) nicht niedergeschrien hätten auf der kulturellen Landkarte der slawischen Sprachen, dann wären die westlichen Experten vielleicht nicht so in die Bredouille geraten wie jetzt. Anfangs behaupteten sie, Putin sei zu schlau, um die Ukraine anzugreifen, da dies doch völlig irrational wäre, und nach dem Angriff gaben sie der Ukraine höchstens 96 Stunden, bevor ihr Widerstand zusammenbrechen würde, denn was soll dieser „Hinterhof Russlands" schon gegen solch einen Giganten ausrichten?

Bisher habe ich nur einen europäischen Slawisten getroffen, der durch die Orwellsche Wende in Moskau 2014 zutiefst verstört war, die Ukrainer um Entschuldigung dafür bat, dass er sein ganzes Leben durch die russische Brille auf Kiew geblickt habe, sozusagen auf die drittwichtigste Stadt des russischen Imperiums, und dabei die Hauptstadt einer tausendjährigen Kultur nicht wahrgenommen habe. Einer Kultur, zu der das russische Imperium im selben Verhältnis steht wie die russische Armee zu Butscha: Was man stehlen konnte, wurde gestohlen, und was man nicht stehlen konnte, das wurde vernichtet. Es besteht nun die Chance, dass es mehr solche hellsichtigen Menschen geben wird. Der Weg der Bomben und Panzer wird immer auch von Büchern geebnet, und wir sind zurzeit Augenzeugen davon, wie die Wahl der Lektüre das Schicksal von Millionen beeinflusst. Es ist höchste Zeit, unsere Bücherregale langen und strengen Blickes durchzusehen.

Aus dem Ukrainischen von Alexander Kratochvil

Deutschsprachige Erstveröffentlichung: *Neue Zürcher Zeitung*, 28.04.2022, https://www.nzz.ch/feuilleton/lektionen-aus-einem-bluff-russische-literatur-nach-butscha-ld.1681267 [Zugriff: 22. Dezember 2022]

FÜR DAS RECHT DER STÄRKEREN

Georg Witte – 3. Mai 2022

Selbst von den krassesten Beweisen für die Vernichtung durch Russen lassen sich deutsche Intellektuelle nicht davon abbringen, die Ukrainer ethisch zu belehren.

„Gegebenenfalls" könnte man einem namentlich nicht genannten Akteur Anlass zu „verbrecherischem Handeln" liefern, so der Kern der von „politischer Ethik" geleiteten Mahnung einiger Künstler und Intellektueller an den Bundeskanzler in Sachen Waffenlieferung an die Ukraine. Dieses „Gegebenenfalls" hat einige Prämissen: erstens die, dass es bislang noch unterhalb der von den politischen Ethikern definierten Schwelle des Verbrecherischen liegt, was die russische Armee im Auftrag ihres nicht genannten Oberkommandierenden an den Ukrainern verübt. Tausende von wie auf der Treibjagd Ermordeten, Vergewaltigten, strategische Aushungerungen, systematische Bombardierung von Wohnhäusern, Schulen, Krankenhäusern, planmäßig organisierte Deportation „befreiter" Ukrainer, gern nimmt man auch Kinder, nach Russland oder, um die Transportkosten zu sparen, ihre Vernichtung vor Ort in den „Filtrierungslagern". Nein, ihr Lieben – das alles ist Kriegsroutine, wir bedauern das, wir verurteilen das sogar, aber verbrecherisch wird es erst, wenn das über die Ukraine hinausgeht, wenn es die „Welt" betrifft. Verbrecherisch ist es nicht, wenn es, bedauerlicherweise, um die Vernichtung eines Staats und seiner Bevölkerung geht, die mit uns unverständlicher, unserem Mindset schlicht unzugänglicher Radikalität sich verteidigt.

Die zweite Prämisse dieses „Gegebenenfalls": Wer den eingetretenen, den gegebenen Fall definiert, ist der Stärkere. Wir akzeptieren, unausgesprochen, sein Recht dazu. Politische Ethik kennt dieses Prinzip von alters her, es heißt: Recht des Stärkeren. Und wir gestehen dem namentlich nicht genannten Aggressor nicht nur die Definitionsmacht über die Rahmenbedingungen politisch-ethischen Handelns zu, wir setzen zugleich das Apriori, dass er der Stärkere ist. Beharrlich perpetuieren wir das Mantra von der militärischen Ausweglosigkeit des ukrainischen Widerstands, lassen uns vom aus Großmachtperspektive unerwarteten Verlauf des Kriegs nicht beeindrucken. Was nicht sein kann, das nicht sein darf: Die Ukraine darf diesen Krieg nicht gewinnen, Russland darf nicht verlieren. Nur ein starkes Russland schützt uns, die „Welt", vor dem Atomkrieg. Und darum, nächste Prämisse, helfen nur Verhandlungen, nicht Waffen (eben in diesem Verhältnis wechselseitiger Ausschließung). Denn Verhandlungen mit denen, die sich ergeben, sind ein erprobtes geopolitisches Strategem des Putin-Regimes. Und wir müssen es am Leben erhalten, um alles in der „Welt".

Wir, die Stimme der verbindlichen Normen

Allerdings, so ist den Verfasserinnen und Verfassern des Briefs offenbar bewusst, wird es dann doch problematisch mit politisch-ethischen Argumenten zugunsten der Einsicht in das Recht des Stärkeren. Denn was hätten wir gesagt, als es um die nationalen Befreiungskriege in Afrika und Asien ging? Hätten wir denen auch sagen sollen, dass „der berechtigte Widerstand" in „unerträglichem Missverhältnis" zu den Leiden der Zivilbevölkerung steht? Schwer vorstellbar. Die Lösung des Problems: Man spricht im Fall der Ukraine nicht von einer Nation. Im Brief an den Kanzler taucht dieses Wort, mit Bedacht, nicht auf. Die Ukraine, so eine weitere unausgesprochene Prämisse des Briefs, ist eben doch keine richtige Nation. Wir sind da nicht ganz so weit entfernt von Putin. Die Ukraine war halt immer ein Spielball der geopolitisch mächtigen Player, schade für sie (sagt auch Precht). Wir nehmen uns, auch als Autoren, die sich vermeintlich bestens mit osteuropäischer Geschichte auskennen, das Recht heraus, die Literatur zur Geschichte der Ukraine nicht zur Kenntnis zu nehmen.

Offene Briefe sind diskursive Schneebälle, da kleben sich Namen und Meinungen an, mit denen man nicht unbedingt in anderen Zusammenhängen auf einem Blatt stehen möchte. Dass ein Ressentimentsatiriker wie Nuhr oder ein Edelkitscher wie Reinhard Mey sich da mit Alexander Kluge zusammenfinden, mag man Letzterem nicht vorwerfen. Etwas anderes schon: Warum unterschreibt Kluge, der sich so lange schon mit Russland beschäftigt, ein Dokument, das, gerichtet an den Kanzler der Bundesrepublik Deutschland, im Kern die Belehrung an die Ukrainer richtet, die Waffen zu strecken? Warum macht er sich zum Repräsentanten einer paternalistischen Ethik? Die da sagt: Wir, die deutschen Intellektuellen, wir verstehen einfach mehr von politischer Ethik als ihr. Ihr seid, wir verstehen das natürlich, zu sehr unmittelbar involviert. Mit euch gehen die Gefühle durch. Das sagt euch einer, der nun wirklich ein Spezialist für die „Macht der Gefühle" ist. Ihr braucht den besonnenen Blick von außen auf euer Treiben. Wir, die politischen Ethiker der Bundesrepublik Deutschland, helfen euch, wenn wir euch, in euren Augen, „nicht helfen". Wir helfen euch, moralisch halbwegs sauber aus diesem Schlamassel herauszukommen. Auch Angegriffene können nämlich den fatalen Schritt ins „verbrecherische Handeln" tun. Sie verlieren zwangsläufig den Blick für die ethisch höheren Maßstäbe, für die „universale Natur moralisch verbindlicher Normen". Und darum sind wir, die politischen Ethiker der Bundesrepublik Deutschland, die Stimme dieser Normen. Wir, und nicht die Angegriffenen, definieren das Missverhältnis zwischen militantem Widerstand und universal verbindlichen Normen.

Und hier sind wir bei einer weiteren unausgesprochenen Prämisse des Briefs: Vernichtet, ermordet wird die ukrainische Zivilbevölkerung dann, wenn sie sich gegen die russische Vernichtungsmaschinerie wehrt. Übrigens wehrt sie sich ja gar nicht selbst, diese Opfer zwingt ihr eine unbelehrbare und nationalistische ukrainische Armee auf. Wir verschweigen, dass es eine überwältigende Mehrheit in der Zivilbevölkerung für diesen Widerstand gibt. Wir verschweigen, dass es eine Einheit und keinen systemischen Riss zwischen zivilen und militärischen Ukrainern gibt, dass die Zivilbevölkerung an allen nur möglichen Stellen den Soldatinnen und Soldaten hilft. Vor allem aber implizieren wir: Falls die Waffen, weise, gestreckt würden, dann wäre die Zivilbevölkerung endlich sicher.

Dass dann erst die Vernichtung der Ukrainer auf vollen Touren beginnen würde, wie in autoritativen russischen Statements schon explizit angekündigt (haben die Verfasser des Briefs Timofej Sergejzew zur Kenntnis genommen?), davon schweigen wir. Und dass sie dort schon begonnen hat, wo russische Besatzungskontrolle besteht oder bestand, wollen wir nicht wissen. Wir lassen uns selbst aus den krassesten Beweisen für ebendiese Vernichtung post factum der Eroberung, Stichwort Butscha, nicht davon abbringen, dass wir es im Falle Russlands mit einer normalen Kriegspartei zu tun haben, die, nach Verhandlungen, wieder in die, nun ja, ein bisschen ramponierte europäische Friedensarchitektur integriert wird – ohne Störfaktoren wie die Ukraine.

Erstveröffentlichung: *Frankfurter Allgemeine Zeitung*, 04.05.2022, https://www.faz.net/aktuell/feuilleton/debatten/ukraine-krieg-warum-der-brief-der-28-zu-waffenlieferungen-so-furchtbar-ist-18002366.html [Zugriff: 22. Dezember 2022]

WAS KANN DENN TOLSTOI DAFÜR?

Jens Herlth – 8. Mai 2022

In einer scharfen Anklage hat die bekannte ukrainische Schriftstellerin Oksana Sabuschko die These aufgestellt, Europa habe sich durch einen als Leidenskult getarnten vermeintlichen „Humanismus" in der russischen Literatur blenden lassen. Dieser habe letztlich mit zum Massaker von Butscha geführt. – Eine Replik.

Am 28. April erschien in der NZZ ein Beitrag, in dem die ukrainische Schriftstellerin Oksana Sabuschko vor dem Hintergrund der Verbrechen von Butscha mit der russischen Literatur abrechnet. Diese habe durch ihren moralischen Relativismus und ihre „Sympathie für die Verbrecher" den Boden bereitet für die Untaten der russischen Soldateska, so die Autorin. Ihr Text möchte ein für alle Mal klarstellen, dass Russland und die russische Kultur nicht zu Europa gehören, ja dass sie strenggenommen nicht einmal zur Welt der Menschen gehören.

Denn Russland ist das Reich des Bösen. Schon der „Versuch, den Standpunkt des Verbrechers einzunehmen, seine Motive und Ziele zu verstehen", ist laut Sabuschko moralisch verwerflich. Genauso wie wohl auch jeder Versuch der Differenzierung, der etwa darlegen würde, dass viele der Soldaten der russischen Armee selbst Opfer eines strukturell rassistischen autoritären Regimes geworden sind: Denn sonst hätten wohl kaum entlegene und unterprivilegierte Regionen wie Burjatien und Dagestan den höchsten Anteil an Gefallenen zu verzeichnen.

Mythisches Weltbild

Sabuschko denkt nicht historisch, sondern mythisch; ihrem Weltbild entziehen sich Prozesse in der realen historischen und politischen Welt, in der selbst Putin und seine Schergen Menschen mit Motiven und Interessen sind, die sich beschreiben und analysieren lassen. In ukrainischen sozialen Netzwerken werden die russischen Soldaten wahlweise als „Orks" oder als „Nichtmenschen" beschrieben, und es wird davon schwadroniert, dass man mit ihrem verbrannten Fleisch die „ohnehin schon sehr fruchtbare ukrainische Erde“ düngen wolle. Eine solche Rhetorik mag emotional nachvollziehbar sein, aber sie bleibt doch menschenverachtend.

Oksana Sabuschko nimmt in ihrer Polemik rundweg die ganze russische Literatur in Haftung. Denn die russische Literatur hat sich den Herrschenden verkauft, sie hat sich prostituiert – genau wie die weibliche Heldin in Tolstois letztem Roman „Auferstehung“. Damit verfällt Sabuschko in das patriarchalische Bewertungs- und Erniedrigungsmuster, das Tolstoi in seinem Roman gerade attackiert: Nicht die junge Frau, die sich verkauft, ist schuldig, sondern der junge Adlige Dmitri Nechljudow, der sie zur Befriedigung seines Geschlechtstriebs in diese Situation gebracht hat. Der Roman erzählt davon, wie er Einsicht in seine Schuld gewinnt. Soll das Erzählen davon, dass Menschen Fehler begehen und diese später bereuen, moralischer Relativismus sein?

Oksana Sabuschko unterstellt der russischen Literatur, sie zeige Sympathie für die Verbrecher. Und das sei hoffnungslos uneuropäisch. Nun waren Tolstoi und Dostojewski bei weitem nicht die einzigen europäischen Autoren, die sich im späten 19. Jahrhundert mit Fragen der sozialen, psychologischen oder gar genetischen Ursachen des Verbrechens auseinandersetzten. Sie waren auch nicht die einzigen, die sich für Gerichtsprozesse und Haftbedingungen interessierten. Das als uneuropäisch abzutun, verrät ein schiefes Bild von Europa. Oder sollte es die Empathie mit dem Sünder sein, die hier gebrandmarkt wird?

Tolstoi war Autor pazifistischer Traktate und wurde de facto exkommuniziert, weil er sich über die Dogmen und liturgischen Rituale der orthodoxen Staatskirche lustig gemacht hatte – und das auch noch in einem Roman mit dem Titel „Auferstehung“, der am Ende in Bibelzitaten ausläuft. Mit dem Erlös aus dem Verkauf dieses Romans finanzierte er übrigens die Übersiedlung der Angehörigen der Sekte der Duchoborzen (Geisteskämpfer) aus dem Zarenreich nach Kanada: Die Duchoborzen wurden verfolgt, weil sie es ablehnten, Kriegsdienst zu leisten. Deshalb verwendete sich Tolstoi für sie.

Tolstois Welt ist komplex

Im achten und letzten Teil seines grossen Romans „Anna Karenina" beschreibt Tolstoi, wie eine Gesellschaft der Kriegspropaganda anheimfällt: Es war die Zeit der Aufstände der Serben und Bulgaren gegen die Osmanen. Die russischen Zeitungen waren voll von Berichten über Greueltaten der osmanischen Soldaten an der slawischen Zivilbevölkerung. In Russland solidarisierte man sich mit den Slawen auf dem Balkan. Man sammelte Hilfsgelder, junge Männer schlossen sich Freischärlerregimenten an.

Konstantin Lewin, neben der Titelheldin die zweite Hauptfigur des Romans, hat allerdings Zweifel an der moralischen Erpressung, der die russische Öffentlichkeit ausgesetzt ist. Er verspürt kein unmittelbares Mitleid mit den Slawen auf dem Balkan, daher möchte er sich auch nicht für sie engagieren. Anders sein Halbbruder. Der ist Publizist; sein letztes Buch war ein Flop, und nun sieht er den Krieg auf dem Balkan als willkommene Gelegenheit, um seine Karriere neu zu lancieren. Wronski wiederum, der Geliebte Annas, schliesst sich nach ihrem Selbstmord den russischen Einheiten in Serbien an, weil er nicht weiss, was er sonst mit seinem Leben anstellen soll.

Tolstois Welt ist komplex: Die Solidarität mit Kriegsopfern dient als Vehikel für persönliche Eitelkeiten, die Teilnahme am Krieg wird zum Alibi für junge Männer in der Krise. Michail Katkow, der Herausgeber der Zeitschrift, in der „Anna Karenina" als Fortsetzungsroman erschien, und ein überzeugter Nationalist und Imperialist, war natürlich empört. Er lehnte es ab, den letzten Teil des Romans zu drucken. Stattdessen erklärte er in einer kleinen Notiz den Leserinnen und Lesern, der Roman sei mit dem Tod der Heldin ohnehin zu Ende: Was folge, seien irgendwelche belanglosen Gespräche über die Situation auf dem Balkan, ohne Relevanz für die Handlung. In Zeiten nationaler Aufwallung wird eben selektiv gelesen.

Im Chor derer, die die russische Literatur abwerten wollen, wie Oksana Sabuschko, oder gar zu ihrem „totalen Boykott" aufrufen, wie das ukrainische PEN-Zentrum in einer Verlautbarung vom 1. März 2022, klingt wohl nicht zuletzt Ärger darüber an, dass Tolstoi und Dostojewski auch heute noch so viel gelesen werden. Als verdanke sich ihre anhaltende Popularität nur der früheren Grossmachtstellung Russlands. Als sei es irgendwie stossend, dass einige der grössten Romane der Weltliteratur in russischer Sprache geschrieben wurden.

Das ist nationales Besitzstanddenken im Geiste des 19. Jahrhunderts. Der Sinn des Begriffs Weltliteratur liegt darin, dass diese Werke uns allen gehören, unabhängig von der Sprache, in der sie verfasst wurden. Nun sind es politische und wirtschaftliche Faktoren, die darüber entscheiden, ob ein Werk übersetzt und international wahrgenommen wird. Dies erklärt den Stellenwert der russischen Literatur in der Welt und vor allem den riesigen Nachholbedarf beim Übersetzen ukrainischer Literatur. Doch ist der weltliterarische Austausch kein Nullsummenspiel, in dem man den einen Texten Aufmerksamkeit entziehen muss, um sie anderen geben zu können.

Zweierlei Unglück

Der Einmarsch in der Ukraine ist ein Desaster für die russische Kultur. Das hat der ukrainische Präsident Wolodimir Selenski in einem Interview mit russischen Journalisten klar zum Ausdruck gebracht: „Den grössten Schaden hat Wladimir Putin der russischen Sprache zugefügt." Ein befreundeter russischer Schriftsteller sagte mir deprimiert: „Russland wird wie Nordkorea, nur schlechter organisiert."

Selbstverständlich ist das Unglück vieler Russen ein anderes als das, erschossen, zerbombt oder vergewaltigt zu werden. Doch auch das Leben in Russland ist lebensgefährlich, wenn man als junger Mann in Burjatien oder Dagestan geboren wurde und dann mit unlauteren Methoden in einen Kriegseinsatz geschickt wird. Oder wenn man Oppositionspolitiker ist. Oder wenn man als Journalistin über Korruption oder über die Machenschaften tschetschenischer Todesschwadronen schreibt. Die Liste liesse sich fortsetzen; vor allem wird sie von Tag zu Tag länger.

Oksana Sabuschko will nicht zur Kenntnis nehmen, dass es regimekritische russische Autorinnen und Autoren wie Wladimir Sorokin, Ljudmila Ulitzkaja, Michail Schischkin, Sergei Lebedew oder Boris Akunin sind, die in den letzten Wochen die erhellendsten Statements zum russischen Angriffskrieg in der Ukraine und zu den Verbrechen des Putin-Regimes publiziert haben. Überhaupt schaut sie auf die Gewaltgeschichte des 20. Jahrhunderts mit einer bemerkenswerten Brille: Es gibt nur ukrainische Opfer.

Dabei weiss auch sie, dass nicht zuletzt russische Schriftsteller sich gegen den Totalitarismus gewehrt haben und ihm zum Opfer gefallen sind. Und sie sollte auch wissen, dass es ab dem frühen 19. Jahrhundert für Dichter im Zarenreich zum guten Ton gehörte, sich nicht mit der Macht zu solidarisieren. Dostojewski wurde zum Tode verurteilt, weil er in einem oppositionellen Diskussionszirkel verkehrte, er stand bis wenige Jahre vor seinem Tod unter Polizeiaufsicht. Bei Tolstoi gab es Hausdurchsuchungen; er wurde nur deshalb nicht verhaftet, weil er ein weltberühmter Autor war.

Es stimmt allerdings: Dieselben Autoren waren oft genug blind für das imperiale Mindset, das sie in ihren Werken transportierten. Joseph Brodskys vielkritisiertes Scherzgedicht „Auf die Unabhängigkeit der Ukraine" von 1991 ist hier ein beredtes Zeugnis. Doch bei genauerer Hinsicht entpuppt es sich in seiner grotesken Übersteigerung nationaler Stereotype als Rollenlyrik: Es ist *nicht* die Stimme Brodskys, die hier den Ukrainern vorwirft, dass sie ihren Borschtsch künftig allein essen möchten. Derart primitiv denkt allenfalls die Sprecherin des russischen Aussenministeriums, Maria Sacharowa, die dem Publikum allen Ernstes weismachen wollte, das Nazitum der Ukrainer zeige sich nicht zuletzt darin, dass sie ihre Borschtsch-Rezepte nicht mit den Russen teilen wollten.

Die russische Literatur ist vielfältig und divers. Sie versucht alle möglichen Sphären der menschlichen Erfahrung zu erfassen. Vor allem vereinfacht sie die Welt nicht unzulässig, sondern mutet uns Komplexität zu, eine Komplexität, die Oksana Sabuschko hinter ihrer ethnonationalistischen Brille nicht wahrhaben möchte.

Erstveröffentlichung: *Neue Zürcher Zeitung*, 08.05.2022, https://www.nzz.ch/feuilleton/was-kann-denn-tolstoi-dafuer-replik-auf-oksana-sabuschkos-polemik-ld.1682695 [Zugriff: 21. Dezember 2022]

VON JUGOSLAWIEN LERNEN

Alida Bremer – 12. Mai 2022

Nicht erst in der Fernsehansprache zum 8. Mai, auch in seinem Gespräch mit Wladimir Putin am 15. Februar äußerte der Bundeskanzler einen Gedanken, den deutsche Intellektuelle ähnlich artikulieren. „Für meine Generation ist Krieg in Europa undenkbar geworden, und wir müssen dafür sorgen, dass das so bleibt", sagte Olaf Scholz in Moskau. Auch Jürgen Habermas sprach später von 77 Jahren ohne Krieg in Europa, obwohl einst bei ihm der serbische Premierminister Zoran Đinđić studiert hatte, der nach den jugoslawischen Kriegen ermordet wurde.

Putin jedenfalls kam Scholz' Vorlage gelegen: „Aber wir haben doch bereits Krieg in Europa erlebt. Dieser Krieg wurde von der NATO gegen Jugoslawien entfesselt (...)."

Natürlich erwähnte Putin nicht, warum es für jenes Bombardement Serbiens 1999 keine UN-Resolution gab – sie wäre am russischen und chinesischen Veto gescheitert. Er erwähnte auch nicht, dass es eine andere NATO-Intervention gegeben hat, an der die Russen im Rahmen einer UNPROFOR-Mission indirekt beteiligt waren, nämlich jene von 1995. Sie beendete die Belagerung Sarajevos. Es war die erste NATO-Intervention auf dem Balkan, die demonstrierte, wie schnell Frieden hergestellt werden kann, wenn sich einer hochgerüsteten Armada, die ein Land ohne Armee angreift, das zusätzlich ein Waffenembargo auferlegt bekam (!), eine starke Militärmacht gegenüberstellt.

Seit 1986 lebe ich in Deutschland. Mit der Zeit lernte ich vor allem die Freiheit und den Rechtsstaat schätzen, ich bewundere die wissenschaftlichen und intellektuellen Leistungen, die in diesem Land vollbracht werden. Allerdings staune ich über die Selbstgewissheit, mit der bisweilen in der deutschen Öffentlichkeit Behauptungen zirkulieren, die ausschließlich aus der deutschen Erfahrung abgeleitet werden und deshalb manchmal naiv und zugleich vermessen anmuten.

Aus der Ferne verfolge ich seit 1990 alle Nachrichten aus dem Südosten Europas. Die Krise hatte sich im Schatten des Falls der

Berliner Mauer entwickelt und war das erste Signal dafür, dass der Mauerfall und die Perestroika nicht unbedingt friedlich verlaufen würden. Den darauffolgenden Krieg auf eine angeblich balkanische Neigung zurückzuführen, sich gegenseitig umzubringen oder – wie Marion Gräfin Dönhoff sich auszudrücken beliebte – „ihren serbokroatischen Hass“ auszuleben, war fehlgeleitetes Wunschdenken, dessen Desillusionierung wir seit dem 24. Februar 2022 erleben. In der Zeit schrieb die Gräfin 1991, dass „sogar die Sowjets“ es schafften, „sich in geordnete föderale Strukturen einzupassen“, nur diese Balkanleute nicht. Die Arroganz und Ignoranz dieser Denkrichtung rächt sich heute in ganz Europa. Denn der Zerfall Jugoslawiens war keine Balkan-Folklore aus der kolonialistischen Imagination deutscher Zeitungen.

Man muss sich die Ereignisse noch einmal vergegenwärtigen. Im Januar 1990 forderten die slowenischen und kroatischen Delegierten freie Wahlen, während der Vorsitzende der serbischen kommunistischen Partei, Slobodan Milošević, der seit 1984 einen nationalistischen, unitaristischen und autoritären Kurs eingeschlagen hatte, noch mehr von der alten Ordnung wünschte, sodass am Ende die Delegierten der beiden westlichen Republiken den 14. Kongress des Bundes der Kommunisten Jugoslawiens verließen. Milošević usurpierte daraufhin die nun serbisch dominierte Jugoslawische Volksarmee und zettelte eine Serie von Kriegen an, die erst nach der NATO-Intervention 1999 beendet wurde.

Die Begründung, die er sich dafür ausgedacht hatte, ähnelt in vielerlei Hinsicht jener von Putin bei dessen Angriff auf die Ukraine; die Taktik, die Rhetorik, die Ziele sind erstaunlich ähnlich. Dass der serbische nationalistische Diskurs andere latent vorhandene Nationalismen im multinationalen Staat weckte, war schon seit Miloševićs Machtergreifung zu erwarten gewesen. Doch der Nationalismus war eher ein Instrument der neuen geopolitischen Aufteilung als primäre Ursache der Krise. Die primäre Ursache war der Gegensatz zwischen Autoritarismus und Demokratie. Dass dieser Gegensatz im jugoslawischen Fall immer auch ein Gegensatz zwischen dem serbischen – von Russland stets unterstützten – hegemonialen Anspruch und den Unabhängigkeitsbestrebungen der anderen Völker in der Region war, gehört wesentlich zu der Geschichte Südosteuropas. Auf die panslawischen und orthodox-christlichen Mythen mit hegemonialen und totalitären Ansprüchen antworten die benachbarten kleineren Völker nicht selten mit einem aggressiven Nationalismus.

Erst nach der Intervention von 1999 war die Voraussetzung dafür geschaffen, die Macht von Slobodan Milošević zu beenden. Nachdem ihn der proeuropäische Ministerpräsident Zoran Đinđić 2001 an das Tribunal in Den Haag ausgeliefert hatte, flüchteten Miloševićs Frau Mirjana und sein Sohn Marko nach Russland, da sie wegen des Verdachts gesucht wurden, unter anderem in mafiöse und politische Morde involviert gewesen zu sein. Đinđić wurde 2003 ermordet. Die Auftraggeber des Attentats wurden nie ermittelt; ein Zeuge wurde ebenfalls ermordet. Dieser Zeuge hatte Marko Milošević vorgeworfen, von Russland aus an dem Mord beteiligt gewesen zu sein, jenem Land, in dem der Bruder seines Vaters Slobodan serbischer Botschafter war. Und in dem seine Mutter Mirjana starb und die Wahrheit über die Morde unter anderem an dem Politiker Ivan Stambolić und dem Journalisten Slavko Ćuruvija mit ins Grab nahm.

Die russischen Geheimdienste waren mutmaßlich am Attentat auf Đinđić beteiligt. 2016 versuchten sie, die montenegrinische Regierung, die der NATO beitreten wollte, zu stürzen. Weder grenzt Montenegro an Russland noch gehörte das Land zur sowjetischen Einflusssphäre. Außerdem unterstützen die Russen offen und intensiv Milorad Dodik, der im serbischen Teil Bosniens die Polizei in schwer bewaffnete Paramilitärs verwandelt hat – die Militärparade in Banja Luka im Januar 2022 konnte man als wahre Bedrohung verstehen. Und die neueste Ideologie in Serbien heißt in Anlehnung an die „russische Welt" „serbische Welt".

Es ist mir unbegreiflich, wie häufig in Deutschland die Schuld am Zerfall Jugoslawiens Genscher, Fischer, der NATO gegeben wird, ohne je nach Russland zu schauen. Noch heute ist in Serbien die Meinung verbreitet, die auch Putin so verschlagen einsetzt: dass der erste Krieg in Europa nach 1945 die NATO-Intervention von 1999 war. Ausgeblendet werden dabei die Panzer, die 1991 nach Slowenien rollten, die Zerstörung von Vukovar

1991 (das kroatische Mariupol, natürlich wie alles bei diesem Vergleich in bescheideneren Dimensionen, aber dem Wesen nach identisch), der blutige Nikolaus-Tag 1991 in Dubrovnik, die weißen Bänder, die Nicht-Serben in Prijedor seit 1992 tragen mussten, die in den Lagern von Omarska, Trnopolje, Manjača starben oder die vertrieben wurden, die Massenvergewaltigungen, die Belagerung Sarajevos, die 400 UN-Soldaten und Beobachter, die 1995 als Geiseln genommen wurden, der Völkermord in Srebrenica, der Krieg im Kosovo, der ohne die NATO-Intervention 1999 noch schlimmer als jener in Bosnien und Herzegowina hätte enden können.

Wer schuldet wem Loyalität?

Es gibt stattdessen in der deutschen Öffentlichkeit einige tiefsitzende Vorurteile, zum Beispiel, dass Joschka Fischer ein Kriegstreiber war. Und noch immer lebendig ist die Propaganda, dass die Angegriffenen Nazis, Ustascha, Dschihadisten oder Knechte der Amerikaner gewesen seien. Nicht selten behaupten deutsche Kritiker der deutschen Jugoslawien-Politik, sie, die Deutschen, schuldeten den Serben Loyalität. Es gab im Zweiten Weltkrieg Nazis in Kroatien, aber auch Widerstandskämpfer; auch heute gibt es dort Nationalisten, man kann damit jedoch weder den Angriffskrieg auf das Land rechtfertigen noch ihm das Recht auf die Selbständigkeit verweigern. Ein ähnliches Muster kann man jetzt im Ukraine-Krieg beobachten. Die verfälschte Geschichte, nach der es in Serbien keine Kollaborateure gegeben habe und vor allem die Serben den Widerstand gegen die Nazis getragen hätten, ähnelt dem Mythos, dass es in der Sowjetunion nur die Russen waren, die unter den Deutschen zu leiden hatten. Die deutschen Schuldgefühle sind jedoch keine geeignete Grundlage für eine vernünftige Osteuropa-Politik.

Ich stamme aus einer Familie kroatischer Partisanenkämpfer, die unter großen Opfern 1941 bis 1945 sowohl die italienischen und deutschen Besatzer wie auch die kroatischen Ustascha und serbischen Tschetniks unter der Führung des Kroaten Josip Broz Tito bekämpften. Meine Großmutter Oliva Petrov wurde von den Deutschen in ein KZ verschleppt. Nicht zuletzt deshalb glaube ich an den gerechten Verteidigungskrieg der Ukrainer. Da Putin mit politischen Morden, Kriegen, Propaganda und Lügen gegen die demokratische Welt kämpft, muss sich diese freie Welt endlich dagegen wehren – ohne Ressentiments gegen sich selbst, ohne Whataboutism und ohne den notorischen Antiamerikanismus. Dass man dabei Diskussionen führen kann und soll, versteht sich von selbst. Dabei müssen die propagandistischen Muster der Nicht-Demokraten hinterfragt werden, statt verinnerlicht und wiederholt.

Den Menschen im Osten wird immer wieder das Recht abgesprochen, selbst darüber zu entscheiden, ob sie der EU und der NATO angehören wollen, womit nur die Doktrin Putins wiederholt wird. Die Begründung variiert, mal wird der Westen des Imperialismus beschuldigt, als ob Menschen, die sich nach westlichen Werten sehnen, keinen freien Willen hätten, mal glauben die Deutschen, dass sie den Russen Loyalität schulden. Immer wieder wird gesagt, dass Gorbatschow versprochen habe, es werde keine Osterweiterung der NATO geben. Man muss sich das einmal vor Augen halten: Es war Nazi-Deutschland, das diese Länder zunächst ins Elend gestürzt hat. Bei der Befreiung von den Deutschen wurden die Länder von der Roten Armee überrannt und in Jalta dem Einflussgebiet der UdSSR zugesprochen. Dann fiel die Berliner Mauer – und als Preis für die Wiedervereinigung Deutschlands soll es Garantien gegeben haben, dass jene Länder weiter unter russischem Einfluss verbleiben sollten? Ich bin froh, dass der Bundeskanzler trotz des bedauerlichen Ausblendens der Kriege im ehemaligen Jugoslawien diese Meinung nicht teilt.

Erstveröffentlichung: *der Freitag*, 12.05.2022, https://www.freitag.de/autoren/der-freitag/wladimir-putins-mythen-was-der-jugoslawien-krieg-mit-der-ukraine-zu-tun-hat [Zugriff: 22. Dezember 2022]

VERBÜNDETE DER HENKER

Matthew Omolesky – 13. Mai 2022

Keinerlei Mitgefühl für den historischen Freiheitskampf der Ukrainer:innnen

30. Oktober 1992: Über die Halbinsel von San Francisco ist bereits die Abenddämmerung eingebrochen, als eine bescheidene Anzahl von Menschen sich ins Jüdische Gemeindezentrum von Palo Alto schlängelt, wo eine Solo-Lesung des emigrierten russischen Exil-Dichtersn Joseph Brodsky angesetzt ist. Solche Ereignisse sind schon ihrem Wesen nach vergänglich. Der Dichter erscheint, rezitiert einige seiner Zeilen und genießt die Behaglichkeit seiner Worte, während diese, vorübergehend aus dem Gefängnis des Gedruckten entlassen, für einen Augenblick in der Luft hängen. Die Anwesenden wiederum fühlen sich gut unterhalten, sind möglicherweise sogar erbaut vom Erlebten und verlassen den Vortragssaal in die Nacht, wobei ihnen ein paar ausgewählte Phrasen über die Lippen flattern oder im Gedächtnis haften bleiben. Es geschieht wirklich sehr selten, dass solch flüchtige Anlässe historische Bedeutung erlangen, doch dieser wird es, wenn auch aus denkbar falschen Gründen.

In der Mitte seines Auftritts, exakt um 21:35 Uhr, gießt sich Brodsky ein Glas Wasser aus einer Plastikflasche ein, nimmt einen Schluck und gibt den Titel seines nächsten Gedichtes bekannt. „Na nesawisimost Ukrainy", „Auf die Unabhängigkeit der Ukraine"[42], ein relativ neues Werk, das im russischen Original vorgetragen wird. Brodsky nähert sich dem Lesepult, er hält sein Gedicht mit seiner rechten Hand fest, sein linker Arm ist in die Hüfte gestemmt und sein Kinn resolut nach vorne geschoben. Im Verlauf der nächsten zweieinhalb Minuten rattert er unerbittlich dieses neue Gedicht herunter, gelegentlich bebt seine Stimme und alveolare Laute lösen sich trillernd von seiner Zunge. Die Körpersprache des Dichters strahlt Selbstbewusstsein aus, sein Ausdruck ist ganz und gar selbstzufrieden und nachdem die letzte Zeile gesprochen ist, wendet er emphatisch das Blatt um. Das war eine starke Performance.

Was der russisch sprechende Teil des Publikums im JCC über den realen Inhalt des Gedichtes dachte, darüber lässt sich nur spekulieren. „Auf die Unabhängigkeit der Ukraine" ist ein hochgradig anspielungsreiches, beinahe undurchdringliches Gedicht, angereichert mit historischen Verweisen, es enthält Jargon und obskure Aphorismen. Jeder Versuch einer wörtlichen Übertragung würde unweigerlich zu abgrundtiefem Unsinn führen. Doch werden wohl jene Anwesenden, die aufmerksam zuhörten, den Kern von Brodskys Botschaft in der ein oder anderen Weise verstanden haben. Verfasst in Erwiderung auf den Akt der Unabhängigkeitserklärung der Ukraine am 24. August 1991 handelt es sich bei dem Werk in seiner Essenz um ein Schmähgedicht, um einen Diss-Track, und zwar einen ganz besonders derben und chauvinistischen. Ernstlich erzürnt von ebenjener Idee der wiedergefundenen Souveränität der Ukraine greift Brodsky wiederholt auf die ethnische Verunglimpfung des „Chochols" [traditionelle Haartracht der Saporoger Kosacken; pejorative Bezeichnung der Russen für die Ukrainer] in Bezug auf die Ukrainer:innen zurück und ergeht sich des Weiteren in spöttischen Allusionen auf die Katastrophe von Tschornobyl, verhöhnt die fruchtbare Tschernosem-Schwarzerde als „Podsol-Bleicherde" und streut verschiedentliche abgedroschene Klischees von Sonnenblumenkernen und Borschtsch ein. „Auf die Unabhängigkeit der Ukraine" braucht nur wenige Zeilen, um sich als eine durch und durch von Galle durchtränkte Arbeit zu offenbaren, und ab da wird es nur noch schlimmer.

Während Brodskys vulgäre Metaphorik des verächtlichen „Spuckens oder so" in den Dnipro noch rein infantil daherkommt, erkundet seine skurrile sadistische Phantasie von ukrainischen „Mistkerlen", die in ihre „Hütten" zurückkehren, um von „Hansen" und Polen auf „alle viere gestellt zu werden"[43], die äußersten Grenzen schlechten Geschmacks. An anderer Stelle klingt Brodsky wie ein verschmähter Liebhaber, der lächerlich zwischen Abwertung und sinistren Drohungen oszilliert. „Lebt wohl, Chochly", mault er, „wir lebten zusammen, aber nun reicht es!", indem er hinzufügt:

Oh, sicher, das Haus, die offne Tür zur Steppe,
Geflügel, Melonenfelder, Wareniki
Wir hatten, fürwahr, schon höhere Verluste, an
Leuten mehr als Geld.
Wir kommen über euch hinweg.
Wenn ihr Tränen sehen wollt, wartet ab
bis die Wette wieder gilt.[44]

Es gibt keinerlei Mitgefühl für den historischen Befreiungskampf der Ukrainer:innen, die über Jahrhunderte politisch und kulturell unterdrückt wurden, zu Abermillionen in den Bürgerkriegen, in den Weltkriegen, durch Hungersnöte, in den Gulags und in den Folterkammern der Geheimpolizei jener scheinbar so „brüderlichen" Russen ums Leben kamen. Der russische Dichter verlangt gar, vollkommen ungerührt von den „ewigen Ressentiments", von den Ukrainer:innen: „hört mit dem Gejammere über Eure Rechte auf und alles auf uns zu schieben!", während er gleichzeitig das Bild einer Ukraine in „Ruinen" zeichnet und kryptische Hinweise über „tote Knochen mit dem Beigeschmack der Ukraine" gibt. Ein Werk solch unverfälschten Chauvinismus' muss gewiss zu den abstoßendsten Gedichten gezählt werden, die je von einem Nobelpreisträger oder einem Poet Laureate der Vereinigten Staaten von Amerika geschaffen wurden.

Brodsky muss gespürt haben, dass seine Komposition ein Fehltritt war, eine literarische Missgeburt. Er hat diesen Text nie publiziert und ihn nur bei zwei Gelegenheiten öffentlich vorgetragen, im Jüdischen Gemeindezentrum von Palo Alto 1992 und zwei Jahre später am New Yorker Queens College. Lev Loseff, ein ebenfalls in Leningrad geborener Emigrant und Autor des Buchs „Joseph Brodsky: A Literary Life" wertete Brodskys Weigerung zur Verbreitung von „Über die Unabhängigkeit der Ukraine" als „den einzigen Moment von Selbstzensur in seinem Leben"[45], während er als Brodskys literarischer Nachlassverwalter sicherstellte, dass das Stück seinen Weg in keine der Anthologien fand. Das Gedicht gelangte zuerst als Samisdat-Text in die Ukraine, wo es 1996 in einer Ausgabe der Literaturzeitschrift „Stolitsa" erschien und einen Aufschrei sowie literarische Entgegnungen auslöste, unter anderem seitens des Politikers und Dichters Pawlo Kyslyi[46] und der Schriftstellerin Oksana Sabuschko. Brodskys bissiger Spott kam überraschend, zumal, wie Yaroslav Trofimov, Kriegsreporter des „Wall Street Journal", in einem Essay mit dem Titel „Russlands lange Verachtung der ukrainischen Eigenstaatlichkeit"[47] am 28. April 2022 ausführte, im „Kyjiw der Sowjet-Ära ukrainische Intellektuelle mit den begehrten Samisdat-Nachdrucken von Brodskys Gedichten Handel trieben und sie auf geheimen Versammlungen rezitierten", nur um dann festzustellen, dass „diese Zuneigung nicht auf Gegenseitigkeit beruhte."

Gleichzeitig wurde einigen von Brodskys Unterstützer:innen aufgrund des erbärmlichen Stils und Inhalts des Gedichtes so unbehaglich, dass sie Brodskys Autorschaft anzweifelten. In einem 2005 auf „Polit.ru" erschienenen Artikel legte der russische Menschenrechts-Aktivist Alexander Daniel dar, dass das Gedicht zu „grob" und „schlicht zu unbeholfen" sei, um von Brodsky zu sein, obgleich er einräumte, dass es schwierig sein würde, das Gegenteil zu beweisen, nämlich dass „irgendein poetischer Text niemals und unter keinen Umständen von Brodsky stammen könnte."[48] Diese eher verzweifelte Verteidigungslinie brach in sich zusammen, als im Jahr 2015, beinahe zwei Jahrzehnte nach dem Ableben des Dichters, eine Videoaufzeichnung der Veranstaltung in Palo Alto auftauchte. Wir sind aufgrund der Veröffentlichung dieses grobkörnigen Videos, das dankenswerterweise von einem gewissen Boris Wladimirsky auf Facebook gestellt wurde, in der Lage zu bezeugen, wie Joseph Brodsky – Nobelpreisträger, Poet Laureate der Vereinigten Staaten, MacArthur-Fellow, Universitätsprofessor und literarische Ikone – im Vortragssaal des Jüdischen Gemeindezentrums von Palo Alto hinter dem Lesepult steht und in der für ihn charakteristischen, durchdringenden Art ein Werk rezitiert, das seines Rufes als unabhängig denkender, freiheitsliebender Dissident, der einmal schlechte Literatur als eine „Form des Verrats"[49] bezeichnete, vollkommen unwürdig ist.

Es ist nicht schwer zu verstehen, weshalb Pawlo Kyslyi zu dem Schluss kam, dass der Autor einer solchen Schmähung ein

„nichtswürdiger imperialer Chauvinist" [in Kyslyis Original: niktschemnyj rab, ein nichtsnutziger Sklave – Anm. der Herausgeberinnen] oder gar ein „nur vorgeblicher, ein gefaketer Dissident" [im Kyslyis Original: falschywyj dissident, ein falscher Dissident – Anm. der Herausgeberinnen] sein müsse. Doch fairerweise muss man erwähnen, dass Joseph Brodsky einen eher unwahrscheinlichen Imperialisten abgab. Er hielt nichts von politischen Bewegungen, sondern glaubte ausschließlich an die „individuelle Bewegung der Einzelperson, jene Regung der Seele, wenn ein Mensch, der sich selbst ansieht, von einer solchen Scham überkommen wird, dass er nach einer Veränderung trachtet – in seiner Person, und nicht in der Außenwelt."[50] Wenn er überhaupt etwas darstellte, dann einen leidenschaftlichen Individualisten, der darauf bestand, dass „extremer Individualismus[...] der beste Schutz gegen das Böse"[51] ist. Er gab offen zu, ein „schlechter Jude, ein schlechter Russe, ein schlechtes Alles zu sein." Und als politischer Dissident verstand er die Beschaffenheit des Totalitarismus, von dem er aus persönlicher Erfahrung wusste, dass dieser die Sowjetunion zu „einem öden – ja, wahrhaft einem schrecklich desolaten – Ort" gemacht hatte.[52] Für „einen, dessen Muttersprache das Russische ist", so legte Brodsky 1987 in seiner Nobelpreisrede dar, sei „über das politisch Böse in der Politik zu sprechen ebenso natürlich wie über seine Verdauung".[53] Seine aufgeblähte, dyspeptisch-verstimmte Reaktion auf die Unabhängigkeitserklärung der Ukraine spottete dem jedoch Hohn.

Man beachte dabei, dass Brodskys Selbst-Charakterisierung als „schlechter Russe" etwas Irreführendes in sich trug. In einem Essay in der „New York Times" 1972 erinnerte der Dichter an seine Verhaftung wegen „sozialen Parasitentums" und seine achtzehnmonatige Zwangsarbeit in einem Arbeitslager bei Archangelsk, nach welcher „sie mich einluden zu gehen, und ich akzeptierte diese Einladung. Wenn in Russland solche Einladungen ausgesprochen werden, bedeuten sie nur eines. Ich bezweifle, dass es irgendjemand freudig begrüßen würde, aus seinem Haus geworfen zu werden. Eingeschlossen jene, die aus eigenem Antrieb gehen. Es ist ganz gleich, unter welchen Umständen du dein

Zuhause verlässt, es hört doch nie auf, dein Zuhause zu sein. Ganz unabhängig davon, wie du dort gelebt hast – gut gestellt oder arm. Und ich kann einfach nicht begreifen, weshalb einige Leute erwarten, und manche dies sogar fordern, dass ich Russlands Pforten mit Teer beschmiere. Russland ist mein Zuhause; ich habe dort mein ganzes Leben verbracht und für alles, was ich in meiner Seele trage, bin ich Russland und seinem Volk zu Dank verpflichtet. Und außerdem – und das ist die Hauptsache – bin ich seiner Sprache verpflichtet".[54]

Dieses Gefühl der Verpflichtung gegenüber Russland, seinem Volk und vor allem seiner Sprache war so beschaffen, dass es die „öden" und „schrecklich desolaten" Orte des realen sowjetischen Regimes transzendierte und die *fons et origo* für Brodskys Xenophobie bilden konnte. Die Entrussifizierung der Ukraine, ihre einschneidende Zurückweisung der russischen Hoheitsgewalt, der russischen Sprache und Kultur, ihrer Zugehörigkeit zur „russkij mir", der „russischen Welt", löste in ihm eine Gegenreaktion aus, die er nicht in der Lage war zu kontrollieren, die aus ihm herausbrach in Gestalt des Gedichts „Auf die Unabhängigkeit der Ukraine".

In der letzten Strophe von Brodskys Gedicht aus dem Jahr 1992 finden wir den Schlüssel zum Verständnis dieser unziemlichen literarischen Affäre und vielleicht sogar einen Schlüssel, um Russlands anhaltende Verwandlung in eine faschistische Irrenanstalt zu begreifen:

> Adios, Ihr Adler, tapferen Kosaken, Hetmane, und Lagerwachen
> Doch wenn auch für Euch kommt die Zeit zu sterben, Ihr Flegel
> dann werdet Ihr röcheln, während Ihr an Euren Matratzen scharrt,
> die Verse von Alexander und nicht den Schmarrn von Taras.[55]

Für Brodsky läuft letztlich alles auf einen epischen Wettkampf zwischen Nationaldichtern hinaus, wer am weitesten pinkeln kann – auf der einen Seite Alexander Puschkin für Russland und auf der anderen Taras Schewtschenko für die Ukraine. Beinahe jedes zentral- und osteuropäische Land verfügt über einen hoch geehrten literarischen Helden aus der Romantik – Slowenien hat France Prešeren, Polen Adam Mickiewicz, Ungarn Sándor Petőfi, Lettland Rainis und so weiter –, doch diese Form der Verehrung schraubt sich in Russland und der Ukraine bis zum Siedepunkt hoch. Für literarisch gebildete Russen steht Puschkin für „nasche wsjo", „unser Ein und Alles", während Schewtschenko eine sogar noch zentralere Rolle bei der Ausformung der ukrainischen nationalen Selbstständigkeit spielte, eine Kombination aus Shakespeare und dem Propheten Jeremia. Der Unterschied zwischen beiden ist tatsächlich aufschlussreich, wenn auch keineswegs so, wie Brodsky dies intendierte.

Man betrachte nur die radikal gegensätzlichen Haltungen der beiden Dichter zu Russlands Eroberungs- und Unterdrückungsfeldzügen im Kaukasus und in Polen. Puschkin zelebrierte in seinem 1822 erschienenen „Der Gefangene des Kaukasus" jene „ruhmreiche Stunde" als „unser[en] zweiköpfiger Adler, den blutigen Kampf witternd, / sich gegen den murrenden Kaukasus erhob."[56]

Indem er den hochtrabenden Tonfall eines römischen Tribuns anschlug, der einen widerspenstigen Stamm ausschilt, wandte sich Puschkin an das stolze tscherkessische Volk:

> Unterwerft Euch, Tscherken! Sowohl Ost als auch West,
> werden bald Euer Schicksal teilen,
> Wenn es so weit ist, dann werdet Ihr selbstbewusst sagen:
> ‚Ja, ich bin ein Sklave, aber ein Sklave des Zaren der Welt!'[57]

Gelegentlich grenzte Puschkins Rhetorik ans Genozidale, den „Z"-Gehirnwurm schon vorausahnend, der sich in Putins zunehmend nekrophiles Regime eingegraben hat (und sich hierbei erschreckenderweise auf wissende Komplizen und gedankenlose Dummköpfe auf der ganzen Welt verlassen kann). Puschkin erschienen die zaristischen Streitkräfte im Kaukasus „wie die schwarze Pest"[58], die „die Stämme ausrottete, vernichtete", und er meinte das als Kompliment. Pjotr Wjasemski, selbst ein russischer Dichter des Goldenen Zeitalters und ein Prinz aus dem Stammbaum der Rurikiden, reagierte mit unverhohlenem Abscheu auf den kriegerischen Ton von Puschkins „Der Gefangene des Kaukasus". „Es tut mir leid", schrieb Wjasemski an Iwan Turgenjew, „dass Puschkin die letzten Zeilen seiner Erzählung mit Blut befleckte". Letztlich,

> Was sind Kotljarevskij, Ermolov denn für Helden? Was ist da Gutes daran, daß er ‚Kak černaja zaraza, gubil, ničtožil plemena' [wie die schwarze Pest, die Stämme ausrottete, vernichtete]? Vor solch einem Ruhm stockt das Blut in den Adern und die Haare stehen zu Berge. Wenn wir die (kaukasischen) Stämme zivilisieren würden, dann gäbe es etwas, was des Besingens würdig wäre. Die Poesie ist nicht die Verbündete von Henkern; für die Politik können sie notwendig sein – dann muß das Urteil der Geschichte entscheiden, ob diese Politik zu rechtfertigen war oder nicht; aber die Hymnen eines Dichters dürfen niemals zum Lobgesang auf eine Schlächterei werden. Mich ärgert auch dieses, daß ich in meinem Artikel auf diese Dinge nicht einmal anspielen darf. Ich bin verärgert über Puschkin, ein solcher Enthusiasmus ist anachronistisch.[59]

Doch der Blutdurst des „Gefangenen im Kaukasus" war kein Anachronismus. Er war ganz und gar charakteristisch für Russlands Vergangenheit, Gegenwart und Zukunft.

Wenn Nicht-Russ:innen an Alexander Puschkin denken, neigen sie dazu, den frühreifen Dichter vor sich zu sehen, der im zarten Alter von 18 Jahren die bewegende Ode „Freiheit" zu Papier brachte, der mit den reformerischen Dekabristen sympathisierte und der meisterhafte Versromane wie „Eugen Onegin" und nachdenklich stimmende Kammer-Schauspiele wie „Boris Godunov" schuf. Jener Puschkin, dem die Russen huldigen, ist weitaus dunkler und vielschichtiger. Sie gilt dem Dichter, der vom Zaren und seinen Zensoren in die Zucht genommen wurde, einem Dichter, der in der Lage war, chauvinistische Propaganda wie das Gedicht „An die Verleumder Russlands“ zu produzieren, das er 1831 als Reaktion auf Polens heroisches und revolutionäres Bestreben nach Unabhängigkeit schrieb. Dieses Gedicht löste Entsetzen in den Kreisen der russischen pro-westlichen Intelligentsija aus und empörte in gleicher Weise Puschkins polnischen Gegenpart Adam Mickiewicz, der nur schwer begreifen konnte, dass sein früherer Freund Zeilen schrieb wie

> So sendet her, ihr Völkerführer,
> Die Söldner Eurer Niedertracht:
> In Rußlands Feldern wartet ihrer
> Nicht unbekannter Gräber Pracht.[60]

Puschkin, der hier ganz wie ein heutiger Sprecher von RIA Novosti oder eines der anderen widerlichen staatseigenen Presseorgane klingt, beklagte sich an anderer Stelle, dass man die „Polen ersticken muss, doch unser Zögern ist zermürbend!“[61], dieweil er ebenfalls folgerte, dass „wir nicht anders können, als die Polen zu bemitleiden – “, denn „Wir sind zu stark, um sie zu hassen, der kommende Krieg wird ein Vernichtungskrieg sein – oder zumindest müsste er das.“[62]

Mickiewicz verglich in seiner Erwiderung „An meine Moskauer Freunde“ Puschkins Haltung treffenderweise mit dem

> [...] Gebell von Hunden,
> Haben sie sich erst mit ihrer Knechtschaft abgefunden,
> Beißen sie die Hand, die löst das Band, das sie getragen.[63]

Puschkin dagegen schwelgte geradezu in seiner Position eines „Sklaven des Zaren der Welt“ und sorgte sich offen, dass dieser Zustand eines Tages umgeworfen werden könnte; er gab zu bedenken: „Ob Slawenflüsse sich ins Russenmeer ergießen? / Ob es versiegt? – fragt man aufs neu.“[64] Die Frage der russischen Vorherrschaft über in Gefangenschaft gehaltene slawische Völker war folglich von existentiellem Belang. Entweder fließen die

Völker Mittel- und Osteuropas weiterhin (geopolitisch, kulturell und psychologisch) nach Osten oder Russland wird austrocknen wie der eingefallene, verseuchte, faulige und sterbende Aralsee.

Taras Schewtschenko, Angehöriger eines dieser versklavten Völker, betrachtete die Welt in einem ganz anderen Licht. Für ihn bedeuteten die Muridenkriege im Kaukasus einen schrecklichen Verlust an Menschlichkeit, und in seinem Gedicht „Der Kaukasus" aus dem Jahr 1845, das ihm einen langen Aufenthalt im Exil eintrug, stellte scharf beobachtend fest:

> Berge über Berge, von Gewölk umflossen,
> Grambesäte Berge, Berge blutbegossen.
> Dort haben WIR, von Gottes Gnaden,
> Dem Volk sein letztes Gut geraubt
> Die Freiheit – Ketten aufgeladen
> Den Totgehetzten. In den Staub
> Sank mancher unserer Soldaten.
> Und wieviel Tränen! Wieviel Blut!
> Genug, um alle Potentaten
> Drin zu ertränken samt der Brut
> Und fortzuspüln mit Witwentränen![65]

Wie Puschkin war auch Schewtschenko ein Dichter mit immenser Begabung und mit starkem Einfühlungsvermögen, doch im Unterschied zu Puschkin stand er für ein allumfassendes Mitgefühl, was ihn zu einem wahren Dichter der Freiheit machte. Puschkin hätte diese Zeilen, voll des Mitleids über den Kaukasus, niemals schreiben können, und deshalb hat er uns in einer Zeit der staatlich finanzierten Gewalt, der Zwangsherrschaft und des totalen Krieges nur sehr wenig zu sagen. Schewtschenko hingegen ist relevanter denn je. In seinem wohl bedeutendsten Gedicht „Vermächtnis", ebenfalls 1845, bat er bekanntlich darum, „auf eines Kurhans Zinne / Mitten in der Steppe"[66] begraben zu werden, ein Wunsch, der ihm 1861 gewährt wurde, als seine sterblichen Überreste auf dem Taras-Hügel am Ufer des Dnipro zur letzten Ruhe gebettet wurden. Er ließ dem einen weiteren, noch dringlicheren Appell folgen:

Ja, begrabt mich und erhebt euch
Und zersprenget eure Ketten,
Und mit schlimmem Feindesblute
Möge sich die Freiheit röten!
Und am Tag, der euch die Freiheit
Und Verbrüderung wird schenken,
Möget ihr mit einem stillen,
Guten Worte mein gedenken.

Wegen solcher Zeilen nimmt Schewtschenko in den Köpfen und Herzen des ukrainischen Volkes noch immer einen solchen zentralen Platz ein. Wegen solcher Zeilen stapeln die Verteidiger von Charkiw Sandsäcke um die schwarze gusseiserne Statue des Dichters, die auf einem Sandstein-Sockel auf dem Hauptplatz der Stadt steht, um sie vor russischen Granaten zu schützen, während Statuen von Puschkin und Gorkij abgetragen werden. Zeilen wie diese sind der Grund dafür, dass das beschädigte Schewtschenko-Denkmal in Borodjanka – von Kugeln verletzt, nicht mehr ganz gerade, doch unversehrt –, zu einem Sinnbild für den Krieg mit Russland geworden ist. Und es sind Zeilen wie diese, so muss man schlussfolgern, wegen derer Brodsky das Bedürfnis verspürte, sich über den „brechnju Tarasa" lustig zu machen, den „Schmarrn von Taras".

1987 begann Joseph Brodsky seine Nobelpreisrede in der für ihn typischen selbstkritischen Art mit dem Eingeständnis, dass er lieber „ein Versager in einer Demokratie" wäre „als ein Märtyrer oder Mitglied der crème de la crème in einer Tyrannei."[67] Natürlich war das falsche Bescheidenheit, denn Brodsky war kein Versager, was die Nobelpreis-Medaille der Schwedischen Akademie mehr als deutlich machte, aber angesichts der Zwangsarbeit, die er in einem staatlichen sowjetischen Landwirtschaftsbetrieb abgeleistet hatte, und angesichts seines Widerwillens, Russlands Tore mit Teer zu beschmieren, wie er es formulierte, sind seine Gefühle nachvollziehbar. Andererseits gab es eine ganze Reihe von Dichtern – in der Ära des Zarismus ebenso wie in der Sowjetzeit – , die das Märtyrertum sehr wohl annahmen, darunter Taras Schewtschenko, Yevhen Pluzhnyk, Wolodymyr Swidzinskyi und Vasyl

Symonenko sowie ungezählte andere Schriftsteller, Barden und Intellektuelle, die alle den höchsten Preis dafür zahlten, dass sie dem Despotismus widerstanden. Alexander Puschkin optierte, vor die gleiche Wahl gestellt, dafür, zur crème de la crème der russischen Tyrannei zu gehören. Und ungeachtet seiner eigenen Erfahrungen war Brodsky gewillt, sein Los in denselben Topf wie der Letztgenannte zu werfen, in der ernsthaften Annahme, dass die Ukrainer Schewtschenko und die Idee der ukrainischen Unabhängigkeit eines Tages vergessen und in den Schoß Russlands zurückkehren würden, für den Puschkins Dichtung das beste Beispiel bot.

Wir können erst heute erkennen, wie falsch Brodsky hier lag, doch hat dieser Irrtum sehr reale Konsequenzen. Letztlich sind die Dichter die „nicht-anerkannten Gesetzgeber der Welt“[68], wie es Percy Bisshe Shelley 1821 in seiner „Verteidigung der Poesie“ formulierte. Daher kann ein Zusammenhang gesehen werden zwischen Brodskys Weigerung, Russland zu teeren, und der generellen Abgeneigtheit der Russen, sich mit ihrer schäbigen Geschichte auseinanderzusetzen, was wiederum zu Absurditäten wie dem Wiedererrichten von Lenin-Statuen oder dem Hissen sowjetischer Fahnen in vorübergehend besetzten ukrainischen Städten führen kann. Brodskys heillose Missachtung des ukrainischen Volkes lässt sich in Verbindung bringen mit den sehr viel jüngeren Beschreibungen des russischen Philosophen Alexander Dugin, für den Ukrainer:innen eine „Rasse von Bastarden [sind], die den Abwasserkanälen entstieg“, und deren „Genozid geboten und fällig“[69] sei. Auch steht Brodsky als Täter nicht allein. Ähnlich lässt sich das Beharren des sowjetischen Schriftstellers Michail Bulgakow darauf, dass „das Ukrainische eine einfach nur scheußliche Sprache“ sei, „die noch nicht einmal existiert“[70], mit einer bizarren Behauptung des russischen Politikwissenschaftlers Sergej Mikheev in Verbindung bringen. Dieser äußerte Ende April 2022 im staatlichen Fernsehkanal Rossija 1 die These, dass die ukrainische Sprache „nicht existiere“ und dass sie buchstäblich niemand benutze.[71] Ferner können wir die Phantasien des sowjetischen Dissidenten Alexander Solschenizyn, der von einem russisch-belarussisch-ukrainisch-kasachischen panslawischen Superstaat besessen war und zudem davon ausging, dass die ukrainische

Sicht auf die stalinistischen Hungersnöte von „muffigen, chauvinistischen Köpfen" beeinflusst worden sei, die „vorgefertigte Fabeln" für das westliche Publikum bereit gestellt hätten[72], mit den imperialistischen und ahistorischen Ansichten des heutigen Russlands über seinen Nachbarn zusammen bringen.

Wenn sich das Gift des russischen Chauvinismus so tief in die Gehirne von zartempfindenden, sensibel denkenden Autoren wie Puschkin, Bulgakow, Solschenizyn und Brodsky einfressen kann, wenn es sie dazu verleiten kann, „Lobgesänge auf eine Schlächterei" anzustimmen und aus der Literatur eine „Verbündete von Henkern" zu machen, wie Wjasemski warnte, dann stellen Sie sich erst einmal vor, was es in den Gehirnen von weniger kultivierten oder zynischeren Angehörigen der russischen Nation anrichten kann. Im Augenblick müssen wir uns das gar nicht vorstellen, sondern können einfach die Tatorte der Verbrechen untersuchen, die die russischen Soldaten und Söldner in Borodjanka, Tschernihiw, Wolnowacha, Mariupol und andernorts hinterließen. Wir sind Zeugen der Massengräber von Butscha, des Geisterbezirkes Saltiwka, des Museums, das Hryhorij Skoworoda, einem Philosophen und Dichter des 18. Jahrhunderts, in Skoworodyniwka gewidmet ist, das in Schutt und Asche gelegt wurde. Man denke nur an die irrsinnige Wichtigtuerei, die auf dem Fernsehkanal Rossija 1 ausgesendet wird, wo der Filmemacher Karen Schachnasarow mit Schaum vor dem Mund damit droht, dass die „Opponenten des Buchstaben Z" mit „Konzentrationslagern, Umerziehung, Sterilisation" konfrontiert werden,[73] und wo der Moderator Wladimir Solowjow die Vorstellung eines Atomkrieges sichtlich genießt, mit der festen Überzeugung, dass „wir ins Paradies kommen werden, während sie einfach nur ins Gras beißen."[74] Dieser moralische Kretinismus könnte beinahe amüsant sein, wären da nicht Myriaden von Kriegsverbrechen und von Verbrechen gegen die Menschlichkeit, die Gefährdung der internationalen Sicherheit und des Weltfriedens und eine globale Verknappung von Lebensmitteln, die Russlands skrupelloser Überfall auf ukrainischen Boden mit sich brachte.

Man fragt sich, was Joseph Brodsky wohl aus all dem gemacht hätte, wenn er den kläglichen Zustand von Putins Russland noch hätte erleben können und nicht im Alter von 55 Jahren gestorben wäre. Würde er sich noch immer weigern, die Tore der russischen Welt mit Teer zu beschmieren? Hätte er mit seiner „Verpflichtung“ gegenüber Russland und seinem Volk gebrochen? Hätte er vielleicht öffentlich die richtigen Dinge gesagt und dann später im Geheimen von „Chochols“ und Kosaken und über das Spucken in den Dnipro vor sich hin gemunkelt? Wir werden es nie erfahren und es ist zu diesem Zeitpunkt auch wirklich nicht von Belang. Trotz der Versuche Brodskys, das Gedicht „Auf die die Unabhängigkeit der Ukraine“ zu verbergen, entwickelte es sich zu einem seiner bekannteren Werke, sehr zum Schaden seiner posthumen Reputation. Mit Gewissheit können wir sagen, dass das Erbe von Taras Schewtschenko, den Brodsky berühmt-berüchtigt dem Spott preisgab, unanfechtbar bleibt.

In seinem Gedicht „Der Gottesnarr“ von 1857 schrieb Schewtschenko noch einmal in einer Form, die Puschkin und Brodsky nicht gegeben war, und beklagte das „Schandwerk/, gottlos, ungeheuer“, das an seinem Volk verübt werde, dass man „Der Freiheitskämpfer Bruderschaft“ in „langen Reihen, kettenklirrend ...“[75], in sibirisches „Dunkel, Dunst und Haft“ getrieben hätte. Die Verfolger der Ukraine würden, wie er inbrünstig hoffte, „von Foltern träumen nur“,

> Doch ich will nach Sibirien fahren,
> Hintern Baikal. In Bergesschlund,
> In Höhlen, Schächte ohne Grund
> Blick ich hinab, um euch zu finden,
> Der Freiheitskämpfer Bruderschaft,
> Und will aus Dunkel, Dunst und Haft
> Euch Märtyrer der Zarensünden
> Ans Licht her vor die Menschen führen
> In langen Reihen, kettenklirrend...

Indem ich heute, am 9. Mai, diese Worte schreibe, während die groteske Militärparade zu Russlands Tag des Sieges in vollem Gange ist, denke ich lieber an Schewtschenkos so ganz andere Vorstellung von einer Parade, von einem Festzug, der weder Kriegstreiber noch genozidale Monster feiert, sondern die echten Helden, die, auch von Schewtschenko und seinen Mit-Märtyrern inspiriert, die Sache der Freiheit den abstrusesten Umständen zum Trotz weiter behaupten.

In memoriam

Oleksandr Kysliuk (1962–2022)
Historiker, Altphilologe, Polyglott, Sprachlehrer
an der Kyjiwer Theologischen Akademie
und dem Priesterseminar, sowie Professor für Recht
an der Nationalen Pädagogischen Drahomanow Universität,
der Tacitus, Xenophon, Thomas Aquinas,
Karl Jaspers, Norbert Elias und Joachim Ritter ins
Ukrainische übersetzte
Ermordet in Butscha am 5. März 2022
Vita enim mortuorum in memoria vivorum est positiva

Aus dem Englischen von Nele Saß

Erstveröffentlichung des Originaltexts: Matthew Omolesky, „The Ally of Executioners: Pushkin, Brodsky and the Deep Roots of Russian Chauvinism", *The American Spectator*, 13. Mai 2022, https://spectator.org/the-ally-of-executioners-alexander-pushkin-joseph-brodsky-and-the-deep-roots-of-russian-chauvinism/ [Zugriff: 22. Dezember 2022]

PUTIN IN UNS SELBST

Karolina Kołpak, Aleksandra Konarzewska – 15. Mai 2022

Dem gebildeten Kulturpublikum mag Oksana Sabuschkos in der NZZ geäusserte polemische Haltung zur russischen Literatur irritierend erscheinen. Doch war auch die russische politische Dissidenz sehr oft imperial und chauvinistisch. Zeit, unangenehme Fragen zu stellen.

Oksana Sabuschkos Polemik „Lektionen aus einem großen Bluff“,[76] in der die ukrainische Schriftstellerin die jüngsten Kriegsverbrechen in der Ukraine vor dem Hintergrund der russischen Literatur reflektiert, ist in der NZZ auf scharfe Kritik des Freiburger Professors für slawische Literaturen, Jens Herlth,[77] gestossen. Sabuschko weigere sich, die russische Opferrolle anzuerkennen, und ihre Lektüre russischer Klassiker sei voreingenommen und oberflächlich, so Herlth. In der Tat hat Sabuschkos Text Schwachstellen, aber er regt auch zum kritischen Nachdenken an, das wir alle brauchen. Er verweist auf die Verbindung zwischen Kultur und Macht sowie auf die Tatsache, dass man den russischen kulturellen Chauvinismus erst einmal erkennen muss, um ihm widerstehen zu können. Es geht zuletzt darum, dass die russische Kultur, insbesondere die Literatur, von einer kritischen Neubetrachtung im Geist der Entkolonisierung profitieren wird.

Geografie des Kalten Krieges

Sabuschkos Text ist nicht unproblematisch, aber aus gänzlich anderen Gründen als den von Herlth genannten. Möglicherweise könnte ihr Artikel bei der Leserschaft Unbehagen aufgrund des stereotypischen Bildes vom „Westen“ und „Europa“ ausgelöst haben. Die romantisierte Darstellung der „westlichen Kultur“ mit ihrer geradezu angeborenen Neigung zum Dialog, einer idyllischen „freien Atmosphäre einer jahrhundertealten Agora“, mag dem zeitgenössischen Leser abwegig naiv erscheinen, als Relikt des Diskurses, wie er im Kalten Krieg geführt wurde (Sabuschkos Verweis auf einen Essay von Milan Kundera aus dem Jahr 1983 unterstreicht diesen Eindruck).

Fast scheint es, als ob das Böse stets ausserhalb der geografischen und mentalen Landkarte „Europas“ gelegen habe und Russland dem „Europäer“ nun, zum ersten Mal, die Existenz des Bösen bewusst gemacht habe. So, als ob „Europa“ nicht der Friedhof für mehr als sechs Millionen Juden und die Wiege des modernen Imperialismus war, der Millionen von Menschen in Afrika, Asien, Nord- und Südamerika das Leben kostete. Der aufmerksame und kritische Leser hat das Recht zu fragen: Kann es wirklich so schwierig sein, Begriffe wie „Europa“ oder „der Westen“ in einer deskriptiven und nicht in einer wertenden Weise zu gebrauchen?

Auch Kreml-Kritiker sind Chauvinisten

Davon abgesehen öffnet Oksana Sabuschkos Text Perspektiven, die es wert sind, näher beleuchtet zu werden. Ihr Artikel ist eine Einladung, einige unbequeme Fragen zu stellen: Warum haben Russland und Putin so lange und so viel Verständnis bei den intellektuellen Eliten in Berlin, Paris, Zürich und London genossen? Warum konnte man die russische neoimperiale Politik so lange ignorieren? Warum wurden kritische Stimmen aus dem Kaukasus, der Ukraine und vielen anderen Ländern der Region als „nationalistisch“ und „überspitzt“ abgetan?

Kann es nicht sein, dass es Russlands Soft Power (Literatur, Musik, Kunst, Film) war, welche das Gemüt des ausländischen Publikums betörte und es unfähig machte, die wahre Dimension der russischen Respektlosigkeit gegenüber anderen Nationen richtig einzuschätzen? Gibt es tatsächlich keinerlei Verbindung, keine Kontinuität zwischen dem Chauvinismus von Alexander Puschkin,[78] Fjodor Dostojewski und Sachar Prilepin, einem zeitgenössischen Schriftsteller, der zugleich ein ultrarechter Politiker und Berufssoldat im Rang eines Majors ist und offen damit prahlt, dass seine Einheit im Donbass Menschen ermordet hat?

Leider sind es nicht nur Putin, seine Anhänger und die russische Alt-Right-Bewegung, die rassistische und chauvinistische Ansichten vertreten. Eine rassistische Denkweise und der imperialistische geopolitische Mythos von der „russischen Welt“ („russkij mir“), der das Selbstbestimmungsrecht der Völker schamlos negiert, sind nach wie vor stark verbreitet. Und dies selbst unter russischen Intellektuellen und Aktivisten, die sich mutig Putins Regime entgegenstellen (der sich in sibirischer Gefangenschaft befindende Oppositionsführer Alexei Nawalny[79] ist ein gutes Beispiel dafür).

Natürlich gibt es rühmliche Ausnahmen, aber sie sind eine Minderheit in der Minderheit. Ohne diese bittere Wahrheit anzuerkennen, wird man niemals in der Lage sein, das tatsächliche Potenzial des russischen Chauvinismus zu ermessen und die wenigen Russen, die sich ernsthaft bemühen, diesem entgegenzuwirken, wirksam zu unterstützen. Man wird später einmal der Versuchung kaum widerstehen können, mit als „Liberale“ oder „Modernisierer“ getarnten russischen Chauvinisten das „business as usual“ fortzusetzen. Und so wird man Russland auch nicht zu einer echten Demokratisierung – oder zumindest zur Achtung der Grenzen seiner Nachbarn – bewegen können.

Marktregeln und physische Vernichtung

In seinem Text argumentiert Jens Herlth, dass Popularität der Literatur kein Nullsummenspiel sei: Ein bestimmtes Buch müsse nur grossartig und tiefgründig genug sein, dann werde es schon eine Leserschaft finden. Demzufolge besteht keine Notwendigkeit, die privilegierte Stellung der russischen Literatur auf dem Buchmarkt in der Weise zu überdenken, wie es ukrainische Autoren, Übersetzer und Kulturmanager vorschlagen. In einer idealen Welt könnte Herlths Behauptung vielleicht zutreffen – in einer heilen und unbescholtenen Welt, in der die Kultur keine Rolle bei der Sicherung politischer Hegemonie spielen würde und der Literaturbetrieb nicht den Marktregeln unterworfen wäre, die klar gegen Werke in weniger gängigen Sprachen ausgerichtet sind. In den USA beispielsweise entfallen nur drei Prozent der jährlichen Buchproduktion auf Übersetzungen.

Bei der Erörterung des gegenwärtigen Dilemmas, wie man als Leser mit russischer und ukrainischer Literatur umgehen sollte, verkennt Jens Herlth, dass die Ukrainer derzeit keine russischen Archive, Museen und Galerien zerstören sowie keine russischen Künstler und Schriftsteller ermorden. Und Russland belässt es keineswegs dabei,[80] sondern es deklariert öffentlich sein mörderisches Ziel, die ukrainischen intellektuellen Eliten auszulöschen und den Rest der Bevölkerung zu „entukrainisieren".[81]

In ebendiesem Kontext sollte der Aufruf zum Boykott der russischen Kultur[82] betrachtet werden. Man muss sich diesem Boykott nicht anschliessen, sollte aber auch nicht jene verurteilen, die dieses Instrument einsetzen wollen, um friedlich politischen Druck auszuüben. Ein Aufruf zum Boykott ist nicht gleichzusetzen mit einem Aufruf zu Zensur, Diskriminierung oder physischer Zerstörung.

Wie diese beiden Sachverhalte auf verstörende Weise miteinander vermengt werden können, zeigt ein abscheuliches Lied der populären russischen Band „Leningrad", in dem die derzeitige Situation von ausserhalb Russlands lebenden Russen mit der Situation von Juden unter der Naziherrschaft verglichen wird.[83] Die Analogie zur jüdischen Erfahrung in Nazideutschland ist erschreckend. Wenn man bedenkt, dass die letzten Überlebenden der Shoah in der Ukraine derzeit getötet[84] oder zur Flucht gezwungen werden,[85] kann man sich über das Ausmass der moralischen „Gymnastik" (um es gelinde auszudrücken), die in der russischen Gesellschaft gegenwärtig stattfindet, nur wundern.

Auf dem Weg zu einer neuen Lesart der russischen Literatur

Anders als Herlths Beitrag vermuten lässt, beschuldigt Sabuschko nicht Tolstoi für das Massaker von Butscha; ihre These ist deutlich nuancierter, wenn auch nicht ganz originell. Sie geht einer ähnlichen Frage nach, wie sie bereits nach dem Zweiten Weltkrieg gestellt wurde: Inwieweit basierte der Nationalsozialismus auf der deutschen (oder aufklärerischen oder christlichen) Kultur? Inwieweit kann die Ideologie hinter „Gott mit uns", „Deutschland über alles" und „Arbeit macht frei" als eine Verirrung des Christentums, der Aufklärung, des deutschen romantischen Nationalismus oder der kleinbürgerlichen Anständigkeit betrachtet werden, und inwieweit ist sie eine Folge davon?

Thomas Mann zögerte nicht, den Nationalsozialismus als ein entsetzliches und zugleich nicht illegitimes Produkt der deutschen Kultur, einschliesslich ihrer höchsten literarischen und philosophischen Erzeugnisse, darzustellen. Derweil wird Rassismus heute als integraler Bestandteil der gesamten kulturellen Produktion der „westlichen Welt" betrachtet, einschliesslich der literarischen Meisterwerke der griechischen Antike. Warum also sollte man sich scheuen, die russische Literatur auf ähnliche Weise zu untersuchen und die einfache Frage zu stellen, ob in den klassischen russischen Romanen tatsächlich mehr Sympathie für die Täter als für ihre Opfer auszumachen ist? Und wenn ja, daran anknüpfend zu fragen, was uns das über Russland und die russische Gesellschaft insgesamt sagen kann?

Unbequeme Fragen zu stellen, belebt kulturelle Debatten, anstatt sie einzudämmen und zu verbieten. 1975 verwarf der nigerianische Schriftsteller Chinua Achebe „Herz der Finsternis" gänzlich als rassistisch mit der Begründung, dass Conrads Erzählung die Menschlichkeit der Afrikaner infrage stelle.[86] Achebes radikale Haltung führte nicht dazu, dass Conrads Werke aus den Bibliotheksregalen entfernt wurden, sondern trug im Gegenteil dazu bei, dass sie neu gelesen wurden und sich die postkolonialen Literaturwissenschaften entwickelten.

In ähnlicher Weise sollte das Konzept des weltliterarischen Kanons nicht als eine ein für alle Mal festgelegte Liste „grosser Werke von grossen Schriftstellern" betrachtet werden, sondern als ein Ergebnis von Interpretationspraktiken, die ständig neu verhandelt werden. Andernfalls wäre die Weltliteratur auf weite Strecken nichts anderes als eine Sammlung verstaubter Œuvres alter, weisser, heterosexueller und in den „grossen" Weltsprachen schreibender Männer, die vorzugsweise im Europa des 19. Jahrhunderts lebten. Und die Literaturwissenschaft könnte sich auf eine rein archivarische Arbeit beschränken, ohne kreative und intellektuelle Herausforderung.

Von einem überfälligen postkolonialen Umdenken könnte die ukrainische, aber nicht zuletzt auch die russische Kultur profitieren.

Erstveröffentlichung: *Neue Zürcher Zeitung*, 15. Mai 2022,
https://www.nzz.ch/feuilleton/putin-in-uns-selbst-mehr-kritik-im-umgang-mit-russlands-kultur-ld.1683881 [Zugriff: 22. Dezember 2022]

WIE DER KRIEG DIE WORTE ZERSTÖRT

Claudia Dathe, Olga Radetzkaja, Thomas Weiler – 25. Mai 2022

Die ostslawischen Sprachen Russisch, Ukrainisch und Belarussisch suchen ein neues Verhältnis zueinander. Zwei Übersetzerinnen und ein Übersetzer berichten von den Herausforderungen, vor denen sie stehen.

„Der Krieg verändert die Farben. Plötzlich ist die Welt schwarz-weiß, streng konturiert. Und auch die Sprache ist für viele plötzlich schwarz-weiß", schreibt Serhij Zhadan in seinem Essay „Kaplane und Atheisten". Wenn die Sprache ihre Schattierungen verliert, wird sie zerstört. Als Literaturübersetzer – wir übersetzen aus dem Ukrainischen, Russischen und Belarussischen – haben wir mit dieser Zerstörung unmittelbar zu tun. Wir beobachten, wie der Gebrauch der Sprachen sich verändert, wie sich Bedeutungen verschieben, wie die lesenden und schreibenden Gemeinschaften auf diese Veränderungen reagieren, wie Wörter oder Wendungen unbenutzbar werden.

Begriffe wie „Faschismus" und „Nazis" etwa werden von der russländischen Propaganda seit Jahren systematisch ausgehöhlt. In der Sprache des Staatsfernsehens bezeichnen diese Begriffe nicht ein politisches System und dessen historische Vertreter, sondern schlicht alle, die sich „uns in den Weg stellen". Gleichzeitig behält die Vokabel dank des Kults um den Sieg im Zweiten Weltkrieg, der in Russland unter Wladimir Putin eine toxische Konzentration erreicht hat, ihre emotionale Aufladung: Faschisten sind demnach unter allen Umständen niederzuringen, und der Lohn ist nicht nur die Stärkung der nationalen Einheit daheim, sondern der Status einer Weltmacht.

Mit der Invasion Russlands in der Ukraine ist die so abwegige wie hartnäckig auf allen Kanälen verbreitete Vorstellung von der eigenen globalen Mission („den Faschismus ausmerzen"), der Glaube an einen angeblichen Überlebenskampf des eigenen Volkes („den Genozid an Russen im Donbass beenden"), aus der die existenzielle Notwendigkeit dieses Kriegs entspringe, und der gleichzeitige Glaube an den eigenen Sieg („Jederzeit wieder!") über alle, die sich diesem gerechten Kampf entgegenstellen, zum Motor eines gnadenlosen Vernichtungskriegs geworden.

Wie gehen wir mit solchen Begriff[en] um? Wie gehen wir als Übersetzer mit solchen entkernten Vokabeln um? Wenn Putin öffentlich die „endgültige Lösung" der ukrainischen Frage in den Raum stellt, machen wir die im Russischen darin hörbare „Endlösung" im Deutschen explizit – im Bewusstsein, dass solche Zweideutigkeiten in der politischen Rhetorik gezielt eingesetzt werden? Parallelen zwischen der Sprache des zunehmend totalitären russländischen Regimes und der Sprache des Dritten Reichs sind nur eines der Probleme.

Wladimir Putin hat die Invasion in der Ukraine auch damit begründet, dass die russischsprechenden Bürger des Nachbarlandes bedroht seien. Sowohl dieser absurde Legitimationsversuch als auch die Verklammerung von russischer Muttersprache und Zugehörigkeit zu Russland stellen einen massiven politischen Missbrauch der russischen Sprache dar. In der ukrainischen Gesellschaft, die gegenwärtig unter diesem Krieg leidet, hat das Folgen.

Ukrainisch, Russisch und Belarussisch bilden zusammen die Familie der ostslawischen Sprachen. Die Trennung der Sprachen setzte im 13. Jahrhundert ein, als mit der Entstehung des Fürstentums Galizien-Wolhynien die Kiewer Rus zu zerfallen begann. Die Verwendung und Entwicklung der drei Sprachen wurde in der Folge stark von den politischen Entwicklungen beeinflusst. So entstand aus dem Fürstentum Moskau das Russische Reich, das zu einem Imperium wurde. Infolge dieser politischen Dominanz kam es zur Dominanz des Russischen.

Im 14. Jahrhundert wurde aus dem gesprochenen Belarussisch die Hof- und Kanzleisprache des Großfürstentums Litauen entwickelt. Nach dessen Vereinigung mit dem Königreich Polen gewann durch den vordringenden Katholizismus aber das Polnische an Einfluss, das Belarussische wurde zur Sprache der Bauern.

Das Verbreitungsgebiet der ukrainischen Sprache war bis zum Ende des Ersten Weltkriegs geprägt von fehlender Eigenstaatlichkeit, der Zugehörigkeit zu unterschiedlichen Imperien und gewaltsamen Konflikten. In der Habsburger Monarchie konnte das Ukrainische sich bis 1918 relativ frei entfalten. Im Russischen Reich dagegen durften keine Publikationen auf Ukrainisch erscheinen. In der Zwischenkriegszeit profitierte die junge ukrainische Sowjetrepublik zunächst von der liberalen Nationalitätenpolitik der frühen Sowjetunion. Sie wurde Ende der Zwanzigerjahre aber zurückgenommen und schlug im Zuge der stalinschen Repressionen ins Gegenteil um. Ein Großteil der ukrainischen Elite wurde in den Dreißigerjahren erschossen. Auch in der Belarussischen SSR ist die „Nacht der erschossenen Poeten" des 29. Oktober 1937 mit mehr als hundert hingerichteten Vertretern der Intelligenzija ein grausiger Höhepunkt der Repressionen.

Ein Land der Mehrsprachigkeit

In der Folge wurden das Ukrainische wie das Belarussische während der gesamten Sowjetzeit in die Sphären des Alltagslebens und der Folklore zurückgedrängt. In der Belarussischen SSR, wo in den Zwanzigerjahren Belarussisch, Russisch, Polnisch und Jiddisch Amtssprachen gewesen waren, reduzierte sich die Mehrsprachigkeit nach dem Zweiten Weltkrieg mit dem Holocaust und den Bevölkerungsverschiebungen infolge der neuen Grenzziehungen auf eine Zweisprachigkeit. Mit der Unabhängigkeit 1991 eröffneten sich neue Möglichkeiten für das Belarussische. Maßgebliche Autoren haben das Belarussische als ihre Literatursprache etabliert.

Die Ukraine war und ist ein Land der Mehrsprachigkeit. Sie wurde geprägt vom Polnischen, Jiddischen, Griechischen, Rumänischen, Huzulischen, Ukrainischen und Russischen. Immer wieder gab es Versuche von politischen Kräften, mithilfe der in der Ukraine mehrheitlich gesprochenen Sprachen Russisch und Ukrainisch Identitätspolitik zu betreiben. Vor der russländischen Invasion war die sprachliche Situation in der Ukraine geprägt von einem unideologischen Nebeneinander von Ukrainisch und Russisch im Alltag einerseits und einer fortschreitenden Ukrainisierung des öffentlichen Lebens andererseits, denn im (post-)imperialen Kontext versuchten die Ukrainer sich von Russland abzugrenzen. Diese gelassene Zweisprachigkeit schlug sich auch in literarischen Texten nieder. So findet sich in Oleksii Tschupas Roman „Märchen aus meinem Luftschutzkeller" (2014), der in dem überwiegend russischsprachigen Donezker Vorort Makijiwka spielt, eine Ukrainischlehrerin, die Ukrainisch mit russischen Einsprengseln spricht. Der Handlungsort des Romans legt nahe, dass die Protagonistin im Alltag die Sprache selten spricht und ihr deswegen manche ukrainische Wörter nicht geläufig sind. Dieser spielerische, sanft ironische Umgang mit Sprachpräferenzen dürfte inzwischen jedoch passé sein.

Für die Übersetzung in einsprachige literarische Kontexte stellen solche Sprachwechsel ein Problem dar. Ein weiteres Beispiel ist Haska Schyjans Roman „Hinter dem Rücken", in dem die fünfjährige Nika, deren Eltern 2014 aus Donezk ins westukrainische Lemberg geflohen sind, vom diskriminierenden Verhalten ihrer Kindergärtnerin erzählt. Der Roman ist auf Ukrainisch verfasst, Nika jedoch spricht darin Russisch, und in diesem Hin und Her der Sprachen wird für den ukrainischen Leser die spannungsgeladene Beziehung zwischen ihr und der Erzieherin plastisch. Wie transportiert man das ins Deutsche?

Boykott der russischen Sprache?

Eine vergleichbare übersetzerische Hürde stellt der in der Ukraine verbreitete „Surzhyk" dar, ein ukrainisch-russisches Mischidiom, das beispielsweise verwendet wird, um literarische Figuren als weniger gebildet oder regional verwurzelt zu charakterisieren. Das belarussisch-russische Pendant zum „Surzhyk" heißt „Trasjanka" – eigentlich ein Ausdruck für minderwertiges gestrecktes Viehfutter. Die in den USA lebende belarussische Lyrikerin Valzhyna Mort bekannte, die Trasjanka, dieses Sein zwischen den Sprachen, habe sie erst zur Dichterin werden lassen. Weder Russisch noch Englisch noch Belarussisch beherrsche sie perfekt, die „Maulwurfsgänge" zwischen den Sprachen seien ihr aber bestens vertraut.

Die sprachlich vielschichtigen Länder Ukraine und Belarus verband seit ihrer Unabhängigkeit 1991 ein entspanntes Verhältnis: Kulturell begegnete man sich auf Augenhöhe, Ukrainer und Belarussen verstanden einander meist ohne Rückgriff auf das

Russische; es gab vielfältige Kontakte und literarischen Austausch. Seit der belarussische Präsident Lukaschenko sein Land als Aufmarschgebiet für die russischen Truppen zur Verfügung gestellt hat, reißen freilich auch hier Verbindungen ab.

In Russland, das geprägt ist von der vom Zarischen ins Sowjetimperium fast bruchlos fortgeführten kulturell-literarischen Vormachtstellung, bleibt die Bereitschaft, sich mit Sprachen und Literaturen der ehemaligen sowjetischen Peripherie zu beschäftigen, gering. Was das Ukrainische betrifft, so schlägt dieses Desinteresse seit der Annexion der Krim 2014 und der damit verbundenen nationalen Aufwallung in weiten Kreisen der Bevölkerung in Feindseligkeit und Verachtung um. Doch auch für russische Dissidenten bleibt die Ukraine kulturell vielfach Terra incognita.

Infolge des Krieges richtet sich die Abwehr der Ukrainer nicht nur gegen Russlands militärische Intervention, sondern auch gegen seine Sprache. Ukrainische Künstler, Autoren, Kulturinstitutionen haben zum Boykott der russischen Sprache, Literatur und Kultur aufgerufen, einige ukrainische Autoren möchten keine gemeinsamen Veranstaltungen mit Autoren aus Russland bestreiten. Dem deutschen Publikum ist die politische Instrumentalisierung der russischen Sprache viel weniger präsent. Für die Menschen in der Ukraine hingegen ist es jetzt wichtig, einen gesellschaftlichen Zusammenhalt zu schaffen, um dem Aggressor zu widerstehen. Dieser Zusammenhalt wird durch nationale Zugehörigkeit hergestellt, als deren signifikantes Merkmal die Sprache erscheint.

Wir in Deutschland wollen alles tun, um die Ukraine im Erhalt ihrer Souveränität und ihrem Freiheitskampf zu stärken und auch die Zivilgesellschaft in Belarus weiter zu unterstützen. Wir wollen aber auch Solidarität mit den bedrängten demokratischen Kräften in Russland üben. Unter den Bedingungen des Krieges kann es für die russische Zivilgesellschaft freilich nicht mehr nur um innenpolitische Fragen gehen, sie muss sich auch mit ihrem kolonial geprägten Verhältnis zu den Nachbarn auseinandersetzen, wenn sie ihre Integrität nicht verspielen und weiterhin ernst genommen werden will.

Dass ukrainische Intellektuelle diese Fragen an ihre russischen Kollegen stellen, ist mehr als legitim. Dass sie in Deutschland in die Neubewertung institutioneller Kooperationen in Kultur und Wissenschaft mit Russland einfließen, ist folgerichtig. Daraus folgt nicht, dass wir Alexander Puschkin und Joseph Brodsky nicht mehr lesen sollen – aber wir sollten auch ihre kolonialen Einlassungen zur Kenntnis nehmen. Nur so lässt sich der Missbrauch der Sprache und ihre Zerstörung verhindern.

Erstveröffentlichung: *Frankfurter Allgemeine Zeitung*, 24. Mai 2022, https://www.faz.net/aktuell/feuilleton/debatten/so-zerstoert-der-ukraine-konflikt-worte-der-ostslawische-sprache-18055997.html [Zugriff: 22. Dezember 2022]

FALSCHE ERINNERUNGEN

Timothy Snyder – 27. Mai 2022

Einen Moment lang fühlten sich die Amerikaner allein. Sie waren ein Risiko eingegangen, als sie ihre Geheimdienstinformationen über die russischen Pläne für den Einmarsch in die Ukraine öffentlich machten. Niemand schien ihnen zu glauben. Die Russen verhöhnten sie, und selbst die westlichen Verbündeten schienen skeptisch zu sein. Doch dann, im Dezember 2021, rief der neu gewählte Bundeskanzler im Weißen Haus an. Er glaube den Informationen, sagte er. Sie deckten sich mit denen seiner Partei und seiner Regierung und auch mit deren Haltung über das faschistische Regime in Russland. Es sei das Beste, jetzt entschlossen zu handeln, um einen Krieg zu verhindern oder ihn so kurz wie möglich zu halten. Mit deutscher Ermutigung lieferten die Amerikaner schwere Waffen an die ukrainische Armee. Die Briten taten dasselbe. Die Deutschen brauchten länger, aber Anfang Februar hatten sie Artillerie und Gepard-Panzer sowie große Mengen an Westen, Helmen und Nachtsichtgeräten geliefert. Auf einer Konferenz sagte der Chef der deutschen Marine, der ukrainische Präsident Selenskyj verdiene Respekt. Ein deutscher Regierungsvertreter erklärte einem ukrainischen Diplomaten, dass er glaube, die ukrainische Armee könne drei Monate lang durchhalten, bis dann andere Verbündete helfen würden. Am 24. Februar marschierte Russland in die Ukraine ein, wie es die Amerikaner vorhergesagt hatten. Selenskyj, dem angeboten wurde, aus Kiew zu fliehen, antwortete bekanntermaßen: „Ich brauche keine Mitfahrgelegenheit, weil ich Munition habe." Die Ukrainer gewannen die Schlacht um Kiew innerhalb einer Woche. Als die russischen Gräueltaten in Butscha aufgedeckt wurden, verurteilten deutsche Linksintellektuelle das russische Regime als faschistisch und forderten dessen sofortige Niederwerfung und einen Kriegsverbrecherprozess gegen die Verantwortlichen. Die russische Propagandamaschinerie war nicht auf den Krieg vorbereitet und noch weniger auf eine schnelle Niederlage. Die Proteste in Russland nahmen zu, und die verunsicherte Polizei …

Nein, so war es nicht. Natürlich nicht. Aber warum eigentlich nicht? Warum waren die deutsche Regierung und ein Großteil der deutschen Öffentlichkeit so überrascht von der Invasion und den russischen Gräueltaten? Warum brauchte es drei Monate, bis die deutsche Öffentlichkeit die Wahrheit dieses Krieges begriff? Und warum glauben einige Deutsche immer noch, dass es ihre Pflicht sei, den Aggressor zu unterstützen? Wie kam es, dass Russland beim letzten Überfall auf die Ukraine im Jahr 2014 von Deutschland mit einer Erdgaspipeline belohnt wurde, die ukrainisches Gebiet umging? Wie ist es möglich, dass sich nun beim zweiten Angriff deutsche Politiker auf ukrainische Benimmfehler konzentrierten? Und warum fällt es Deutschen so schwer, von einem „faschistischen Russland" zu sprechen?

Deutschland ist die wichtigste Demokratie Europas, vielleicht sogar der Welt. Deutschland ist stolz auf seinen Antifaschismus und seine Erinnerungspolitik. Und die Deutschen haben völlig recht, dass Demokratie eine regelmäßige Auseinandersetzung mit Geschichte voraussetzt, insbesondere mit dem Zweiten Weltkrieg und dem Holocaust. Aber die Geschichte, um die es hier geht, ist nicht nur deutsche Geschichte, denn fast alle deutschen Morde fanden in Gebieten statt, die Deutschland erst nach 1938 unter seine Kontrolle gebracht hat. Aus diesem Grund war die Erinnerungspolitik immer mit der Ostpolitik verwoben, manchmal auf eine perverse Art und Weise. So waren im zweiten Jahrzehnt des 21. Jahrhunderts viele Deutsche davon überzeugt, dass es vor allem eine moralische Entscheidung gewesen sei, mit der man sich von Energielieferungen eines aggressiven, revanchistischen, rechtsextremen Reichs abhängig machte. Bis dann im Februar 2022 Deutschland feststellen musste, dass es ein eindeutig faschistisches russisches Regime finanziert, das einen Vernichtungskrieg gegen einen Nachbarn führt – einen Nachbarn, der 1941 das Ziel von Deutschlands Krieg gewesen war: die Ukraine. Die Kombination aus Ostpolitik und Erinnerungspolitik verleitete die Deutschen dazu, ihre eigene Geschichte zu vergessen, und machte damit einen neuen Krieg im Osten Europas erst möglich.

Moralisch betrachtet, war es ein Fehler der letzten 30 oder 50 Jahre, Kategorien wie Schuld und Verantwortung zu verwechseln, die beide in sehr unterschiedliche psychologische und politische Richtungen führen. Schuld ist mit Macht verknüpft. Wenn sich die Deutschen wegen des Zweiten Weltkriegs und der begangenen Verbrechen schuldig fühlen sollten, dann ist das eine Einladung an andere, diese Schuld zu betonen und zu missbrauchen. Es ist leicht nachvollziehbar, dass Willy Brandt nach Moskau reiste, um eine Aufnahme diplomatischer Beziehungen zu osteuropäischen Staaten, vor allem zur DDR, zu erreichen. Damals, Anfang der Siebzigerjahre, hatte Westdeutschland gerade erst die Auseinandersetzung mit der NS-Vergangenheit begonnen. Aber in Leonid Breschnew eine Absolutionsinstanz für die deutsche Schuld zu sehen war von Anfang an problematisch. Breschnew hatte kein Interesse daran, sich mit Geschichte zu beschäftigen. Seine Truppen waren gerade in die Tschechoslowakei einmarschiert, 30 Jahre nach dem Einmarsch deutscher Truppen dort. Unter Breschnew hatte die Sowjetunion begonnen, Militäraufmärsche am 9. Mai zu veranstalten, es entstand ein Kriegs- und Siegeskult. Breschnew betrieb die Russifizierung der Ukraine, und Kiew sollte in den Diskussionen über die deutsch-sowjetische Vergangenheit keine Rolle spielen. Und weil die zwischenzeitliche Allianz zwischen Nazis und Sowjets tabuisiert war, leugnete Breschnew auch die Existenz des Molotow-Ribbentrop-Pakts (oft Hitler-Stalin-Pakt genannt), eines deutsch-sowjetischen Nichtangriffsvertrags, der im August 1939, eine Woche vor Ausbruch des Zweiten Weltkriegs, geschlossen worden war. Im Rahmen der deutsch-sowjetischen Ostpolitik wurde der Krieg auf die Jahre zwischen 1941 und 1945 begrenzt; ein Krieg, in dem die Sowjetunion nicht nur das größte Opfer brachte, sondern auch den größten Sieg errang. Das Schicksal der Ukraine spielte sowohl bei den Deutschen als auch bei den Sowjets keine Rolle. Die Ukraine war unsichtbar.

Unausgesprochen bestand eine Voraussetzung der Ostpolitik darin, nicht über die Ukraine zu sprechen, dem eigentlich zentralen Thema der Erinnerungspolitik. Das Land hatte in den Dreißiger- und Vierzigerjahren unter einer doppelten Kolonialisierung gelitten, die sowohl von Moskau als auch von Berlin betrieben worden war. Die Annäherung zwischen Moskau und

Bonn in den Siebziger- und Achtzigerjahren verstärkte das Schweigen darüber.

Im 19. Jahrhundert war die ukrainische Nationalbewegung eine von vielen Nationalbewegungen in Europa. Am Ende des Ersten Weltkriegs versuchten die Ukrainer, wie auch andere Völker, die in zerfallenden Imperien lebten, einen eigenen Staat zu gründen. Dabei geriet die Ukrainische Volksrepublik zwischen die Fronten: Die Deutschen erkannten sie an, wollten aber ihre Nahrungsressourcen ausbeuten, und die Bolschewiki wollten die Ukraine zerstören. Die bolschewistischen Führer hatten keinen Zweifel daran, dass es ein ukrainisches Nationalgefühl gab. Alles andere wäre auch exzentrisch gewesen: Es gab eine Ukraine, sie taucht genauso in den Reportagen Joseph Roths auf wie in den Statistiken des Völkerbunds. Gerade weil die Ukraine eine Nation war, gründeten Lenin und seine Genossen die Sowjetunion als einen Zusammenschluss von Föderalrepubliken mit nationalen Namen. Dies ermöglichte Stalin schließlich eine Art innerer Kolonisierung der Ukraine und anderer Agrarregionen der UdSSR. Als sich die Kollektivierung der Landwirtschaft als ineffizient erwies, gab er den Ukrainern die Schuld und verordnete eine Reihe von Maßnahmen gegen die Ukrainische Republik der UdSSR, die zu etwa vier Millionen Hungertoten führten. Hitler seinerseits sah darin ein Vorbild. Auch er glaubte, dass die schwarze Erde der Ukraine ein lohnendes koloniales Projekt werden könnte. Die Ukraine sollte der Lebensraum sein, der es Deutschland ermöglichte, eine Weltmacht zu werden.

Im Zweiten Weltkrieg ging es also zwischen der Sowjetunion und dem Deutschen Reich um die Ukraine, wobei in der Sowjetukraine mehr Zivilisten starben als in Sowjetrussland. Wie auch mehr ukrainische Soldaten im Kampf gegen die Deutschen fielen als Amerikaner, Briten und Franzosen zusammen. Als Ergebnis der sowjetischen und deutschen Kolonialpolitik wurde die Ukraine zwischen 1933 und 1945 der gefährlichste Ort der Welt. All dies wurde nach dem Ende des Zweiten Weltkriegs in Bonn genauso wie in Moskau sehr aktiv ignoriert.

In den letzten Jahren der Bonner Republik zeigte sich im Historikerstreit ein grundsätzliches Problem dieser Erinnerungspolitik. Im Historikerstreit wurden hauptsächlich deutsche Quellen von deutschen Historikern benutzt, um mit Deutschen über andere Deutsche zu sprechen. Die wichtigste Regel postkolonialer Erinnerungspolitik aber lautet, auf die Stimmen der Kolonialisierten zu hören. In einer Debatte über den Holocaust wären das die Juden gewesen. Doch wie Saul Friedländer feststellte, gingen deutsche Historiker davon aus, dass jüdische Stimmen nichts zur Debatte beitragen oder von ihr ablenken würden, weil sie zu emotional seien. Tatsächlich war die Einbeziehung dieser Stimmen nicht nur unerlässlich, um das Grauen der Ereignisse zu begreifen, wie Friedländer betonte, sondern auch, um ihr Ausmaß zu verstehen. Nur etwa drei Prozent der im Holocaust ermordeten Juden sprachen Deutsch. Das bedeutete, dass man Jiddisch, Polnisch, Russisch, Ukrainisch, Tschechisch, Ungarisch und andere Sprachen hätte sprechen müssen, Sprachen, die von einer großen Zahl von Juden gesprochen wurden, aber fast nie von westdeutschen Historikern. Das Erlernen dieser Sprachen hätte einen Blick auf jenen Holocaust ermöglicht, der sich in osteuropäischen Gebieten während des deutschen Kolonialkriegs um die Ukraine abspielte. In den späten Achtzigerjahren fehlte eine solche Perspektive völlig. Als die Sowjetunion zu Ende ging, dachte in Westdeutschland kaum jemand an die deutsche Kolonialvergangenheit in der Ukraine. Und fast niemand kam auf die Idee, dass die Deutschen auf ukrainische Stimmen hören müssten, um einen Teil ihrer Vergangenheit zu verstehen. In diesem Sinne haben sich die deutschen kolonialen Traditionen fortgesetzt.

Natürlich sollte man die Herausforderungen des Kalten Krieges und der deutschen Wiedervereinigung nicht unterschätzen. Brandt und andere deutsche Politiker mussten unterschiedlichste Wertmaßstäbe und Interessen ausgleichen. Zwar lässt sich die Kontinuität einer deutschen kolonialen Haltung in der Berliner Republik mit dem Erbe der Vergangenheit erklären, trotzdem ist sie kaum zu rechtfertigen. In den 30 Jahren seit dem Ende der UdSSR waren es vor allem deutsche Historiker, die den kolonialen Charakter des Kriegs von 1941 aufzeigten, aber in der deutschen Politik oder in den öffentlichen Debatten in Deutschland fand das wenig Widerhall. Niemand schlug beispielsweise vor, dass Kiew das Zentrum einer neu ausgerichteten Erinnerungspolitik oder Ostpolitik sein sollte. Stattdessen verfestigten sich die Geschichtsmythen, die sich in der Bonner Republik bewährt hatten. Die Russen sollten als die Hauptopfer des Kriegs (nach den Juden) verstanden werden. Man reiste nach Moskau, um dort Absolution (und Erdgas) zu bekommen. Geschäfte mit Moskauer Autokraten waren durch den Zweiten Weltkrieg moralisch gerechtfertigt. Die Ukrainer wurden als Störenfriede betrachtet, die sich dieser Geschichte in den Weg stellten. Das war bequem, weil man so die Geschäfte mit Russland moralisch nicht infrage stellen musste. Wenn Ukrainer Russisch sprechen, warum sollten sie dann keine Russen sein? Wenn sie Ukrainisch sprechen, sind sie „Nationalisten" und haben die Lektionen des Zweiten Weltkriegs nicht gelernt. Diese Beschimpfungen waren nichts anderes als eine subtile Form kolonialer Überheblichkeit. Während des russischen Einmarschs in der Ukraine 2014 schienen die Deutschen fasziniert zu sein von den Geschichten über einen ukrainischen Nationalismus, die aber von der russischen Propaganda inszeniert wurden, damit sich die Deutschen überlegen fühlten. Das hat gut funktioniert. Die Ukrainer waren damals enttäuscht, weil die Deutschen ihnen nicht zuhören wollten. Sie hatten recht. Deutschland war eine ehemalige Imperialmacht, die ihre eigene imperiale Vergangenheit noch nicht aufgearbeitet hatte und stattdessen die Klischees einer anderen Imperialmacht präferierte.

Die Verwechslung von Verantwortung und Schuld wurde in den Zehnerjahren zu einer russischen Waffe. Innenpolitisch trieb Putin den breschnewschen Vergangenheitskult in eine eindeutig faschistische Richtung: hin zum Siegeskult, zum Führerkult, zum Todeskult. Für Putin ist heute jemand ein „Nazi", der in Russland einmarschiert ist oder von dem die russische Führung sagt, dass er in Russland einmarschieren könnte, oder jemand, der sich in irgendeiner Weise gegen Russland stellt. Eine ernsthafte Beschäftigung mit der Nazi-Ideologie fand und findet nur selten statt. Aus solch einer Perspektive ist es unmöglich, sich selbst als Faschisten zu sehen. Ein Faschist ist also per definitionem der andere, und ein Russe ist per definitionem ein Antifaschist – selbst wenn das, was er tut, offensichtlich faschistisch ist. Deswegen bleibt in Russland heute die Geschichte der russischen Kollaboration mit den Nazis völlig unerwähnt. Gesetze verbieten Debatten über den Molotow-Ribbentrop-Pakt, und das schwierige Thema stalinistischer Verbrechen, einschließlich der Hungersnot in der Ukraine, wird offiziell tabuisiert.

Russische Erinnerungspolitik ist also das genaue Gegenteil einer deutschen Erinnerungspolitik – und dennoch war dies für Deutschland nie ein Problem. Da Schuld die relevante Kategorie war und nicht Verantwortung, fragten die Deutschen nicht, wie eigentlich Russland mit seiner Vergangenheit umgeht. Schuldzuweisungen sind, wie Wladimir Putin weiß, ein Instrument zur Ausübung von Dominanz. Putin und seine Mitstreiter haben die deutsche Schuld sehr gern als politische Ressource genutzt. Innenpolitisch wurde der Nazi-Vorwurf jenen gemacht, die sich Putin in irgendeiner Weise widersetzten. Außenpolitisch war er ein Vorwurf, der andere dazu bringen sollte, das zu tun, was Putin wollte. Russen brüsten sich, wenn keine Deutschen im Raum sind, gern mit dieser Strategie. Die Tragödie der vergangenen Jahre aber besteht darin, dass die Deutschen Sühne für ihren Faschismus bei Leuten suchten, die offensichtlich selbst Faschisten sind.

Noch einmal: Der Molotow-Ribbentrop-Pakt war der Höhepunkt der Zusammenarbeit zwischen Berlin und Moskau und veränderte im wahrsten Sinne des Wortes die Welt. Vielleicht hätten die Diskussionen über die deutsche Energieabhängigkeit von Russland eine andere Wendung genommen, wenn der Pakt in der gemeinsam gestalteten Erinnerungspolitik Berlins und Moskaus öfter eine Rolle gespielt hätte. Auf den Molotow-Ribbentrop-Pakt jedenfalls folgten zwei Wirtschaftsabkommen, die es Deutschland ermöglichten, in weite Teile Westeuropas, und der Sowjetunion, in weite Teile Osteuropas einzumarschieren. Im Mittelpunkt dieser Abkommen standen deutsche Käufe sowjetischen Öls.

Natürlich ist die Situation heute in vielerlei Hinsicht anders. Aber wäre die Bedeutung des Molotow-Ribbentrop-Pakts der deutschen Politik bewusst gewesen, dann wäre es schwierig geworden, den Kauf von Erdgas aus Russland moralisch zu rechtfertigen. Stattdessen haben deutsche Zahlungen für fossile Energieressourcen zwei weitere russische Angriffskriege in Osteuropa mitfinanziert. Nach dem zweiten Einmarsch erklären die Deutschen nun, dass ihre Abhängigkeit von russischem Öl und Gas ihre politischen Möglichkeiten einschränke. Sich in diese Abhängigkeit zu begeben aber war eine bewusste politische Entscheidung, es hätte auch andere Möglichkeiten gegeben. Seitdem prägt diese Abhängigkeit die deutsche Diskussion, was wiederum die Defizite der Ostpolitik und Erinnerungskultur bestätigt. Gerhard Schröder ist da nur das vulgäre Symbol für ein allgemeines Phänomen.

Und so begann der Krieg von 2022, wie er begann, und nicht, wie ich ihn am Anfang dieses Textes beschrieben habe. Einige Deutsche, die sich gegen Krieg und Faschismus aussprachen, waren darauf nicht vorbereitet. Sehr starke Impulse, vielleicht sogar Reflexe, verleiteten sie dazu, das eigentliche und historisch belegte Opfer dieses Kolonialismus für einen neuerlichen Angriffskrieg verantwortlich zu machen. Oder sie glaubten, der beste Weg, mit Faschismus umzugehen, sei die Kapitulation. Und dennoch ist Deutschland nach wie vor die wichtigste Demokratie in Europa und vielleicht auch in der Welt.

Die Deutschen haben recht: Demokratie kann nur in ständiger Auseinandersetzung mit der Geschichte gedeihen. Der Haken dabei: Geschichte ist immer unbequem, weil Stimmen gehört werden müssen, die wehtun. Die Deutschen hätten schon vor 30 Jahren eine Debatte über die Ukraine beginnen müssen, nun fand sie in nur drei Monaten statt. In einem Moment solcher Kakofonie ist es unvermeidlich, dass man manchmal in alte koloniale Gewohnheiten zurückfällt oder sich selbst als Opfer betrachtet. Natürlich sind die Fortschritte der deutschen Debatte und der deutschen Politik ermutigend, aber es muss seine Geschichte aufarbeiten, gerade jetzt, in diesen Wochen und Monaten, die ja ebenfalls in die Geschichte eingehen werden. Deutschland hat die Chance, mit seiner kolonialen Tradition zu brechen, und die Chance, in einem Krieg gegen den Faschismus endlich auf der richtigen Seite zu stehen. Die deutsche Demokratie braucht das, und wir anderen (nicht nur die Ukrainer) brauchen die deutsche Demokratie.

Deutschsprachige Erstveröffentlichung: *Spiegel*, 27.05.2022, https://www.spiegel.de/ausland/ukraine-krieg-warum-faellt-es-deutschland-so-schwer-von-einem-faschistischen-russland-zu-sprechen-a-6511c1ca-e90b-4497-a88f-76d7453a244d [Zugriff: 22. Dezember 2022]

IRGENDWIE IST ALLES TEURER ALS UKRAINISCHE LEBEN

Kateryna Mishchenko – 28. Mai 2022

Zu viele Opfer: Der Preis, den die Ukrainer für ihren Heroismus zahlen, ist zu hoch.

Kulturnachrichten aus der Ukraine, gelesen in einer Minute: Tod eines begabten Studenten der Charkiwer Schule für Architektur, Sacharij Jusupow. Tod eines Musikers aus Zhytomyr, Slawa Tschudowskyj. Verschwinden des Künstlers Bohdan Sisa, nachdem er das Verwaltungsgebäude in Krimer Jewpatoria mit blauer und gelber Farbe begossen hat.

Danach führe ich ein Telefonat mit meinem Vater: „Erinnerst du dich an den Sohn meines Mitarbeiters, der vor einem Monat in Awdijiwka war?", fragt er. „Ja." – „Der Mann ist tot. Sein Körper ist noch irgendwo dort und wird bald nach Poltawa transportiert."

Später sagt mir mein Vater, dass der Körper nicht gefunden wurde, wahrscheinlich ist der Mann doch in Gefangenschaft geraten. Das ist eine kleine Hoffnung für seine Familie. Für diese Nachrichten und Gespräche[87] gibt es eine Kulisse – das sind meine Arbeit und mein Leben in Berlin. Manchmal ist es schwer zu sagen, welche der zwei Welten, zwischen denen ich täglich pendele, die wahre, die wirkliche ist. Aus der Zwischenposition gibt es jedoch auch einiges zu berichten.

Vor Kurzem musste ich hier in Berlin zwei öffentliche Diskussionen über die mediale und künstlerische Vermittlung von Kriegserfahrungen organisieren. Dabei ist mir die Unruhe aufgefallen, die die aus der Ukraine eingeladenen Referentinnen implizit äußerten. Eine Frau arbeitet als Medienredakteurin aus Kiew. Sie fragte mich vor dem Auftritt, ob die Moderatorin, eine deutsche Slawistin, nicht doch zu viel Mitgefühl für die russischen Belange hätte.

Es war so viel Fragilität in ihrer vorsichtigen Frage, dazu kam noch ihre Müdigkeit. Sie war erschöpft nach der langen Fahrt aus der ukrainischen Hauptstadt und entkräftet von Kriegsgeschichten, die sich täglich gnadenlos anhäufen. Das Letzte, womit sie es jetzt zu tun bekommen wollte, war Verständnis für russische Künstlerinnen und Künstler.

Keine Pflicht, sich mit der russischen Perspektive auseinanderzusetzen

Ein paar Tage danach fragte mich eine andere Geladene, wer noch alles an diesem Panel teilnehme. Es wäre problematisch, wenn auch Russen auf dem Panel mitreden würden. Mein Gott, dachte ich, warum sind diese Frauen so misstrauisch? Warum glauben sie von mir als Organisatorin, dass ich Russen einladen würde? Dann ist mir eine andere Art der Müdigkeit klar geworden – jene, die sich wegen der Ignoranz und des viel besprochenen Russlandverstehertums eingestellt hat. Wenn Ukrainer zu Wort kommen, müssen Russen mitsprechen, so die gängige Vorstellung. Als wären wir ohne russische Übersetzung für deutsche Ohren irgendwie missverständlich.

Dass die Ukrainer nicht automatisch verpflichtet sind, sich mit der russischen Perspektive auseinanderzusetzen, dürfte nun langsam klar sein. Dafür musste ein brutaler Krieg ausbrechen. Unsere Sehnsucht nach einem sicheren Raum wird nun von unseren ausländischen Kollegen eingesehen. Aber das grundsätzliche Recht auf Sicherheit, weit außerhalb des kulturellen Diskurses, bleibt irgendwie utopisch. Und das ist eine konstruierte Utopie.

Während ihrer Reise nach Berlin dachte die Kiewer Redakteurin sehr viel darüber nach, was sie und mit welchem Fokus sie berichten sollte, damit die Menschen im Stahlwerk in Mariupol[88] gerettet werden könnten. Später, beim Lesen der Nachrichten über den Transport von Verwundeten aus dem Stahlwerk in die von Russland besetzten Städte, fragte ich mich: Ist wirklich alles Mögliche getan worden? Natürlich nicht.

Genug Varianten für Grabsteinsprüche

Vor allem, wenn man den Verzicht auf eine Flugverbotszone über der Ukraine nicht für natürlich hält. Viele Piloten, die nach

Mariupol flogen, um Hilfe zu liefern, sind gestorben. Warum?, frage ich mich. Und weiß es: Ukrainische Leben sind weniger kostbar. Das ist keine Selbstverständlichkeit, sondern eine ethische Wahl.

Überall höre ich von dem Preis, den die Ukrainer für ihren Heroismus zahlen: für europäische Zugehörigkeit, für westliche Sicherheit, für europäische Werte, für eine liberale Demokratie, für eigene Freiheit und Zukunft. Genug passende Varianten für Grabsteinsprüche (wenn man Glück hat und nicht in einem Massengrab landet). Selbst Putin sichert mit ukrainischen Opfern seine Herrschaft im Land.

Unsere Leben sind preiswert. In Europa sind wir nach wie vor billige Arbeitskräfte, auch während des Kriegs. Waffen dürfen wir monatelang erflehen,[89] die notwendigen Papiere liegen wochenlang in den Kanzleien. Aber bloß keine Flugverbotszone! Die Lieferung schwerer Waffen verletzt die pazifistischen Gefühle deutscher Intellektueller – einfach nur Sanktionen sind preiswerter.

Irgendwie ist alles teurer als ukrainische Leben. Irgendwie darf die Ukraine nicht gewinnen, auch wenn es nicht laut ausgesprochen wird. Diese politökonomische Logik sollte umgehend infrage gestellt werden! Aber nicht mittels weiterer Opfer, sondern mittels einer kritischen Position der Menschlichkeit.

Erstveröffentlichung: *Tagesspiegel*, 28. Mai 2022, https://www.tagesspiegel.de/kultur/irgendwie-ist-alles-teurer-als-ukrainische-leben-4335349.html [Zugriff: 22. Dezember 2022]

DIE RUSSISCHE SCHULD

Boris Schumatsky – 29. Mai 2022

Bevor Russland die Ukraine überfiel, schrieb ich ein Buch über Paul Celan. Seitdem kann ich nur noch eins: verfolgen, wie sich die Ukrainer wehren, auf dem Schlachtfeld und in den sozialen Netzwerken. Gleich in der ersten Kriegswoche fiel mir etwas auf, was auch schon Celan erlebt hatte. Das werde ich hier aufschreiben.

Beide Eltern Celans waren als Juden im KZ getötet worden, und im Nachkriegsdeutschland fühlte sich kaum jemand dafür schuldig. Celans Leser und Freunde sahen sich in erster Linie selbst als Opfer Hitlers, der Royal Air Force, der Siegerjustiz. In den ukrainischen Bombenkellern, wenn es dort Netzempfang gibt, können die Leute lesen, wie sich ihre russischen Freunde auf allen Kanälen darüber beklagen, dass ihr Berufsleben von Putin zerstört wurde und wie sie unter den westlichen Wirtschaftssanktionen leiden, die sie manchmal als „Teppichbombardierungen" bezeichnen. Die Menschen in Kyjiw oder Charkiw schicken ihnen Bilder und Videos, Trümmerstraßen und Leichen. Hat das Putin wirklich allein getan? fragen sie, und die Russen, die bis vor einigen Wochen ihre Kollegen oder Geschäftspartner waren, schießen mit Zitaten von Hannah Arendt zurück. Kollektivschuld diene nur dazu, die wahren Schuldigen zu entlasten. Sie selbst seien ja immer gegen Putin gewesen und jetzt würden sie gecancelt, ihr Paypal gesperrt, ihre Honorare auf Patreon unzugänglich gemacht.

1958, als Paul Celan seine Gedichte an der Uni Bonn las, zeichneten die Studenten eine antisemitische Karikatur über ihn und brachten sie in Umlauf. Celan schrieb darüber seinem Freund Heinrich Böll und bat ihn um Hilfe. Böll antwortete mit einer Postkarte, er habe keine Zeit, er müsse ein Romanmanuskript abschließen, das auch eine Antwort an Celan enthalten würde. In diesem Roman „Billard um halb zehn" sind Juden fast vollständig abwesend, Bölls Mitleid galt ungeteilt den guten Deutschen, die von den anderen Deutschen, die vom „Sakrament des Büffels" gekostet hatten, schikaniert, in den Krieg geschickt, ausgepeitscht und hingerichtet wurden. Ich glaube, Celan erwartete von Böll oder anderen deutschen Freunden keine Buße, vielmehr hoffte er vielleicht einfach auf ein stilles Entsetzen angesichts millionenfacher Morde. Doch niemand von ihnen schien sich diese einfache Frage zu stellen: Bin vielleicht auch ich selbst nicht unschuldig? Habe ich jemals, wenn auch nur beiläufig, etwas gegen die Juden gesagt oder getan? Oder jemals die verlorene Größe Deutschlands beklagt?

Im Krieg gegen die Ukraine hat die Nachkriegszeit bereits begonnen, zumindest für uns, die nicht oder noch nicht in die Schusslinie geraten sind. Bilder und Stimmen der Opfer und der Mörder brauchen keine Jahre, oft nur Minuten, um mich zu erreichen. Sie sind da, und ich frage mich, ob ich mich nun zu den guten Russen zählen möchte, die jetzt allen erzählen, dass sie immer gegen Putin waren, dass sie seine Geiseln, seine Opfer seien, genau wie die Ukrainer. Mir stellt sich eine andere Frage: Habe ich jemals, wenn auch nur beiläufig, etwas gesagt, getan, geteilt, was zu diesem Krieg geführt hat? Die Antwort ist: Ja.

Krystyna

„Ich bitte um Entschuldigung", sage ich auf Russisch gleich im Flur meiner Berliner Wohnung, aber Krystyna, die erst vor wenigen Tagen mit zwei Kindern aus Kyjiw geflohen ist, lässt mich nicht ausreden. Sie spricht Ukrainisch, weil ihr die russische Floskel nicht einfällt, *nichoho ne mozhemo zrobyty*, nichts können wir tun. Ich versuche, ihr dennoch zu erzählen, dass ich vor bald dreißig Jahren von Moskau nach Berlin gezogen bin, dass ich ein Buch gegen Putin geschrieben habe. Krystyna nickt, sie will nicht, dass ich mich schuldig fühle, dann wiederholt sie, dass wir nichts für den Krieg können. Was ich aber kann, ist, Krystyna, die übrigens anders heißt, mit der Wohnung und einer Handykarte zu helfen, meine Entschuldigung nutzt ihr nichts. Es ist ohnehin verlogen, sich zu entschuldigen, ohne sagen zu können, wofür. Besser gar nichts sagen, schweigen, das kann ich aber auch nicht. Ich kann nicht über Paul Celan schreiben und zugleich die Haltung seines deutschen Umfelds annehmen, die ihn mit in den Selbstmord getrieben hatte: Ich war's nicht, der Führer ist es gewesen. Ein Vernichtungskrieg wie der russische Überfall der Ukraine ist aus einem Wahn gewachsen, und ob ich's wollte oder nicht – ich steckte mittendrin.

Der Siegeswahn

Ich bin in Moskau, im Zentrum einer militaristischen Sekte aufgewachsen, die einen längst vergangenen Kriegssieg anbetete. Wir Schüler standen an Soldatendenkmälern Spalier, wir marschierten bei Siegesparaden, Kriegslieder im Chor singend. Ich hätte wohl darüber gelacht, doch ich sah, wie todernst die Erwachsenen diesen Krieg nahmen, sogar meine Eltern, die sonst alles verabscheuten, was von der Obrigkeit kam. Am schlimmsten war der Feiertag des Sieges am 9. Mai. Zuhause klingelte ständig das Telefon. Mein Vater nahm den Hörer ab, sagte, *Euch auch*, oder *Ihnen auch*. Er rief auch selbst Bekannte an, und statt „Hallo" hörte ich ihn sagen, *S dnjem pobedy*, alles Gute zum Tag des Sieges! Von allen Verwandten und Freunden, die meine Eltern anriefen, war nur Tante Katja im Krieg gewesen, mein Großvater ist dort gefallen, wie Millionen andere. All diese Toten leisteten ihren Kriegsdienst jedoch weiter, in immer neuen Kriegen, bis heute.

Sicherlich hat Hannah Arendt Recht, wenn sie sagt: Wo alle schuldig sind, ist es keiner. Trotzdem gibt es eine Schuld, die zu gering für Gesetzbücher ist. Ich weiß nicht erst seit gestern, nicht seit dem Tag des Ukraineüberfalls, wozu der Siegeskult da war, und dennoch habe auch ich meinen Verwandten jedes Jahr „zum Tag des Sieges" gratuliert. Ich habe die Ansteckungskette des Kriegswahns nicht unterbrochen, ich kenne niemanden, der das getan hätte. Aus Hundertmillionen sowjetischer Siegesglückwünsche sind Schüsse auf die Ukrainer geworden, und darunter waren ein paar Dutzend meine.

Obida

In einer frühen Erzählung von Heinrich Böll schreibt ein Schüler das Wort Gerächtigkeit mit einem ä, abgeleitet von Rache. Das leuchtet mir sofort ein, auch Russland leitet sich von Rache ab, von seiner Rache an den Westen. Auf Russisch nennt man es Obida, eine Mischung aus Beleidigtsein und Rachsucht. Es ist in Russland ein Allgemeinplatz, dass „sie", die Westler, „uns nicht mögen". Das wird heute in Talkshows als der eigentliche Kriegsgrund formuliert, und ohne diese tiefsitzende Rachsucht – das Wort Ressentiment kratzt nur an der Oberfläche – hätten die meisten Russen den Ukrainekrieg nicht unterstützt, der nicht allein für Putin ein Krieg gegen den Westen ist. Ich weiß nicht, wann diese Obsession entstand, aber ich erinnere mich noch gut, wie ich mich als Jugendlicher von heimatverliebten Gedichten Fjodor Tjutschews hatte einlullen lassen. Das arme Russland würde von hochmütigen Fremdländern „nicht verstanden, nicht geschätzt". Ich weiß noch, wie es sich anfühlte, sich vom Westen ungeliebt zu fühlen, von dem ich damals keine Ahnung hatte. Übrigens war Tjutschew im russischen Auslandsamt tätig, und er war auch derjenige, der den politischen Begriff „Russophobie" geprägt hat.

Nach dem Ukraineüberfall habe ich mir meine alten Artikel herausgeholt, und wie ich befürchtet habe, sind nicht alle gut gealtert. Am Anfang des zweiten Tschetschenienkrieges veröffentlichte ich einen Text über die westliche Russophobie. Ich machte mich lustig über Ronald Reagan für seinen Spruch, die Sowjetunion sei das Reich des Bösen, und ich griff André Glucksmann an. Der französische Philosoph wollte damals Sanktionen wegen der russischen Kriegsverbrechen in Tschetschenien durchsetzen. Ich habe die Kriegsverbrechen nicht verharmlost, und doch stellte ich Glucksmanns Forderung als russlandfeindlich dar. Ich schrieb, dass sich im Westen der böse Russlandmythos durchgesetzt habe: „Blut statt Poesie, Kalaschnikow statt Balalaika". Mein Artikel wurde in Russland übersetzt, weil er so gut die gierige russische Obida – das Beleidigtsein – nährte. Er feuerte den damaligen Krieg genauso an wie das modische Narrativ über Russland als Opfer des kolonialen Blicks den heutigen Krieg anfeuert, und auch ich habe etwas Öl in diesen Erdbrand geschüttet.

Die Moskali

Im Jahr der Krim-Annexion, in der Berliner Küche eines guten Freundes, der kurz davor aus Russland ausgewandert war, fragte ich in die Gästerunde – es war noch ein Journalist und ein Komponist dabei, beide aus Russland –: „wann seid ihr denn aus Moskau weggezogen?“ Ich meinte, ob sie den Ukraineüberfall von 2014 vorausgeahnt hätten oder erst danach geflohen seien. Eigentlich, antwortet der Komponist, komme er aus St. Petersburg. Der Journalist kam aus Sibirien. „Ist dir bewusst“, sagte der Gastgeber, der auf der Krim geboren wurde, „dass du hier der einzige Moskauer bist?“ In diesem Moment war mir meine hauptstädtische Arroganz einfach peinlich.

Heute weiß ich es besser. Ich hatte damals seit mehr als zwanzig Jahren in Deutschland gelebt und dennoch hatte ich in mir, in meiner Sprache das Moskau-Virus getragen. Im Ukrainischen, im Belarussischen und im Polnischen gibt es ein Wort für den größenwahnsinnigen Russen: Moskal. So hießen ursprünglich alle Soldaten und Beamte des Zaren, auch wenn sie aus St. Petersburg befehligt wurden. Leute, die bewusst oder unbewusst die Sprache der Großmacht sprachen. Natürlich sind heute nicht alle Russen und nicht alle Moskauer in diesem Sinne Moskali, politisch bin ich gewiss keiner, doch erst jetzt wird mir klar, wie oft ich wie ein Moskal gesprochen haben muss. Selbstvorwürfe nützen im Krieg nichts, doch hätte Russland nach dem Tod Stalins oder nach dem Zusammenbruch der Sowjetunion einen nüchternen Blick auf sich selbst geworfen, dann würden sich die Moskali heute wahrscheinlich keine anderen Länder einverleiben wollen.

Todbringende Rede

„Wir fetten die Pfanne meistens mit einem Stück Speck ein“, sagt Krystyna, als wir zusammen Pfannkuchen machen. Sie schaut mich etwas unsicher an, weil sie weiß, dass die Ukrainer auf Russisch gern als tölpelhafte Speckfresser verhöhnt werden. Ich halte ihren Blick nicht aus. Krystyna meint, dass wir natürlich auch Öl nehmen können, und ihre Stimme klingt genauso wie die Stimmen aus den Kriegsvideos, ein weiches h, ein frikatives g. In meinem Ohr klang dieses ukrainische Russisch früher tatsächlich irgendwie roh und ungebildet, es roch nach Schnaps und Kohl und Speck. In der russischen Literatur wurde die ukrainische Sprache

„kleinrussisches Idiom“ genannt, weil die Ukraine ja für sie nur Kleinrussland war, Russland Großrussland hieß und sie selbst noch als die große russische Literatur galt.

Auch meine Sprache muss für Krystyna befremdlich klingen. Ich spreche ein Imperialrussisch mit langgezogenem a statt o, wie man es in Moskau spricht, in Maaskwaa. Es ist auch bereits ein bisschen eingerostet, und wenn mir beim Pfannkuchenbacken ein russisches Wort nicht gleich einfällt, hilft mir Krystyna, für die Russisch eine Zweitsprache ist, immer wieder auf die Sprünge: Schöpflöffel, Mobilfunkanbieter, Raketeneinschlag. Danke, sage ich zu ihr, und ich versuche, das a schnell auszuspucken. Den Akzent, den Krystyna hat, höre ich nicht mehr.

Es fällt mir jetzt nicht schwer, Abstand von meinem Russisch und vom Russischen zu nehmen. Ich schreibe ja in einer anderen Sprache, wenn auch mit russischem Akzent. Für Paul Celan war Deutsch die Sprache seiner Dichtung und zugleich die Sprache der Mörder seiner Mutter. Er sprach einmal von einer „todbringenden Rede“ im Deutschen, die den Krieg und die Shoah mitverursacht hatte. Deutsche Gedichte musste er „als ein Verbrannter schreiben“. Schließlich verbrannte Celan daran auch wirklich, nur nicht wörtlich, er ging ins Wasser, in die Seine, und seine Sprache rettete er herüber in unsere Zeit.

In meiner Muttersprache gibt es auch eine todbringende Rede. Die russische Amtssprache, die den tödlichen Patriotismus verbreitet, scheint zugleich Angst vor sich selbst zu haben. Statt Explosion sagt sie Knall, Rauchentwicklung statt Brand, Negativwachstum statt Rezession. Selbst die Gegner Putins sprechen dieses verängstigte Russisch, und wenn sie aus Russland fliehen müssen, dann fahren sie nicht weg, sie hauen nicht ab, sondern sie *relozieren sich*. Es war nicht wirklich nötig, das Wort „Krieg“ unter Strafe zu stellen, die Sprache traut sich ohnehin nichts.

Es gibt noch ein anderes als dieses russische Russisch, vielleicht sogar in Russland selbst, aber neulich fand ich es in der Ukraine. Hier kann die Sprache wahr sein, sie kann aussprechen, was Sprachen sonst kaum aussprechen können, was sie in Russland nicht aussprechen darf. Ich übersetze es so gut ich kann. Ein Mann, er heißt Tolik, schrieb einen Zettel an einen Dima, wahrscheinlich seinen Sohn. Tolik ist in Mariupol unter russischem Beschuss geblieben, den Zettel hat er jemandem mitgegeben, der fliehen konnte. „Dima [Nachname] Tel: [Mobilnummer] / Der Sohn von Tolik [Straßenname] 5 Whg. 57 / Bitte ausrichten: Mama ist am 9. März 2022 ums Leben gekommen. Sie starb schnell. Dann brannte das Haus ab. Dima verzeih mir, dass ich sie nicht schützen konnte. Ich habe Mama neben dem Kindergarten begraben."

Tolik sagt wörtlich, am Kindergärtchen, so wie man mit Kindern spricht, und über die Mutter schreibt er, sie sei gefallen, das kann auf Russisch nicht nur Soldaten passieren. Weiter schreibt er nichts, er zeichnet einen Plan, den Hof eines Wohnhauses, der auch zu meinem Kindheitshaus in Moskau passen würde: der Kindergartenzaun, eine Wärmefernleitung, Baum, Baum, Baum und dann ein kleines Viereck mit der Markierung für die Tiefe, 2,0 m. Unten auf dem Blatt ist noch Platz, Tolik fügt etwas hinzu, was sich nach diesen Nichtworten gerade noch schreiben lässt, ein Ich liebe dich.

Erstveröffentlichung: *Frankfurter Allgemeine Zeitung*, 29. Mai 2022, https://www.faz.net/aktuell/feuilleton/debatten/boris-schumatsky-ueber-die-russische-schuld-18059253.html [Zugriff: 22. Dezember 2022]

ENTFESSELTE GEWALT ALS NORM

Sergej Medwedew – 3. Juni 2022

Irpin, Butscha, Mariupol... Die beispiellose Gewalt, die die russische Armee auf dem Gebiet der Ukraine sät, so schreibt der Historiker Sergej Medwedew auf „Holod", hat ihre Wurzeln in der russischen Gesellschaftsstruktur.

Nach hundert Tagen Krieg stumpft die Fähigkeit ab, entsetzt und schockiert zu sein. Doch dann tauchen neue Beweise für die Gräueltaten der russischen Armee auf, und man stürzt wieder in den Abgrund.

Anfang April holten russische Soldaten im Dorf Termachiwka bei Kyjiw fünf junge Männer von der Straße, fesselten sie, legten sie im Kreis auf ein Feld, ließen sie zwei Wochen lang so liegen, ein Gewehr auf sie gerichtet. Nachts fielen die Temperaturen auf -10 Grad Celsius, es schneite. Einem der Männer schossen sie ins Bein. Neun Tage lag er mit der offenen Wunde da. Dann schleppten die Soldaten die Leiche eines Dorfbewohners an und warfen sie in die Mitte des Kreises: „Damit ihr gut schlafen könnt."

Diese Soldaten haben wohl kaum den Film „Grus 200" (Cargo 200) von Alexej Balabanow gesehen – dem prophetischen Regisseur, der unter anderem das Phänomen des russischen Faschismus vorausgesagt hatte –, doch von ihren perversen Fantasien hätte selbst der verstorbene Filmemacher noch etwas lernen können.

Was seit drei Monaten in der Ukraine passiert, ist eine Orgie epischer, entgrenzter Gewalt. Mit Massenerschießungen und bestialischer Folter, der Ermordung von Zivilisten, einfach so, aus Langeweile, zum Spaß, mit Vergewaltigungen und Morden von Eltern vor den Augen ihrer Kinder und umgekehrt, mit Gewalt an Frauen und Mädchen im Alter von acht bis 80 Jahren. Diese Berichte zu lesen ist unerträglich, aber notwendig, aus einer Pflicht des Mitgefühls und der Empathie heraus, aber auch im Versuch zu verstehen, woher dieses archaische Böse kommt, das die russische Armee über das Land gebracht hat, aus welchen irdischen Abgründen, aus welchen Albträumen und Horrorfilmen? Hat in Russland eine genetische Mutation stattgefunden, die gleichgültige Sadisten hervorgebracht hat, die jetzt auf ukrainischem Boden angekommen sind?

Die Überlebenden, die Zeugen dieser Gräueltaten wurden, erzählen davon gar nicht so sehr voller Angst als vielmehr maßlos erstaunt: „Wpersche take batschymo", sowas sehen wir zum ersten Mal, „Wir hatten keine Vorstellung davon, dass so etwas möglich ist".

Routinepraktiken der russischen Gewaltapparate

Man muss nicht Fjodor Dostojewski, Juri Mamlejew oder Vladimir Sorokin sein, um die dunkelsten Winkel der russischen Seele zu erkunden. Man braucht sich nur die Chronik der Polizeigewalt anzusehen, die Folter auf den Polizeirevieren und in den Strafkolonien, die Verbrechen der Armee, um zu verstehen, dass die Ereignisse in Butscha, Irpin und in den ganzen anderen von den Russen okkupierten Städten und Dörfern weder Exzess noch Pathologie sind. Sie sind vielmehr ein Teil der Norm, Routinepraktiken der russischen Gewaltapparate.

Die Journalisten von „Projekt" haben die Vorgeschichte der russischen Einheiten aufgedeckt, die in Butscha stationiert waren – der Name dieses Dorfes bei Kyjiw wird ab jetzt sprechend sein, wie Katyn oder Samaschki.

Und wie sich zeigt, handelt es sich um Einheiten, die auch in Friedenszeiten für ihre Brutalität bekannt waren. So ist zum Beispiel die 64. motorisierte Schützenbrigade der 35. Armee aus Chabarowsk daheim berühmt-berüchtigt. Ihren Rufnamen „Mletschnik" benutzt man sogar, um Kindern einen Schrecken einzujagen. Immer wieder kommt es dort zu Selbstmorden, Wehrdienstleistende und Vertragssoldaten fliehen aus der Einheit; allein im Februar 2014 gab es in der Truppeneinheit 51460, die in Knjas-Wolkonskoje stationiert ist, sieben Todesfälle innerhalb von drei Wochen. Es ist bezeichnend, dass Wladimir Putin gerade dieser Einheit nach dem Abzug aus dem Gebiet um Kyjiw den Ehrentitel einer Gardeeinheit verliehen hat – als würde er sie für die Kriegsverbrechen auszeichnen, die sie begangen hat.

Einheiten, die auch in Friedenszeiten für ihre Brutalität bekannt waren

Eine ähnliche Spur zieht die 127. motorisierte Schützendivision der 5. Armee hinter sich her, ebenfalls im Fernen Osten stationiert: Sie taucht regelmäßig in den Verbrechensberichten auf, und in ihrem Umkreis findet man Leichen von Soldaten ohne Kopf.

In Butscha waren nicht irgendwelche Fanatiker am Werk (es gab Gerüchte über Spezialeinheiten der Rosgwardija und von tschetschenischen Truppen – wobei offenbar auch die an den brutalen Massakern beteiligt waren), sondern reguläre Einheiten der russischen Armee, die allen Reformen von Anatoli Serdjukow und großangelegten Imagekampagnen zum Trotz nach wie vor auf Brutalität als einzigem Mittel der Führung setzt.

Kriegsverbrechen blieben ungestraft

Jeffrey Hawn von der London School of Economics and Political Science hat die gewalttätigen Praktiken der russischen Armee erforscht. Er kommt zu dem Schluss, dass die Kriegsverbrechen der russischen Armee im 21. Jahrhundert – von Tschetschenien und Georgien über Syrien und den Donbass bis hin zum Beginn der aktuellen Phase des Kriegs – ungestraft geblieben sind. Die russischen Streitkräfte haben im Unterschied zu den westlichen Armeen keine institutionelle Kultur entwickelt, die die Verluste unter der Zivilbevölkerung minimieren würde: In der russischen Armee existieren keinerlei Schutzmechanismen gegen ungerechtfertigte, willkürliche Gewalt.

„Die heutigen Gräueltaten der russischen Armee resultieren aus der latenten Unfähigkeit, das Erbe ihres sowjetischen Vorgängers zu überwinden", sagt Hawn. „Letalität und Sieg um jeden Preis bleiben die obersten Prioritäten der russischen Armee."

Das Gleiche gilt auch für die anderen Institutionen des russischen Machtapparats: die Polizei, die OMON-Einheiten an die Front schickt, die Russische Garde, das Strafvollzugssystem. In den vergangenen Jahren sind dank der Verbreitung von mobilen Endgeräten in den Strafvollzugsanstalten und dem Zugang zu sozialen Netzwerken Terrabytes von schockierenden Beweisen für Folter, Missbrauch und Vergewaltigungen an die Öffentlichkeit gedrungen, die seit Jahrzehnten zur gängigen Praxis in den russischen Gefängnissen gehören und zur Norm im Umgang der Verwaltung mit den Häftlingen und der Häftlinge untereinander geworden sind.

Die russische Gefängniswillkür ist über die Grenzen des Landes gedrungen

In der Ukraine kämpfen heute Soldaten, die aus den depressivsten und kriminellsten russischen Regionen kommen, wo die Gefängnissubkultur die männliche Bevölkerung maßgeblich prägt: Die meisten Männer haben entweder selbst gesessen oder haben enge Freunde und Verwandte, die gesessen haben, die Jugendlichen dort sind in die Netzwerke der AUE involviert – und jetzt ist diese Ordnung mit ihren „Sitten" und Praktiken der extremen physischen und sexualisierten Gewalt auf die okkupierten Gebiete der Ukraine übergeschwappt: Die russische Gefängniswillkür ist über die Mauern der Lager und über die Grenzen des Landes gedrungen.

Dabei beschränkt sich die Gewalt nicht auf staatliche Institutionen, sie herrscht auch in den Familien, in den Beziehungen zwischen Mann und Frau, Eltern und Kindern, Jüngeren und Älteren, Vorgesetzten und Untergebenen. Sie dringt aus den abgefangenen Telefongesprächen zwischen russischen Soldaten und ihren Kommandeuren, in denen Mat, Drohungen und Demütigungen grassieren. Aus den Telefonaten und Chatnachrichten der Soldaten mit ihren Familien, in denen sich rührselige Sentimentalität mit Grausamkeit und Zynismus vermischt, in denen Ehefrauen ihren Männern sagen, was sie in den Häusern der Ukrainer essen und welche Schuhgröße sie mitnehmen sollen, und andere sie ermahnen: „Beim Vergewaltigen der ukrainischen Weiber nimm ein Kondom."

Diese Gewalt ist der russischen Gesellschaft in Fleisch und Blut übergegangen, sie ist zum Erkennungscode für das Sozium geworden, das auf Hierarchie und Unterwerfung gründet, auf dem Wegnehmen und Aufteilen von Ressourcen, in dem die rohe Gewalt über der Moral steht und die Macht über dem Gesetz.

Diese Ordnung wird abgesegnet durch das Verhalten der regierenden Schicht, die das einfache Volk mit ihren Blaulicht-Limousinen zu Tode fährt, die immer ungestraft davonkommt; sie wird abgesegnet durch die Reden von Präsident Putin, der lehrt, dass man „die Schwachen haut“ und man „als Erster zuschlagen muss“, und dafür tosenden Applaus erntet.

Staatlich sanktionierte und ideologisch begründete Gewalt

Normalerweise ist diese Gewalt, die die soziale und politische Ordnung im Land aufrechterhält und legitimiert, für den inneren Gebrauch reserviert, aber jetzt ist sie zum ersten Mal – mit einer zweihunderttausendköpfigen Invasionsarmee – massenhaft über die russischen Grenzen geschwappt, staatlich sanktioniert und ideologisch begründet. Putins Äußerungen zu den „Nazis und Drogenabhängigen“, die er aus den Propagandafakes aufgeschnappt hat (die ihm offensichtlich als Hauptinformationsquelle über die Lage in der Welt außerhalb seines Bunkers dienen), nehmen die Besatzer wörtlich und fragen die überraschten Ukrainer, in deren Häuser sie einbrechen: „Wo sind denn hier die Nazis?“.

Wenn wir versuchen zu verstehen, was hinter der Bestialität der russischen Besatzer in der Ukraine steckt, sehen wir, dass das Problem nicht einzelne Sadisten und Marodeure sind, sondern das russische System selbst.

Um bei der Militärmetapher zu bleiben: Russland ist genäht wie ein Soldatenmantel. Nicht wie der von Akakij Akakijewitsch, aus dem die ganze russische Literatur hervorgegangen ist, sondern wie die Uniform eines einfachen Soldaten, eines der grundlegenden Archetypen einer ewig kämpfenden Nation. Der Mantel hat eine Außen- und eine Innenseite. Auf der Außenseite – rau, grob und durchgescheuert von den Jahrhunderten – ist das Land, das Imperium, die Weite, der Krieg, die Panzer und Flugzeuge, die Atombombe, das All, die Kultur, Moskau und Petersburg, Kirchen und Schlösser. Auf der Innenseite, für die Außenwelt unsichtbar, aber eng am Körper anliegend, sind Sklaverei, Pöbel, Kriminalität, Lüge, Tyrannei und die unentrinnbare Grausamkeit des russischen Lebens.

Wir haben uns daran gewöhnt und tragen sie, uns ständig juckend und kratzend; vereinzelte Patrioten sind sogar der Ansicht, dass das der Preis für unsere Größe sei und sind heimlich stolz auf diese Ordnung des russischen Lebens: Unser Garten mag nicht gejätet sein, und unsere Notdurft verrichten wir im Freien, aber dafür haben wir das Ballett, die Literatur, eine rätselhafte Seele und ein riesiges Imperium.

Russland hat sich der Welt so präsentiert, wie es wirklich ist

Aber jetzt ist etwas durcheinandergeraten: Russland hat sich „entblößt", den Soldatenmantel umgekrempelt und seine ganze innere Schäbigkeit in Form der „Invasionsarmee" enthüllt. Es hat der ganzen Welt die sinnlose russische Wut, die finstere Barbarei, seine Verbrechermentalität, Grausamkeit, Gewalt und die Verachtung gegenüber der menschlichen Würde und dem menschlichen Leben präsentiert, sowohl dem der Ukrainer als auch dem der eigenen Soldaten.

All die nationalen Merkmale, mit denen wir gelernt haben zu leben, sind plötzlich sichtbar geworden: Die ungeflickten Löcher, die Schwachstellen, schiefen Nähte, der halbverrottete Stoff des russischen Soldatenmantels sind ans Tageslicht getreten, und das ist nicht mehr eine Katastrophe für die Reputation, sondern für die Zivilisation. Sie zerstört die Macht der Inszenierung, auf der Russland die letzten paar Jahrhunderte gegründet war: Die äußere Form des Landes, die sich in diesem obszönen Krieg offenbart hat, entspricht nun seinem Inhalt – Russland hat sich der Welt so präsentiert, wie es wirklich ist.

Man kann schockiert sein angesichts des abgrundtiefen Bösen, das sich in Butscha und Mariupol aufgetan hat, aber man sollte sich nicht darüber wundern: Ganz Russland ist unser Butscha.

Aus dem Russischen von Jennie Seitz

Erstveröffentlichung des Originaltexts: Sergej Medwedew, "Rossija naiznanku", *cholod*, 3. Juni 2022, https://holod.media/2022/06/03/russia-inside-out/ [Zugriff: 22. Dezember 2022]
Deutschsprachige Erstveröffentlichung (gekürzt): *dekoder*, 14. Juni 2022, https://www.dekoder.org/de/article/krieg-ukraine-gewalt-folter-armee [Zugriff: 21.12.2022]

DER KRIEG IST KEINE METAPHER

Halyna Kruk – 18. Juni 2022

Die ukrainische Lyrikerin Halyna Kruk hat in Berlin eine fulminante Rede über den Krieg in ihrem Heimatland gehalten. Wir dokumentieren hier den Wortlaut der Rede.

[Die ukrainische Lyrikerin Halyna Kruk hat die nachfolgende Rede, die wir im Wortlaut dokumentieren, am 17. Juni 2022 anlässlich der Eröffnung des vom Haus für Poesie kuratierten 23. Poesiefestivals in der Akademie der Künste in Berlin gehalten. Kruk wurde 1974 in Lwiw geboren, sie ist Dichterin, Prosaautorin, Übersetzerin aus dem Polnischen und Literaturwissenschaftlerin. Eine Anmerkung zum Gebrauch der Begriffe „russländisch" / „Russländer" und „russisch" / „Russen" in diesem Text: Es gibt zwei verschiedene Begriffe für die Staatsangehörigkeit (russländisch) und die ethnische Zugehörigkeit (russisch). Zudem haben wir die ukrainische Bezeichnung der Hauptstadt Kiew übernommen: Kyjiw. – Kommentar der Redaktion der *ZEIT*]

Im Juni 2014 habe ich, während die russischen Panzerkolonnen in die ukrainischen Gebiete Donezk und Luhansk rollten, auf einer Lesung im guten alten Europa gesagt, in einer Situation wie dieser könnten wir Ukrainer nur schwer über Dichtung sprechen. Woraufhin sich die Moderatorin – eine 30-jährige Russin aus Berlin – dazu aufschwang, mich darüber zu belehren, dass Dichtung jenseits des Krieges stünde, dass die große russische Kultur über den Krieg erhaben sei, dass Zwetajewa, Achmatowa oder auch Pasternak sich nie zu solchen profanen, trendigen Themen wie Krieg herabgelassen hätten, sie hätten in die Ewigkeit geschaut, seien über all das erhaben gewesen. Und was hätte das überhaupt mit Russland zu tun? Acht Jahre lang haben wir versucht, uns Gehör zu verschaffen: Hey, bei uns ist Krieg, ein Teil unseres Landes ist besetzt, jeden Tag werden hier Menschen getötet. Wir wurden gemaßregelt und belehrt, als wären wir bockige Kinder: Ihr dürft nicht zurückschießen, dann hört es auf, zeigt euch klüger, seid erhaben.

Acht Jahre lang hat Russland militärisch aufgerüstet und sich auf den vollumfänglichen Einmarsch vorbereitet, der Appetit ist gewachsen. Die russländischen Dichter haben weiter verbissen in die Ewigkeit geschaut und dabei nicht gemerkt, wie ihr Land zu einem autoritären Staat geworden ist, der die Demokratie imitiert und zugleich das Narrativ von der eigenen Größe pflegt. Wer gar nicht mehr zurechtkam, ist emigriert und hat weiter die russische Kultur präsentiert wie eine hehre Fassade Russlands. Ich nehme an, Ihnen, die Sie mit den besten Zeugnissen russländischer Kultur aufgewachsen und vertraut sind, werden meine Worte nicht gefallen. Sie brauchen ihnen auch nicht zu glauben, wie auch die Bewohner von Borodjanka, Hostomel und Butscha bei Kyjiw nicht glauben wollten, dass die Russen gekommen waren, um sie, die unbewaffneten Zivilisten, zu töten, ohne Grund, ohne Ursache, ohne Unterschied. Männer oder Frauen, Kinder und alte Leute. Töten, vergewaltigen, plattmachen. Ich wüsste keine Metaphern, mit denen man diese Worte attraktiver oder doch immerhin weniger schockierend wirken lassen könnte.

Wenn kein Gedicht hilft

Gegen Leute mit Maschinengewehren helfen keine Metaphern. Wenn dein Auto, mit dem du und deine Kinder dem Krieg zu entfliehen versuchen, von einem Panzer überrollt wird, hilft kein Gedicht. Wenn du tagelang vor dem verschütteten Keller eines Hochhauses ausharrst und hörst, wie drinnen deine Kinder und Enkel schreien, du sie aber nicht rausholen kannst, ist Poesie fehl am Platze. Die Geschehnisse sind ein starker Stoff, darüber könnte ein europäischer Autor ein Buch für die Ewigkeit schreiben, das noch und noch gelesen wird. Aber jemand, der das selbst erlebt hat, wird dieses Buch nicht schreiben. Denn keiner hat die Kraft, all das durchzustehen und anschließend anderen diesen Schmerz zu erklären.

Der Krieg reißt einen Graben auf zwischen denen, die ihn erlebt haben, und denen, die sich in sicherer Entfernung befinden. Ich sehe, dass es mit jedem Tag schwerer wird, Außenstehenden zu erklären, was wir, die wir mittendrin sind, empfinden. Und mein Bedürfnis, etwas zu erklären, schwindet. Wir sprechen eine

Sprache, die immer unverständlicher wird, uns ist nicht nach Dichtung. Wenn dein Mann an der Front ist, ein Teil der Verwandtschaft der furchtbaren Besatzung im Gebiet Cherson unterworfen ist und die anderen im Gebiet Charkiw unter Dauerbeschuss stehen; wenn du ständig auf den nächsten Luftalarm gefasst sein musst, weil dann manchmal wirklich was angeflogen kommt, das tötet – dann ist es schwer, erhaben zu sein. Dichtung fasst sich dann in eigenen Formen, als spontanes Gebet, als Lamento oder sogar Fluch wider den Feind. Der zeitgenössischen europäischen Dichtung sind diese Formen der Dichtung fremd, sie sind funktional und rituell, äußerst kreatürlich in ihren Emotionen, überaus subjektiv, sehr pathetisch und intolerant. Es ist schwer, einem Feind gegenüber tolerant zu sein, der dich oder deine Kinder tötet. Wenn er nämlich die einen getötet hat, nimmt er sich die nächsten vor. Ich glaube nicht, dass Sie darüber erhaben sein könnten.

Gegenwärtig ist ein Fünftel meines Landes vorübergehend besetzt. Und leider ist das keine Metapher. Die Menschen aus den besetzten Gebieten werden getötet, terrorisiert, in Filtrationslager nach Russland verschleppt, Eltern und Kinder getrennt, entnationalisiert. Keine Dichtung hat dafür Worte. Auf meinem Facebook-Thread wimmelt es von Fotos von unglaublich schönen Menschen – Männer und Frauen, Eltern, Kinder, die von Russland ermordet worden sind. Das ist keine Metapher. Facebook blockiert oder entfernt diese Fotos als Information mit einem sensiblen Inhalt, der die Nutzer der sozialen Medien verstören könnte. Diese Menschen sind nicht zur Welt gekommen, um im Krieg zu sterben, sie haben nicht ihren Hochschulabschluss gemacht oder ein kleines Fach studiert, um im Krieg zu sterben, haben nicht ihre Talente entfaltet, um im Krieg zu sterben. Der Verlust dieser Menschen reißt eine klaffende Wunde, die bleibt – in unseren Seelen, in unserer Kultur, Wissenschaft, Wirtschaft, Industrie, Gesellschaft. Das ist keine Metapher.

Ich kenne keine Dichtung, die diese Wunde heilen könnte. Dieser Krieg bringt uns alle um, jeden auf seine Weise, obwohl wir äußerlich vielleicht heil und unversehrt aussehen, doch wir bewegen uns jetzt in kleinen Sprüngen fort, selbst in einem offenen Raum, unter lauten Tönen zucken wir zusammen und unsere kleinen Kinder, die die Erfahrung machen mussten, unter Beschuss im Keller zu sitzen, weinen nicht, wenn sie Angst haben. Selbst die Kleinsten wissen schon, dass Weinen sie das Leben kosten kann. Und auch das ist keine Metapher.

Der Krieg vereindeutigt alles in einem Maß, dass für Dichtung praktisch kein Raum mehr bleibt. Nur noch für Zeugenschaft.

Unsere russländischen Kollegen schaffen unterdessen anrührende und tiefe Dichtung für die Ewigkeit, an einem sicheren Ort, in der Emigration, wo nicht geschossen wird, den künstlerischen Zugang im Blick und ohne Ablenkung durch den Schmutz und die Widrigkeit der Wirklichkeit. Und weder eine Sirene noch Geschosse noch ein Besatzer mit einem Maschinengewehr oder einem Panzer halten sie von ihrem konzentrierten Schaffen ab.

Leider kann Dichtung nicht töten.

Aus dem Ukrainischen von Claudia Dathe

Deutschsprachige Erstveröffentlichung: *ZEIT*, 18. Juni 2022, https://www.zeit.de/kultur/literatur/2022-06/halyna-kruk-poesiefestival-berlin-ukraine-krieg?utm_referrer=https%3A%2F%2Fwww.google.com%2F [Zugriff: 22. Dezember 2022]

FIFTY SHADES OF „GRAUTÖNE"

Franziska Davies – 4. Juli 2022

Seit dem 24. Februar 2022 lässt sich in den öffentlichen Debatten in Deutschland über die Ukraine und Russland beobachten, dass die eindeutig anti-ukrainischen Narrative, die schon seit 2013/14 in gewisser Hinsicht dominierten, inzwischen eher in die Defensive geraten sind. Bis auf Hardliner wie Sahra Wagenknecht und einige andere Gestalten der Linken, sind diejenigen vorsichtiger geworden, die Russland eigentlich in der Rolle des Reagierenden und den „Westen" als den eigentlich Verantwortlichen für den gegenwärtigen Angriffskrieg sehen. Die verlorenen Seelen, die immer noch etwas vom „faschistischen Coup" in Kyjiw erzählen, kann man getrost ignorieren. Die Herausforderung sind diejenigen, die nun behaupten es ginge ihnen um „Grautöne", die auf die „komplexe Lage" hinweisen möchten oder, vom eigentlichen Thema ablenkend, die „Diskussionskultur" kritisieren. Dazu bemerkte der Kunstwissenschaftler Jörg Scheller am 11. Juni auf Twitter: „Wenn Kommentatoren genau in dem Moment, wo ein völkerrechtswidriger Angriffskrieg beginnt, Bomben fallen, vergewaltigt, deportiert, gehungert wird, ihre Liebe zu ‚Grauzonen', ‚Differenzierung' und ‚Komplexität' entdecken, dann weiß man, um was für eine Klientel es sich handelt."

Es ist Gott sei Dank schwieriger geworden, offen zu sagen, dass man eigentlich mit Putins Russland sympathisiert. Aber auch auf Menschen, die nicht zur Verteidigung des Putins neigen, kann der Ruf nach einer „differenzierten Betrachtung" erst einmal einleuchtend klingen. Einige Schieflagen der deutschen Debatte haben tatsächlich nicht unmittelbar mit Ignoranz, einem kolonialen Blick auf die Ukraine und der Affinität zu einem autoritären Russland (obwohl das eine große Rolle spielt) zu tun, sondern mit bestimmten Eigenheiten unserer Debattenkultur, die eigentlich eine Stärke sein könnten, tatsächlich aber oft zu einer Schwäche werden und unseren Blick verstellen.

Die deutsche Lust am Uneindeutigen

Dazu gehört die Vorstellung, dass es „Grautöne" geben muss, nur Schwarz-Weiß kann nicht sein, alles hat zwei Seiten. Erstmal ist es gut, viele Perspektiven einzubeziehen, bevor man zu einem Urteil kommt. Das bedeutet aber nicht, dass man nicht zu dem Schluss kommen kann, dass hier eine eindeutige Situation vorliegt: Ein friedliches Land wurde von einer imperialen Diktatur angegriffen – und zwar schon 2014! Bezeichnenderweise waren sich die meisten deutschen Journalist:innen mit Osteuropa-Expertise – zu nennen wären da u.a. Alice Bota, Konrad Schuller, Golineh Atai, Julian Hans und Simone Brunner – in diesem Punkt bereits 2014 genauso einig wie über die Tatsache, dass der Majdan in Kyjiw eine zivilgesellschaftliche Bewegung für mehr Demokratie, Rechtsstaatlichkeit und Freiheit war, bei der die radikalen Rechten durch ihre Gewaltbereitschaft zwar zunehmend einflussreicher wurden, aber zu keinem Zeitpunkt in der Mehrheit waren. Russland dagegen charakterisierten sie völlig zu Recht als ein zunehmend aggressiver agierendes autoritäres Regime. Nun könnte man diese Eindeutigkeit der Berichterstattung als Ausweis deuten, dass die meisten Journalist:innen in der Lage sind, einen Aggressor von einem Opfer zu unterscheiden. Eigentlich könnte es einen beruhigen: dass dieser Konsens unabhängig davon besteht, ob man für die taz oder die FAZ arbeitet. In Deutschland stieß aber die eindeutige Beurteilung der Lage bei einigen auf tiefes Misstrauen. Das führt zu einer geradezu fieberhaften Suche nach „Fehlern" bei der Ukraine und Entschuldigungen für das Agieren Russlands. Jede Person, die in den letzten Jahren Veranstaltungen zur Ukraine oder Russland organisiert oder daran teilgenommen hat, wird bestätigen können, dass die Fragen aus dem Zuschauerraum oft irritierend waren. Im Hinblick auf die Ukraine ginge es um das (nicht-existierende) Verbot der russischen Sprache, um die dortige Korruption, um radikale ukrainische Nationalist:innen, um den angeblichen Einfluss der USA – kurz um Verkürzungen und Stereotypen, die die ukrainische Gesellschaft diskreditieren sollten. Ging es um Russland, kamen freilich andere Fragen: Trug die Verantwortung für die „Ukraine-Krise" nicht doch eigentlich der „Westen", allen voran die NATO und die USA? Sei es nicht immer noch so, dass Russland und Putin ständig „von den Medien dämonisiert" würden? Habe nicht Deutschland eine besondere Verantwortung, auf Russland zuzugehen? Fragen zum Tschetschenien-Krieg, zu den ermordeten russischen Journalist:innen und Menschenrechtsaktivist:innen waren dagegen eher selten. Auch die massiven Versuche der russischen Einflussnahme in der Ukraine seit ihrer Unabhängigkeit und besonders im Zuge des Majdan erregten kaum Interesse.

Dabei trat etwas zu Tage, was in Westeuropa schon während des Kalten Kriegs zu beobachten war: zum einen die Unfähigkeit, aus der relativ bequemen Perspektive der liberalen Demokratie die Perspektive einer unterdrückten Zivilgesellschaft einzunehmen, zum anderen die tiefe Überzeugung, dass die Wahrheit doch immer irgendwie zwischen den beiden Polen liegen müsse. In einem anonymen Aufsatz in *Krytika*, einer Zeitschrift der polnischen oppositionellen Solidarność, wurde 1984 genau über diese Frage nachgedacht. Warum fiel es vielen, gerade der westeuropäischen Linken, so schwer, sich mit der polnischen Gewerkschaftsbewegung im Kampf gegen einen autoritären Staat zu solidarisieren? Sie begriffen nicht, so der/die Verfasser:in, dass sie es hier nicht mit dem für westliche Gesellschaften üblichen Widerstreit zwischen „Regierung" und „Opposition" zu tun hatten, sondern mit dem Kampf gegen den Totalitarismus. Westliche Beobachter:innen hätten sich einem „Objektivismus" verschrieben, demzufolge die Wahrheit stets „irgendwo in der Mitte" liege und verkannten dabei, in welchen Realitäten sich osteuropäische Dissident:innen bewegten.

Ähnliches lässt sich noch heute in Bezug auf Russland und die Ukraine beobachten. Damit geht einher, dass implizit an die Ukraine als das eindeutige Opfer der russischen Aggression die Erwartung gerichtet wird, es müsse ein „perfektes" Opfer sein, um wirklich Solidarität zu verdienen. Das erinnert auf fatale Weise an den leider immer noch verbreiteten Umgang mit Opfern einer Vergewaltigung, in der Regel Frauen. Was hatte sie an? Hat sie getrunken? War sie in einem gefährlichen Stadtteil unterwegs? Wie sah ihr Sexualleben vor der Tat aus? Dieser ohnehin falsche

Anspruch wird nun von einigen auf ein Land mit über 41 Millionen Einwohner:innen übertragen. Hat die Ukraine vielleicht nicht doch mit ihrem Gesetz zur Stärkung der ukrainischen Sprache unnötig provoziert? (Wer so eine Frage stellt, hat nichts über Putins Russland und seine Propaganda begriffen.) Und wie war das noch einmal mit Selenskyjs Vermögen und den Panama Papers? (Fragwürdig, aber was hat das mit dem Recht eines Staates auf Selbstverteidigung zu tun?) Und ist das Azow-Regiment nicht doch ein Nazi-Verein? (Ursprünglich vor allem eine von Hooligans getragene Einheit mit sehr vielen Nazis, inzwischen heterogener, in jedem Fall im Blick zu behalten, aber auch sie verteidigen gerade die Ukraine.)

Forschung gegen falsche Komplexität

Mehr über diese und andere Fragen und mögliche Antworten kann man in den Ergebnissen der Osteuropa-Forschung der letzten Jahre erfahren. Es waren und sind genau die Journalist:innen und Wissenschaftler:innen in Deutschland, die sich teilweise seit Jahrzehnten auf diese „Komplexität" einlassen, unter denen jetzt ein weitgehender Konsens besteht, womit wir es hier gerade zu tun haben. Sei es, die Transformation der ukrainischen Gesellschaft zu erklären, in der post-sowjetische oligarchische Eliten miteinander und mit einer neuen Generation zivilgesellschaftlicher Akteur:innen um Einfluss ringen; seien es die komplizierten Netzwerke zwischen russischen (Ex-)Geheimdienstlern, organisierter Kriminalität und Oligarchen um Diktator Wladimir Putin. Diese Strukturen sind nicht nur „komplex", es ist auch schwierig, für Russ:innen tatsächlich lebensgefährlich, sie zu rekonstruieren und diese zu veröffentlichen.

Es ist bezeichnend, dass zwei der wichtigsten Bücher zu Putins Kleptokratie – von der Politikwissenschaftlerin Karen Dawisha und der Journalistin Catherine Belton – nur gegen Widerstände veröffentlicht werden konnten. In beiden Fällen versuchten schwerreiche Oligarchen die „libel laws" in Großbritannien zu nutzen, um zu verhindern, dass die Ergebnisse der jahrelangen Studien an die Öffentlichkeit gelangten. Es sind wahrlich nicht die Kritiker:innen des Putin-Regimes, die versuchen, eine offene Debatte zu verhindern. Im Gegenteil, durch ihre Forschungen und Enthüllungen haben wir überhaupt eine Grundlage für eine Debatte. Interessanterweise haben die Advokat: innen der „Komplexität" und der „Grautöne" diese Forschungen in aller Regel nicht zur Kenntnis genommen.

Experten ohne Expertise

Bemerkenswert ist auch, dass sie ihre Antworten stattdessen bei jenen „Expert:innen" finden, die sich eher schlichter Erklärungsmodelle bedienen. Ein Beispiel wäre der omnipräsente Politikwissenschaftler Johannes Varwick, der bei seiner Erklärung des russischen Angriffskriegs geradezu verzweifelt an John Mearsheimers Theorie festhält, der zufolge allein Großmächte den Gang der Geschichte bestimmen (dürfen) und dabei ausschließlich von „Sicherheitsinteressen" geleitet werden.

Dabei besteht inzwischen auch im Bereich der Internationalen Beziehungen selbst unter der neuen Generation der Neo-Realist:innen weitgehend Konsens, dass die konsequente Ausblendung von innenpolitischen Faktoren, gesellschaftlichen Dynamiken und Ideologie bei der Erklärung von außenpolitischem staatlichem Handeln einer differenzierten Analyse im Weg steht.

Allerdings wird Varwick von seiner Bonner Kollegin Ulrike Guérot – auch sie beliebt unter den Verfechter:innen einer „differenzierten" und „nüchternen" Analyse – noch bei weitem übertroffen, wenn es darum geht, den russischen Totalangriff auf die Ukraine – gelinde gesagt – zu simplifizieren. Guérot zog am 11. März bei einem denkwürdigen Auftritt bei „Talk im Hangar" allen Ernstes bei ihren „Lösungsvorschlägen" für den Krieg die Parallele zu ihrem Umgang mit ihren um Lego streitenden Söhnen, als diese sich noch im Kleinkindalter befanden. Man müsse die beiden Streithälse halt einfach trennen „auseinander, is' egal wer angefangen hat und jeder in eine Ecke!". Einen genozidalen Angriffskrieg gegen einen friedlichen Nachbarstaat von einer neo-imperialen Diktatur, die noch dazu über eine der größten Landarmeen der Welt verfügt, mit einer sozialen Situation zu vergleichen, die jeder halbwegs kompetente Teenager in den

Griff bekommen würde, das ist einfach ganz schön dumm. Freilich führte das nicht dazu, dass Guérot und ihre dämlichen Vorschläge künftig von den Medien ignoriert wurden, belohnt wurde sie stattdessen mit einer Einladung zu der Talkshow von Markus Lanz im ZDF mit einem Millionenpublikum. Die mehrfach geäußerte Kritik, dass mit Guérot, Harald Welzer und Co. Personen in die Rolle der Expertin bzw. des Experten gehoben wurden, die tatsächlich keine relevante Expertise besitzen, führt ebenfalls zu emotionalen Abwehrreflexen. Dabei ist die Feststellung, dass die Genannten weder eigene Expertise zu Russland und der Ukraine besitzen, noch die relevante Forschung zur Kenntnis genommen haben, schlicht zutreffend und noch dazu empirisch überprüfbar, etwa durch einen Blick auf Publikationen oder Sprachkenntnisse. Festzustellen, dass Guérot keine Russland-Expertise besitzt, ist in etwa so diffamierend, wie bei einem Russland-Experten darauf hinzuweisen, dass er oder sie keine Expertise zu Frankreich besitzt. Freilich besteht auch die Möglichkeit, relativ kenntnisfrei über den Krieg in der Ukraine zu philosophieren, indem man sich von den harten Fakten verabschiedet und sich stattdessen über den Erfolg des „ukrainischen Narrativs" unterhält, so wie es Florence Gaubon und Harald Welzer neulich in *taz Futur Zwei* getan haben. Da geht es viel um die schauspielerischen Fähigkeiten von Selenskyj, um die angebliche Dominanz dieses „Narrativs" zu erklären. Die Tatsache, dass nun endlich auch verstärkt ukrainische Stimmen gehört werden, weil die Situation jetzt derart eindeutig geworden ist, dass russische Kreml-Narrative nicht mehr ganz so leichtgläubig übernommen werden, wird ignoriert. Einmal mehr zeigt sich, in welchen unterschiedlichen Welten Deutsche und Ukrainer:innen leben. Die einen philosophieren über „Narrative" oder „Gut und Böse", die Ukrainer:innen leben und sterben unter den sehr realen russischen Bombenangriffen. Die Frage nach dem Bösen ist für sie wahrlich keine Frage nach dem „Narrativ".

Statt vor diesem Hintergrund bei jeder scharfen Kritik darüber zu lamentieren, dass es in den Diskussionen an „Komplexität", gegenseitiger Wertschätzung und Respekt mangele, wäre es tatsächlich im Interesse der Debattenkultur, Dummheit Dummheit zu nennen, Inkompetenz Inkompetenz und die Verteidigung eines verbrecherischen Regimes – na, Sie wissen schon.

Erstveröffentlichung: *Salon der Kolumnisten*, 4. Juli 2022, https://www.salonkolumnisten.com/fifty-shades-of-grautoene/ [Zugriff: 22. Dezember 2022]

WIR WERDEN VERNICHTET

Serhij Zhadan – 6. Juli 2022

Deutsche Intellektuelle fordern in einem offenen Brief einen Waffenstillstand in der Ukraine. Sie sprechen damit der Ukraine das Existenzrecht ab.

Der offene Brief der deutschen Intellektuellen (ZEIT Nr. 27/22), in dem sie Verhandlungen zwischen der Ukraine und Russland fordern, enthält einige Passagen, die Verwunderung und Unverständnis, wenn nicht gar Entrüstung hervorrufen. Wenn die Autoren und Autorinnen des Briefes etwa schreiben: „Die Ukraine hat sich unter anderem dank massiver Wirtschaftssanktionen und militärischer Unterstützungsleistungen aus Europa und den USA bislang gegen den brutalen russischen Angriffskrieg verteidigen können", so entsteht der Eindruck, die deutschen Intellektuellen hielten den Krieg für mehr oder weniger beendet oder doch immerhin das Schlimmste für ausgestanden. Als seien die Gebiete Cherson und Luhansk und Teile der Gebiete Charkiw und Donezk nicht besetzt, als würde Russland nicht tagtäglich ukrainische Städte mit Raketen beschießen, als würden nicht Tag für Tag ukrainische Zivilisten und Soldaten ihr Leben lassen. Die Ukraine verteidigt sich. Lassen Sie uns die Dinge beim Namen nennen: Dass Charkiw, Mykolajiw und Odessa noch immer in ukrainischer Hand sind und es dort keine Filtrationslager und Massengräber gibt, ist nicht der russländischen Gesprächsbereitschaft zu verdanken, sondern unserer Kampfbereitschaft und Widerstandsfähigkeit.

Die Ukraine verteidigt sich weiter, heute, jetzt, genau in diesem Moment. Während manche Leute Verhandlungen mit dem Aggressor in Erwägung ziehen, verteidigen die ukrainischen Soldaten mit ihren Körpern unser Land. Ja, die Ukraine hat es geschafft, Kiew, Charkiw, Tschernihiw und Sumy zu halten, aber was ist mit Mariupol, Sjewjerodonezk und Lyssytschansk? Soll man diese Städte und ihre Bewohner etwa ausblenden? Wiegen ihr Schicksal, ihre Kinder, ihre Frauen und Alten, die jetzt unter der Besatzung leben müssen, weniger schwer als der „rasante Preisanstieg“ und der „Energiemangel“?

Wovon ist eigentlich die Rede? Davon, dass wir Ukrainer überzogene Absichten haben? Dass wir nur kämpfen, weil wir zu viele Waffen haben? Dass wir länger Widerstand leisten, wenn wir noch mehr Waffen kriegen? Und dass darin das eigentliche Problem liegt? Verstehen die Verfasser des Briefes wirklich nicht, was die Ukrainer erwartet, wenn sie die Waffen niederlegen?

Sie verstehen es sehr wohl. Sie schreiben sogar: „Einen Diktatfrieden Putins darf es nicht geben.“ Natürlich nicht, denn ein Frieden, den Putin diktiert, wäre ein Frieden ohne die Ukraine, ohne ihre Souveränität, ohne ihre Unabhängigkeit. Russland verkündet die durch und durch verlogene Idee von einer „Entnazifizierung“ der Ukraine, was tatsächlich geschieht, ist eine „Entukrainisierung“. Ukrainer werden getötet, weil sie Ukrainer sind. Finden die Verfasser des offenen Briefs eine Rechtfertigung für die Tausenden zivilen Opfer in den Städten, die Widerstand geleistet haben und die von den Russen besetzt wurden? Wohl kaum. Russland und die Ukraine bei der Forderung nach Verhandlungen mit einem Maß zu messen, ist zynisch und unfair.

Wir können unseren Widerstand nicht aufgeben, weil wir sonst vernichtet werden. Wir müssen vom Westen Waffen fordern, weil wir sonst vernichtet werden. Wir müssen die Welt zum Kampf gegen das Putin-Regime aufrufen, weil wir sonst vernichtet werden. Physisch vernichtet, im wahrsten Sinne des Wortes, ohne Umschweife. So wie bereits Tausende Ukrainer in Mariupol, Butscha, Hostomel und Irpin vernichtet worden sind. Ich weiß nicht, was sie, die getöteten Bürger der Ukraine, von der Idee halten würden, mit Russland zu verhandeln. Aber ich weiß, dass sie keine Waffen hatten und sich deswegen nicht verteidigen konnten. Darin liegt meiner Meinung nach der größte Fehlschluss der deutschen Intellektuellen, die auf Verhandlungen mit Russland drängen: Die Russen wollen nicht mit uns verhandeln, sie wollten und wollen uns vernichten. Und wenn die deutschen Intellektuellen andeuten, eine allzu große Unterstützung für die Ukraine lohne nicht, weil die Ukrainer sowieso keine Chance hätten, lassen sie es zu, dass durch den russischen Chauvinismus und Revanchismus Normen und Gesetze verletzt werden und das ukrainische Volk ausgelöscht wird. Sie sprechen damit der Ukraine das Existenzrecht ab.

Ich glaube nicht, dass es für dieses sanfte Drängen der Ukraine zur Kapitulation und den Appell an die europäischen Regierungen, die Augen vor diesem Genozid des 21. Jahrhunderts zu verschließen, eine ethische oder moralische Rechtfertigung gibt. Indem sie einem falsch verstandenen Pazifismus anhängen – der nach zynischer Gleichgültigkeit stinkt –, legitimieren die Verfasser des Briefs die Putinschen Propagandanarrative, die besagen, dass die Ukraine kein Recht auf Freiheit, kein Recht auf Existenz, kein Recht auf Zukunft, kein Recht auf eine eigene Stimme hat, weil ihre Stimme, ihre Position den großen und schrecklichen Putin womöglich reizen könnte. Dazu möchte ich den verehrten Experten auf dem Gebiet der unergründlichen russischen Seele folgendes sagen: Sie haben recht, Putin ist schrecklich, aber ganz und gar nicht groß. Und wenn weiterhin etliche deutsche Intellektuellen Angst vor ihm haben, müssen sie das mit ihrer Selbstachtung und ihrem Gewissen vereinbaren.

Die Verfasser des Briefes schreiben: „Die Fortführung des Krieges mit dem Ziel eines vollständigen Sieges der Ukraine über Russland bedeutet Tausende weitere Kriegsopfer, die für ein Ziel sterben, das nicht realistisch zu sein scheint." Was sie sich nicht trauen zu sagen: Wenn die Ukraine verliert, gehen die Opfer nicht in die Tausende, sondern in die Hunderttausende. Und das Blut dieser Toten haben jene auf dem Gewissen, die immer noch unbeirrt mit dem Bösen spielen und dabei allen Wohlergehen und Frieden wünschen.

Aus dem Ukrainischen von Claudia Dathe

Deutschsprachige Erstveröffentlichung: *Die Zeit*, 6. Juli 2022, https://www.zeit.de/kultur/2022-07/offener-brief-ukraine-krieg-waffenstillstand-antwort [Zugriff: 27. Dezember 2022]

DIE RUSSISCHE KULTUR VERDIENT EINE VIEL GRÖSSERE STRAFE ALS EINEN BOYKOTT

Kinga Dunin, Oleksiy Radynski – 7. Juli 2022

Kinga Dunin: Was gibt es Neues aus Kyjiw?
Oleksiy Radynski: Seit einiger Zeit fallen keine Bomben mehr. Auch die Apokalypse, die einige zum 9. Mai erwartet hatten, ist nicht eingetreten. Davor hieß es, es könnte etwas geschehen – Bomben, sogar ein Atomangriff. Die müssten schließlich zeigen, dass sie den Krieg nicht verlieren können. Aber anscheinend haben sie kein Ass mehr im Ärmel. Es ist ruhig. Die Leute kehren in Scharen zurück, es herrscht gute Stimmung. Ich denke, die Mehrheit wird jetzt zurückkommen …

Noch nicht, fürchte ich. Machst du dir Sorgen, dass so viele Leute die Ukraine verlassen haben?
Ich weiß schon, dass einige bleiben werden – in Polen, in Europa… Vielleicht ist das gut so. So werden sie wenigstens auf diesem Weg Teil der EU. Wenn andere Wege schon gescheitert sind.

Auch du hast Kyjiw verlassen, als der Krieg anfing.
Ich bin gefahren, um meiner Familie über die Grenze zu helfen. Danach bin ich mit meiner Partnerin nach Stanisławów, um eine journalistische Akkreditierung zu bekommen, und dann sind wir zurück nach Kyjiw. Dadurch können wir jetzt in Ruhe filmen und fotografieren.

Du fotografierst gerade?
Analog, mit Schwarzweißfilm. Alles, was in der Stadt vor sich geht, Barrikaden, Checkpoints, das Stadtleben. Ich habe diese Stadt vermisst. Anfangs war ich einfach froh, wieder da zu sein, und wollte ein paar Erinnerungsfotos haben. Dann habe ich gemerkt, dass diese analoge Technologie gut zu dem passt, was gerade passiert.

Wie meinst du das?
Mir scheint, wir sind weit in die Vergangenheit zurückgekehrt. Dieser Krieg, der doch zunächst so technologisch modern sein sollte, ein Cyberkrieg, erwies sich als sehr altmodisch. Der Kampf um den Donbas verspricht ein Kampf von Panzerbataillonen wie im Zweiten Weltkrieg zu werden. Russland betreibt quasi Geschichtsrekonstruktion. Es hat nicht nur eine faschistische und konservative Ideologie, sondern will uns in jeglicher Hinsicht in die Vergangenheit zurückversetzen. Da finde ich solche Schwarzweißbilder sehr passend.

Du verwendest den polnischen Namen Stanisławów, nicht Iwano-Frankiwsk? Darf man das sagen? Ist das nicht kolonialistisch? Imperialistisch?
Die Hälfte meiner Bekannten in Stanisławów sagt Stanisławów. Das ist Widerstand gegen einen anderen Kolonialismus, ein anderes Imperium: das sowjetische. Leider wurde die Gestalt des galizischen Sozialisten Iwan Franko damals auf solche Art verwendet, dass sich heute niemand mehr mit ihm identifizieren möchte.

Der echte dekoloniale Kampf richtet sich nicht gegen einen bestimmten Kolonialismus – er richtet sich gegen jeden Kolonialismus. Uns ist wohl bewusst, dass der russische Kolonialismus und Imperialismus nicht die einzigen auf der Welt sind, aber wir kämpfen jetzt seit Jahren mit etwas viel Schlimmeren: dem russischen Faschismus. Wenn der Faschismus kommt, dann ist es egal, wenn die andere Seite nicht immer einwandfrei war.

Gibt es auch einen westlichen Imperialismus?
Auch wenn es ihn gibt, müssen wir ihn doch als progressiv anerkennen, da er die Ukraine in ihrem antifaschistischen und dekolonialen Kampf unterstützt. Natürlich lässt sich das nicht gleichermaßen für alle Länder der sogenannten freien Welt behaupten.

Hast du manchen Verbündeten gegenüber Vorbehalte?
Gegenüber Deutschland.

Hat sich Deutschland nicht rehabilitiert?
Solange sie von Russland Gas kaufen, was nicht nur zur Vernichtung der Ukraine, sondern des ganzen Planeten führt: nein.

Aber du siehst ein, dass sie nicht einfach abrupt damit aufhören können?
Zuallererst: Sie hätten erst gar nicht damit anfangen sollen. Das wussten sie schon vor dem Bau von Nord Stream sehr gut. Dieses Projekt ist hochinteressant, denn es zeigt ganz klar: Die brutalste Form von Korruption ist dieses „rein privatwirtschaftliche" Business das angeblich „nichts mit Politik zu tun hat". Auf diese Art kommentierte Merkel damals den Bau der Pipeline. Deutschland, das uns östliche Europäer jahrelang wegen unserer Korruption belehrte, ließ sich völlig von Russland korrumpieren, weil sich das auszahlte. Unmöglich, dass sie nicht wussten, dass der letztendliche Zweck von Nord Stream die Auslöschung der Ukraine war.

Du willst sehen, wie der moderne westliche Imperialismus aussieht? Schau dir diese Union zwischen Deutschland und Russland an. Am Anfang des Kriegs hoffte die deutsche Regierung darauf, dass wir zügig verlieren. Am 24. Februar sagten deutsche Minister zum ukrainischen Botschafter, dass wir in ein paar Stunden kapitulieren und sie dann mit der Okkupationsmacht reden würden.

Der Blitzkrieg ist gescheitert. Aber das ist doch eine andere Situation als der Krieg, der seit 2014 andauert?
Seit acht Jahren ist mir jeden Tag klar, dass ich in einem Land lebe, in dem Krieg herrscht. Nicht, dass ich das, was jetzt eingetreten ist, so erwartet hätte, aber mir war doch klar, dass das nicht einfach wieder vorbeigeht. Im Hinterkopf hatte ich immer diesen Gedanken, dass der Krieg einmal zu uns kommt und wir fliehen müssen. Aber wir hatten keine gepackten Notfallkoffer und waren letzten Endes nicht vorbereitet.

Das Wichtigste ist für mich: Putin hat jetzt klar und deutlich gezeigt, dass er alle Ukrainerinnen und Ukrainer wie mich ermorden will. Also alle, die nicht in der Russischen Föderation leben wollen. Aber inzwischen müsste er dafür fast die gesamte Bevölkerung der Ukraine ermorden. Selbst wenn Russland vorher irgendwo noch Unterstützer hatte, nach den Angriffen auf Charkiw und Odessa, nach Butscha und Mariupol haben sie die verloren. Tatsächlich spüre ich, dass ich ein Ziel dieses Kriegs bin.

Obwohl du als russischsprachiger Ukrainer aufgewachsen bist?
Ich bin als zweisprachiger Ukrainer aufgewachsen. Das ist eine Sache, die die Russen absolut nicht begreifen können. Dass es in der Ukraine eine massive Zweisprachigkeit gibt, im Gegensatz etwa zu Russland, wo die indigenen Sprachen einfach aussterben. Und da die Russen Zweisprachigkeit nicht begreifen können, denken sie nach wie vor, Russisch werde in der Ukraine unterdrückt.

Es verwundert mich immer noch, wie falsch die russische Expertise in diesem Punkt lag. Sie glaubten wirklich, die russischsprachige Bevölkerung würde sie unterstützen. Aber die Ukraine ist Anti-Russland.

Wie meinst du das?
Es ist unsinnig zu leugnen, dass die Ukraine und Russland manche Ähnlichkeiten haben. Die Sprachen sind ähnlich, beide schreiben wir kyrillisch, gemein ist uns auch das Erbe der Sowjetunion. Und doch ist Russland ein autoritäres, konservatives und jetzt auch faschistisches Regime, und die Ukraine ist demokratisch. Eine verkrüppelte Demokratie vielleicht, aber selbst das reicht aus, um Russland Angst zu machen.

Hat sich gezeigt, dass der ukrainische Staat ziemlich gut organisiert ist und trotz des Kriegs überraschend gut funktioniert?
Das ist nicht der Staat, das ist die Demokratie. Seit dem 24. Februar habe ich eine völlig andere Vorstellung davon, was Demokratie ist. Nicht der Staat hat den Widerstand organisiert, sondern die Leute selbst haben sich organisiert. Nichts zuvor hat mich so sehr von der Volksdemokratie überzeugt. Aus diesem Grund, glaube ich, hat Russland die Schlacht um Kyjiw verloren,

was sich irgendwann im Nachhinein vielleicht als Wendepunkt im Krieg herausstellen wird. Sie haben eine völlig vertikale, undemokratische Armeeführung. Die Anführer auf verschiedenen Ebenen hatten keinerlei Möglichkeit, zu reagieren und ihre Schritte zu korrigieren – sie sollten einfach vorwärts, Kyjiw umzingeln und einnehmen. Das ist vielleicht ein schwaches Argument für die Demokratie, aber soweit ich weiß, kämpft die ukrainische Armee demokratisch, das heißt: Es herrscht völliges Durcheinander. Besonders in den ersten Wochen, als Einheiten der Territorialverteidigung entstanden und eine unglaubliche Anzahl von Leuten dort eintreten wollte. Diese Geschichte muss noch geschrieben werden, das war… die Machnowschtschyna. Eine Volksarmee. Das hatte etwas von den Kosaken.

Machnowschtschyna, das heißt …

Nestor Machno war der Anführer eines anarchistischen Heers, das während des Bürgerkriegs vor hundert Jahren in der südlichen Ukraine kämpfte, bei Huljajpole. Historiker sind der Meinung, dass damals die erste anarchistische Bewegung entstand. Serhij Zhadan hat darüber ein schönes Buch geschrieben, *Anarchy in the UKR*, das auf Polnisch [und auf Deutsch – Anm. d. Übers.] erschienen ist. In diesem Augenblick versucht die russische Armee, Huljajpole zu belagern …

Aber muss dieses Anti-Russland denn nicht das Russische verlernen?

Selbstverständlich nicht. Die russische Sprache gehört zu uns, die geben wir Putin nicht her. Wir können sie stattdessen die ostukrainische Sprache nennen. Es gibt auch ein Südukrainisch. Wenn wir auch Anti-Russland sind, so tragen wir doch ein Stückchen Russland in uns. Wir sind das einzige Land, in dem es zurzeit eine Redefreiheit auf Russisch gibt. Eine Sache, die mich nach unserer Rückkehr in Kyjiw sehr gefreut hat, war, dass weiterhin Russisch gesprochen wurde. Trotz der Belagerung durch die russische Armee, und obwohl so viele Menschen gestorben sind. Es hätte mich nicht gewundert, wenn die Leute diese Sprache nicht mehr verwenden wollten …

Wir geben den Russen und Putin diese Sprache nicht her, denn sie können mit ihr gar nicht umgehen. Sie verwenden irgendein Neusprech, eine Nekro-Sprache. Sie können nicht mal das Wort „Krieg" aussprechen. Die faschistische Diktatur macht jede Entwicklung von Kultur unmöglich. Russland, die Russische Föderation, was auch immer von ihr übrig bleibt, wird kein Monopol mehr auf die russische Sprache oder die russische Kultur haben. Nach dem Krieg, den Russland hoffentlich verliert, brechen dort finstere Zeiten an. Die Kultur wird sich jahrzehntelang nicht entwickeln können – höchstens im Untergrund.

Ich finde, wir sollten diese Sprache übernehmen und – neben der ukrainischsprachigen – auch eine russischsprachige Kultur in der Ukraine entwickeln. Und eine Kultur in der ostukrainischen Sprache.

Wobei ich heutzutage mehr an die Kulturen der anderen Völker denke, die sich unter der Herrschaft Russlands befinden.

Das heißt, die russische Kultur sollte nicht boykottiert werden?
Damit würde man der russischen imperialen Kultur einen zu großen Gefallen erweisen. Die russische Kultur verdient eine viel größere Strafe als einen Boykott: Sie muss dekonstruiert werden. Ich denke, das ist unsere Mission. Meine Mission, denn ich kann nicht schießen, und selbst wenn ich es könnte, gibt es genug Willige. Warum war man nach dem Zerfall der Sowjetunion nicht in der Lage, mit der imperialen Tradition abzurechnen, warum ist daraus dieser Faschismus erwachsen? Um das zu dekonstruieren, muss man diese Kultur kennen.

Auf institutioneller Ebene ist ein Boykott natürlich unumgänglich. Auf meinem Gebiet ist das recht eindeutig. Was Wettbewerbe, Festivals, Aufführungen im Ausland angeht, da gibt es Filme, die mit staatlichen russischen Geldern gemacht werden, und die muss man boykottieren. Wenn es um unabhängige Schaffende geht, dann sind das schon individuelle Angelegenheiten. Da kann man flexibler sein.

Du liest also russische Autoren?
Ich kann die Leute in der Ukraine, die niemals wieder ein Buch

von einem russischen Autor lesen wollen, sehr gut verstehen. Ich selbst gestatte mir dieses Privileg nicht, denn ich bin der Meinung, man muss seinen Feind sehr gut kennen. Zumal dieser Feind gerade in der alten russischen Literatur am besten beschrieben ist. Diejenigen, die denken und schreiben konnten, erschufen den Diskurs, der das zaristische Russland stürzte.

Am interessantesten finde ich die russische Literatur des 19. Jahrhunderts. Für mich sind da unsere größten Verbündeten. Die radikalsten Kritiker Russlands und all dessen, was wir an Russland hassen, waren russische Schriftsteller und Intellektuelle. Gerade sie haben zum Zerfall des zaristischen Russlands beigetragen. Tolstoj war laut Lenin der Spiegel der russischen Revolution. Wenn man heute mit einem Zitat von Tolstoj in Russland auf die Straße geht, wird man verhaftet.

Diese Dekonstruktion muss auch die Hierarchien im kulturellen Pantheon verändern. Als ich etwas Zeit hatte, habe ich letztens neben Schewtschenkos *Kobsar* auch *Hadschi Murat* von Tolstoj gelesen. Die von Tolstoj darin beschriebenen Kriegsverbrechen sind genau die gleichen wie jene, die die Russen jetzt in der Ukraine verüben, in Butscha. Das ist eine sehr interessante Kritik des russischen Staates im Querschnitt. Doch danach begann ich, seine Autobiografie zu lesen. Dort sah ich, dass er einfach ein sogenannter „guter Russe“ war (so nennt man heute in der Ukraine solche Russen, die Putin zwar kritisieren, aber ihren Anteil an seinen Verbrechen nicht erkennen). Sein ganzes Leben hatte er Leibeigene oder andere Untergebene, derer er sich annehmen wollte. Das ist seine Perspektive. Ein unvergleichlich besserer Schriftsteller ist meiner Meinung nach Nikolaj Leskow, der nicht aus der Perspektive des guten Herren, sondern des unterdrückten Volks und der Provinz schrieb. Man könnte sagen, er war Regionalist – er lebte an vielen Orten, und bei ihm habe ich die allerspannendsten Sachen gefunden, die ich je über Kyjiw gelesen habe. Interessant sind auch seine Erzählungen über Jakutien, Sibirien ... Die Dekonstruktion der russischen Kultur bedeutet das Hinterfragen des bestehenden Pantheons, an dessen Spitze Tolstojewski steht – Tolstoj, der „gute Russe“, und der durchgeknallte Rechte Dostojewski. Und nicht etwa tatsächlich radikale Autoren wie Leskow. Nach der Dekonstruktion werden wir auch die ukrainische Literatur mit anderen Augen sehen, zum Beispiel de[n] dekolonialen Revolutionär Taras Schewtschenko.

Nimmst du in der Gegenwart keine solchen kritischen Stimmen wahr? Ich weiß, dass du Sorokin magst…
Ja, er denkt über den Sturz des Systems nach. Sorokin wird heute in Russland als Prophet gehandelt wegen seines Romans *Der Tag des Opritschniks,* denn Putins zweite Amtszeit hat dieses Buch real werden lassen. Aber interessanter finde ich seinen futuristischen Roman *Telluria.*

Der nicht ins Polnische übersetzt ist.
[Ins Deutsche schon – Anm. d. Übers.]
Das ist sehr schade, vielleicht kann die *Krytyka Polityczna* das nachholen? Dort geht es um ein Russland, das in Volksrepubliken zerfallen ist, zwischen denen ein totaler Bürgerkrieg herrscht. Das Buch ist 2013 erschienen. Ein Jahr später wurden diese Pseudorepubliken in Donezk und Luhansk erfunden. Wenn schon jetzt solche Republiken existieren, warum nicht auch in anderen Teilen des Imperiums? Russland hat diesen selbstmörderischen Krieg begonnen, weil es begriffen hat, dass es als imperialer Staat dieser Größe nicht existieren kann, solange es die Ukraine nicht besitzt.

Aber wieso?
Wenn so etwas bei uns möglich ist, wieso dann nicht auch dort? Wieso nicht in den Republiken, die Teil der Föderation sind? Republiken wie Tatarstan oder Jakutien waren in den 90er Jahren schon fast unabhängig. Wenn Russland es nicht schafft, die Ukraine bei sich zu halten – mit all seinen Mythen von Brüderlichkeit und der Wiege der russischen Staatlichkeit –, wird es dann anderer solcher zentrifugaler Bewegungen Herr werden können? Ich möchte die Möglichkeiten dieser Republiken jetzt nicht einschätzen, nachdem zwanzig Jahre lang jegliche Autonomie und jeder Föderalismus demontiert wurden. Das muss aber nicht unbedingt auf die gleiche Weise geschehen wie der Zerfall der Sowjetunion, das wird anders laufen. Eher nicht auch der Basis ethnischer Selbstbestimmung.

Im russischen Untergrund, auf Telegram, wird gerade über eine „Scheidung“ der Nation debattiert, die v.a. von Regionalisten aus dem Norden propagiert wird, aus der Umgebung von Petersburg, Pskow … Das sind keine ethnischen Identitäten, sondern solche innerhalb der russischen Nation. Moskau wird dort als Vampir wahrgenommen, der die anderen Regionen leergesaugt hat und sie nun in den Dreck wirft. Ich verfolge zurzeit weniger russische Schriftsteller als vielmehr die Blogosphäre.

Besonders interessieren mich regionalistische Bewegungen, Aktivisten ethnischer Gruppen, da gibt es viele Kanäle, natürlich alle anonym. Dort gibt es ein großes intellektuelles Potential.

Kann man also von einem russischen Bürgerkrieg sprechen?
Das dauert schon seit Jahren an, aber es hat verschiedene Formen. Am Anfang der Russischen Föderation stand ein offener Bürgerkrieg im Oktober 1993. Dieser innere Konflikt wurde unter den Teppich gekehrt, wird aber nach außen exportiert.

Wann kommt dann also das Ende der Russischen Föderation?
Ich werde kein genaues Datum angeben, und das wird sicher nicht an einem bestimmten Moment stattfinden. Aber ich glaube, dass Historiker irgendwann in der Zukunft den 24. Februar 2022 als Anfang vom Ende der Russischen Föderation ansehen werden. Nicht etwa, weil die heldenhafte ukrainische Armee bis nach Moskau marschiert und es erobert, sondern weil zentrifugale Tendenzen stärker werden. Früher oder später wird Putin etwas zustoßen und dann fällt alles zusammen. Auf das Ende Putins folgt das Ende Russlands, wie wir es kennen. Erst zerfällt die Föderation von oben, wie die Sowjetunion, und das beschleunigt dann Prozesse von unten innerhalb des Imperiums.

Aus dem Polnischen von Stefan Heck

Erstveröffentlichung des Gesprächs im Original: Kinga Dunin, Oleksiy Radynski, „Kulturze rosyjskiej należy się dużo większa kara niż bojkot [rozmowa]“, *Krytyka Polityczna (PL)*, 7. Juli 2022, https://krytykapolityczna.pl/swiat/kulturze-rosyjskiej-nalezy-sie-duzo-wieksza-kara-niz-bojkot/ [Zugriff: 22. Dezember 2022]

HISTORISCHE IGNORANZ?

Marcel Krueger – 19. August 2022

Es ist zwar zu begrüßen, welche Anstrengungen Deutschland macht, um die Erinnerung an die Shoah lebendig zu erhalten, doch seine zögerliche Haltung in Reaktion auf die Invasion der Ukraine steht im Widerspruch zur eigenen historischen Erfahrung. Es ist höchste Zeit für die deutsche Gesellschaft, sich zusammenzureißen und Kiew im Kampf gegen die russische Aggression zu unterstützen.

> „Aber man wird nicht sagen: Die Zeiten waren finster
> Sondern: Warum haben ihre Dichter geschwiegen?"
> Aus: Bertolt Brecht, *In finsteren Zeiten*

Eine Fotografie von 1937 zeigt eine Zusammenkunft auf dem Bauernhof meiner Familie in Lengainen/Łęgajny, gelegen in der damaligen deutschen Provinz Ostpreußen. Vielleicht fand das Treffen im Frühjahr statt, oder auch im Herbst, denn die Menschen auf dem Foto tragen Jacken und Anzüge, man traf sich vielleicht im feinen Sonntagsstaat. Die Stimmung ist entspannt, freudig, alle lächeln in die Kamera. Doch bildet das Foto auch das 20. Jahrhundert ab, wie es in Mitteleuropa aussah. Das Paar in der zweiten Reihe links sind mein Großonkel Franz Nerowski und seine Verlobte Pelagia Stramkowska. Als das Foto gemacht wurde, spionierte Franz für die Zweite Republik Polen. Er sollte 1940 verhaftet und von den Nazis 1942 als Verräter hingerichtet werden. So wie Franz, war auch Pelagia Mitglied im Verband der Polen in Deutschland, der polnischen Minderheitsorganisation, und arbeitete in einem Buchladen für polnischsprachige Literatur. Sie sollte 1939 verhaftet werden und ein zweites Mal 1940, weil sie polnischen Kriegsgefangenen geholfen hatte. Insgesamt verbrachte sie ein halbes Jahr im Gefängnis. Vor ihnen liegt mit ausgestreckten Beinen und Zigarette in der Hand Franz' Bruder Otto, auch Mitglied im Verband der Polen. Er konnte sich eine

Zeitlang der Einberufung in die Wehrmacht entziehen, weil er den Bauernhof leitete, wurde dann aber doch gegen seinen Willen 1944 eingezogen und verschwand in den Schlachten vom Frühjahr 1945 irgendwo in der Tschechoslowakei. Das Paar neben Otto sind Agnieszka und Kazimierz Pacer, Freunde der Familie. Wie Otto, wurde auch Kazimierz in die Wehrmacht eingezogen, aber bereits 1942. Er desertierte 1943 in Italien und schloss sich den polnischen Streitkräften im Westen unter General Władysław Anders an, die gegen die Nazis kämpften. Rechts neben Agnieszka sitzt meine Großmutter Cilly, die nach Otto den Hof übernahm und 1945 eine von der einen Million weiblichen Zivilisten war, die in die Sowjetunion deportiert wurden, um vier Jahre lang in einem Lager im Ural Zwangsarbeit zu leisten. Zu ihren Füßen schließlich sitzt Bruno, der jüngste Bruder, der im Kampf gegen US-Truppen in den Niederlanden im Frühjahr 1945 fiel, zwei Monate vor seinem 18. Geburtstag, nachdem er freiwillig zu den Fallschirmjägern gegangen war.

Als deutscher Autor von Sachbüchern bin ich zu der Überzeugung gekommen, dass die Beschäftigung mit meiner eigenen Familiengeschichte ein ideales Medium ist, um den größeren Kontext von Politik, Krieg und Migration zu verstehen, wie sie die totalitären Regime des 20. Jahrhunderts zahllosen Menschen aufzwangen, meine Familie nicht ausgenommen. Ich selbst erreichte das Erwachsenenalter in den ausgehenden 1980er, frühen 1990er Jahren in Westdeutschland, hatte einige wundervolle Geschichtslehrer und die Gelegenheit, mit vielen Überlebenden der Naziverfolgung und der Shoah direkt ins Gespräch zu kommen. Das hat mich zu einem überzeugten Antifaschisten gemacht und zu jemanden, der sich äußerst bewusst darüber ist, dass historische Forschung bedeutet, sich so viel Kontext und Einzelheiten wie möglich anzueignen, um zu verstehen, wie und warum einzelne Menschen betroffen waren. Auch ist wichtig zu verstehen, wieso die demokratischen Staaten in den 1930er Jahren dabei versagten, die totalitären Verbrechen zu erkennen, zu verurteilen und einzudämmen, beginnend mit dem Holodomor in der Ukraine über den Spanischen Bürgerkrieg bis zum Münchner Abkommen von 1938. Ich habe zu Deutschland und Mitteleuropa mehr als zehn

Jahre recherchiert und geschrieben, basierend auf der Geschichte meiner Familie zwischen Hitler und Stalin. Ich verstehe inzwischen, wie demokratische Strukturen Extremisten zum Opfer fallen können, wenn sie ohne entsprechende Unterstützung bleiben. Das lässt mir als Demokraten keine andere Wahl, als den Widerstand der Ukraine nach besten Kräften zu unterstützen.

Als deutscher Autor bin ich tief beschämt über die Reaktion der Bundesregierung auf die russische Invasion wie auch die öffentliche Debatte zur Unterstützung der Ukraine. Die Reaktion Olaf Scholz' und seiner Regierung steht einigermaßen in der Kontinuität der vergangenen beiden Jahrzehnte, einer Politik des Beobachtens und Abwartens. Ich habe von der deutschen Regierung in Konfrontation mit der russischen Aggression tatsächlich nichts Besseres erwartet, besonders in Anbetracht des vorherigen Appeasements gegenüber Wladimir Putin und der allgemeinen Abhängigkeit Deutschlands von russischem Öl und Erdgas. Was mich aufbringt, ist die furchtbare Kommunikationsstrategie der Bundesregierung, die Diskrepanz zwischen öffentlicher Zurschaustellung von Entschlossenheit und dem Ausbleiben einer raschen Unterstützung der Ukraine. Der Bundeskanzler stellte sich wiederholt vor Bundestag und Presse und prahlte mit der Zeitenwende, die einen völligen Umbruch in der Verteidigungspolitik bedeuten soll. Auch prahlte er, kein anderes Land unterstütze die Ukraine mehr als Deutschland, wurde darin aber immer wieder der Unwahrheit überführt. Dieses Verhalten erinnert mich stark an populistische Emporkömmlinge wie Donald Trump und Boris Johnson. Die zögerliche Führung hat nicht zuletzt starken Einfluss auf die öffentliche Debatte in Deutschland.

Was mich aber am meisten ärgert, ist die Reaktion in Teilen der deutschen Öffentlichkeit, wie am Beispiel der deutschen Intellektuellen zu sehen. Nachdem sie sich in den ersten Kriegswochen geradezu in Unterstützungserklärungen überschlagen hatten, drängte eine Anzahl von offenen Briefen an die Bundesregierung, unterschrieben von Publizisten, Schriftstellern, Schauspielern und Wissenschaftlern, seither Olaf Scholz dazu, alle militärische Unterstützung einzustellen, um den Krieg „nicht eskalieren zu lassen". Einer dieser Briefe behauptet, selbst berechtigter Widerstand gegen einen Aggressor stehe ab einem gewissen Punkt in keinem Verhältnis mehr zu dem Ausmaß an Zerstörung und menschlichem Leiden auf Seiten der ukrainischen Zivilbevölkerung. Dankenswerterweise veröffentlichte „New Eastern Europe" zur Entgegnung einen sehr viel realistischeren offenen Brief,[90] dessen Unterzeichnern ich mich aus voller Überzeugung angeschlossen habe.

Als Deutscher bin ich schockiert über den ignoranten Tonfall dieser öffentlichen Diskussion, die das ukrainische Recht auf Selbstbestimmung völlig übergeht oder gar behauptet, die Ukraine sei kein vollentwickelter Nationalstaat. Mir will scheinen, dass die deutsche Erinnerungskultur und Erinnerungspolitik, die Deutschland bis zu einem gewissen Grade dazu befähigt haben, offen und aufrichtig über die Verbrechen und das Erbe Nazideutschlands zu diskutieren, mit Blick auf die Ukraine völlig versagen. Anstatt ein tieferes Verständnis der komplexen Geschichte der Ukraine und ihres Verhältnisses zu Deutschland zu entwickeln oder mehr über die Shoah auf ukrainischem Gebiet in Erfahrung zu bringen und über die Tatsache, dass die Nazis das Land als eine auszubeutende und auszulöschende Kolonie behandelten, ist die Diskussion dominiert von Plattitüden, Stereotypen und dem Wiederkauen russischer Propaganda. In Fernsehtalkshows behauptete der Soziologe Harald Welzer, Deutschlands Tätergeschichte setze die Deutschen in die Lage, den Krieg besser zu verstehen als die Ukrainer, und er riet dem ukrainischen Botschafter, nicht länger Unterstützung zu verlangen, sondern den Deutschen zuzuhören. Zur selben Zeit behauptete die Politikwissenschaftlerin Ulrike Guérot, es gebe gar keine Invasion, sondern einen Bürgerkrieg in der Ukraine. Ihr Kollege Johannes Varwick erklärte, Russland habe „vitale Interessen" in der Ukraine, die wir zu respektieren hätten. In den sozialen Medien bin ich auf Behauptungen politisch engagierter und gutinformierter Bekannter gestoßen, es könne doch wohl keinen Vernichtungskrieg geben, wenn die Lage in Kiew ruhig sei; dass der Euromajdan von 2014 von der CIA organisiert und inszeniert worden sei; dass es „amerikanische Propaganda" sei, Putin werde womöglich die baltischen Staaten und Polen ins Visier nehmen, wenn er in der Ukraine erfolgreich sei.

Der Ukraine den demokratischen Charakter abzusprechen bedeutet, Stereotype und Vorurteile anzuwenden und seine Unkenntnis öffentlich zur Schau zu stellen. Diese Diskussion wird von Deutschen ganz unter sich geführt und zeigt eine Bereitschaft, den Krieg in höchst abstrakter und möglichst simplistischer Form zu betrachten. Ukrainische Stimmen aus allen Teilen der Zivilgesellschaft bringen sich heute zu Gehör wie nie zuvor, in Büchern, Kunstausstellungen, Podcasts und in den sozialen Medien. Aber aus irgendwelchen Gründen finden es Deutsche schwierig, mit Ukrainern zu sprechen, und im öffentlichen Diskurs sind kaum ukrainische Stimmen zu vernehmen; selbst proukrainische Positionen werden in Talkshows von Deutschen vertreten.

Ich wurde mit vollem Recht im Sinne der Verantwortung erzogen, dass der nationalsozialistische Aufstieg zur Macht und die Shoah sich niemals wiederholen dürfen. Jetzt muss sich Deutschland dieser Verantwortung damit stellen, eine europäische Demokratie gegen einen genozidalen Angriff zu unterstützen, der auf die Auslöschung eines ganzen Landes und seiner Kultur abzielt. Aber irgendwie hat sich das „niemals wieder" für viele Deutsche in ein „kein Krieg" verwandelt, und ich finde es schwer nachzuvollziehen, wieso das so ist. Offenbar ist die historische Erfahrung, dass ein unvermeidlicher militärischer Kampf für eine gerechte Sache, gewaltsamer Widerstand gegen einen verbrecherischen Gegner nicht nur moralisch geboten, sondern auch erfolgreich sein können; etwas, was mein Großonkel Franz beizeiten verstanden hatte, aber in der aktuellen Debatte völlig fehlt. Des Erbes der Widerstandskämpfer und Partisanen, die den Nationalsozialismus in einem langen und schweren Kampf besiegten, wird regelmäßig in Polen, der Ukraine und vielen anderen Ländern in Mittel und Osteuropa gedacht. Doch das wird nicht als Teil von Erinnerungskultur begriffen. Anstatt zu sehen, dass wir als Deutsche in der Pflicht stehen, ständig die Erinnerung zu pflegen und Erziehungsarbeit zu leisten zur Shoah, zu den inneren Funktionsweisen von Nazideutschland und dazu, wie es besiegt wurde, habe ich den Eindruck, dass manche diese Arbeit für abgeschlossen halten. So als ob wir keiner weiteren Aufklärung in historischen Fragen bedürften, weil wir unsere Hausarbeiten schon gemacht haben. Das ist gefährlich und, wie am Beispiel Harald Welzer zu sehen, kann es zu unerträglicher Arroganz gegenüber Vertretern von Ländern führen, die eine andere historische Erfahrung haben.

Als jemand aus einem Land, das seine Identität stark darauf abstellt, offen und aufrichtig mit den Verbrechen seiner Vergangenheit umzugehen, frage ich mich, wieso in Deutschland nicht lauter gegen die Zerstörung von ukrainischen Synagogen protestiert wird, gegen den Beschuss von Gedenkstätten wie Babyn Jar oder die Tatsache, dass ukrainische Shoah-Überlebende von russischem Militär getötet wurden oder aus ihren Heimatstädten fliehen mussten. Ich hoffe aber, dass sich bald mehr öffentliche Intellektuelle, mehr Schriftsteller, Publizisten und Schauspieler dazu durchringen werden, sich für die Unterstützung der Ukraine einzusetzen. Doch im Augenblick ist die öffentliche Debatte in Deutschland traurigerweise nicht durch Erinnerungskultur, sondern von Geschichtsvergessenheit geprägt.

Aus dem Englischen von Andreas R. Hofmann

Erstveröffentlichung des Originaltexts: Marcel Krueger, „Ignorance of history? Germany's culture of memory and response to the Russian invasion of Ukraine," in: *New Eastern Europe*, 8. Juli 2022, https://neweasterneurope.eu/2022/07/08/ignorance-of-history-germanys-culture-of-memory-and-response-to-the-russian-invasion-of-ukraine/ [Zugriff: 22. Dezember 2022]

Deutschsprachige Erstveröffentlichung: *Forum Dialog*, 19. August 2022, https://forumdialog.eu/2022/08/19/historische-ignoranz-deutschlands-erinnerungskultur-und-die-deutsche-reaktion-auf-die-russische-invasion-der-ukraine/ [Zugriff: 22. Dezember 2022].

DIE „WESTSPLAINERS" ERKLÄREN

Aliaksei Kazharski – 19. Juli 2022

Im Anschluss an die 2022 eskalierte Invasion in die Ukraine mag vielfach der Eindruck entstanden sein, die Begriffe „Westsplaining" und „Westsplainer" hätten Hochkonjunktur. Verwendet werden sie in Reaktionen auf Kommentierungen angesehener Intellektueller aus dem Westen – seien dies nun amerikanische Realisten,[91] deutsche Idealisten[92] oder bisweilen gar kritische wissenschaftliche Stimmen aus Irland.[93] Viele Menschen, die aus jener Region stammen, die normalerweise als Zentral- und Osteuropa bezeichnet wird, ebenso wie Kolleg:innen aus dem Westen tendieren dazu, solche Kommentierungen nicht nur überflüssig, sondern nachgerade schädlich zu finden. Denn bei derlei Kommentaren handelt es sich keineswegs um ein theoretisch-akademisches In-die-Tiefe-Gehen, vielmehr instrumentalisieren sie einflussreiche westliche mediale Plattformen, um politische Ratschläge zu erteilen, die oft auf falschen Annahmen und Projektionen beruhen.

Gleichzeitig fühlt sich der eine oder die andere aus dem Westen stammende Person hier möglicherweise falsch verstanden, da der Begriff „Westsplaining" zu sehr nach einem Versuch klingen könnte, ihm oder ihr allein aufgrund ihrer Herkunft das Recht abzusprechen, sich an einer fachlichen Debatte zu beteiligen. Ohne Anspruch darauf zu erheben, das Monopol auf die Definitionshoheit zu besitzen, will ich versuchen zu erklären, warum dieser Begriff meiner Meinung nach sinnvoll ist und wie er sich kritisch verwenden lässt, ohne ihn auf ein vulgäres ad hominem zu reduzieren.

Von „Mansplaining" zu „Westsplaining"

Der Begriff „Westsplaining" ist offensichtlich analog zu „Mansplaining" gebildet. Der Begriff „Mansplaining" wurde vor einigen Jahren aus der Schnittmenge (männlicher) „Selbstüberschätzung gepaart mit Ahnungslosigkeit"[94] in Bezug auf Frauen geprägt. Und diente dazu, Situationen zu charakterisieren, in denen ein Mann einer Frau von autoritärer Warte aus etwas erklärt, was diese von sich aus nun einmal besser weiß als er.[95]

Insofern sollte dieser Begriff also als Teil eines viel breiteren Trends kritischen Denkens betrachtet werden. Eines Denkens, das uns drängt, die Herkunft der Sprecher:innen zu reflektieren – einschließlich vor allem unserer eigenen Herkunft – und darüber nachzudenken, inwiefern die jeweilige Herkunft möglicherweise die Art beeinflusst, auf welche wir als Individuen die Welt sehen. Ein Großteil der Sozialwissenschaften scheint sich aktuell in der Tat mit verschiedenen Forscher-„Positionierungen" intensiv auseinanderzusetzen. Die Auswirkung der kritischen Theorie auf die sozialwissenschaftliche Forschung war sehr gemischt,[96] da die postmoderne Relativierung von Erkenntnistheorien auch einen Beitrag dazu leistete, den ideologischen Druck auf die akademische Welt zu erhöhen. Dies hat (vorsichtig ausgedrückt) nicht immer dazu beigetragen, die Qualität der wissenschaftlichen Debatte oder des wissenschaftlichen Outputs zu verbessern.

Außerhalb des Elfenbeinturms laufen Begriffe wie „Mansplaining" und „Westsplaining" leicht Gefahr, als Waffen instrumentalisiert zu werden, da sie ohne weiteres die Möglichkeit eröffnen, statt der Argumentation die Herkunft der jeweiligen Person zu attackieren. Traurigerweise sind zu viele Menschen nicht imstande, der Versuchung zu widerstehen, jemanden ad hominem anzugehen.

Nachdem dies nun ausgesprochen ist, sollten wir uns höchstwahrscheinlich noch in Erinnerung rufen, dass die Delphische Maxime „Erkenne dich selbst" sehr viel älter ist als jede postmoderne kritische Theorie. Insofern ist das Nachdenken über sich selbst – idealerweise einhergehend mit der Anerkennung der eigenen Grenzen – eine wahrlich sinnvolle Übung.

Geht es beim „Westsplainung" um Herkunft?

Spoiler: nein, darum geht es nicht.

Das Original-Portmanteau „Mansplaining" ist letztlich aufgrund der Tatsache berechtigt, dass – abgesehen von den zuweilen sehr verschiedenen sozialen Rollen – Genderunterschiede auch in [unterschiedlichen] Erfahrungen wurzeln; Erfahrungen, die sozusagen existenziell und ergo nicht übertragbar sind (wie z.B. der Geburtsschmerz). Kulturelle Unterschiede sind glücklicherweise in keiner Weise biologisch bedingt. Im Gegensatz zu dem, was Samuel Huntington und seine Anhänger predigen mögen, können diese Unterschiede selbstverständlich überwunden werden – wenngleich das nicht automatisch geschieht und oft viel Zeit und beträchtliche intellektuelle Anstrengungen erfordert.

Die Frage, ob einer oder eine aus dem Westen stammende Person als Autorität für Zentral- und Osteuropa – oder für irgendeine andere Region – anerkannt werden kann, ist offensichtlich eine rein rhetorische. Für mich persönlich war immer Iver B.[rynild] Neumann, ein norwegischer Spezialist auf dem Gebiet Internationale Beziehungen, mein Lieblingsbeispiel. Seine Analyse des zwischen der russischen Identität und der russischen Außenpolitik bestehenden Zusammenhangs[97] zeugte, zumindest meinem Geschmack nach, von einem sehr viel tieferen Verständnis seines Gegenstands als eine Analyse, die viele Russen zu leisten imstande waren. Ein flüchtiger Blick rundum genügt und ich stoße auf Leute wie Andreas Umland und Timothy Snyder, deren Warnungen vor dem Faschismus in Russland wir möglicherweise zu leichtgenommen haben; außerdem ist da noch die so erstaunliche wie polyglotte Marci Shore, die brillante Gelehrte Marlène Laruelle, um auf die Schnelle ein paar sehr „große" Namen einzuwerfen, die mir durch den Kopf gehen.

Zusammen mit vielen anderen Wissenschaftler:innen aus dem Westen demonstrieren uns solche Leute regelmäßig, dass es tatsächlich von Vorteil sein kann, verschiedene kulturelle Hintergründe zu haben, können diese uns doch dabei helfen, das zu überwinden, was als blinder Fleck bekannt ist, d.h. die Unmöglichkeit bestimmte Dinge zu sehen, weil wir an sie gewohnt sind.[98]

Wenn es beim Westsplaining nicht um die Herkunft geht, worum geht es dann?

Ganz einfach: „Westsplaining" bedeutet, ohne ausreichendes Fachwissen, aber von einer Position der Autorität aus über etwas zu sprechen – oft geht dies mit falschen Projektionen und Annahmen einher, die auf der westlichen Erfahrung beruhen, aber nicht unbedingt für die fragliche Region relevant sind. Es geht also nicht darum, woher jemand kommt. Sondern darum, ob er oder sie über das nötige Fachwissen verfügt und ob er oder sie, bevor er/sie sich zur Kommentierung entschließt, genug Zeit darauf verwendet hat zu verfolgen, was in dieser Region vor sich geht, ob er oder sie die jeweiligen Landessprachen beherrscht und sich grundlegende Kenntnisse über die Länder angeeignet hat, um die es geht.

Beispielsweise besteht das Problem prominenter amerikanischer Realist:innen für Internationale Beziehungen – die sich gerne klug zu Russland und zur Ukraine äußern[99] – darin, dass sie nur eine sehr vage Vorstellung davon haben, was Russlands Außenpolitik tatsächlich antreibt. Bis zu einem gewissen Grad ist dies auf die Erbsünde ihrer „strukturellen" Theorie zurückzuführen, die bekanntlich stolz darauf ist, alles Innenpolitische zu ignorieren („black-boxing" zu praktizieren).

Dieser „strukturelle" Ansatz ist recht bequem, weil er gestattet, sich zu verschiedenen Regionen und Ländern zu äußern, ohne über entsprechende Fachkenntnisse zu verfügen. Er erscheint überdies einem (naiven) Bild von einer liberalen, globalisierten Welt zu entsprechen, in der verschiedene kulturelle und politische Kontexte sich allmählich einander annähern. Dieses Bild vermittelt ein falsches Verständnis von einer universellen Transparenz und vernachlässigt länder- und regionenspezifisches Fachwissen und begreift „Area Studies" als etwas Zweitrangiges oder etwas Rückständiges.

Betrachtet man indes die pseudo-universellen, von einigen angesehenen Wissenschaftler:innen aus dem Westen abgegebenen Erklärungen eingehender, entpuppen sie sich lediglich als eine Ausprägung intellektuellen Parochialismus, welcher die Allgemeingültigkeit der eigenen westlichen Annahmen als so selbstverständlich voraussetzt, dass die eigenen westlichen Annahmen universal anwendbar zu sein scheinen. Etwa fühlen sich die bereits erwähnten amerikanischen Realist:innen für Internationale Beziehungen offensichtlich ausreichend durch die Weisheit ihrer universalistischen Theorie ermutigt, um der Ukraine politische

Ratschläge zu erteilen. Dabei gehen sie von einer sehr naiven Annahme aus, indem sie Russland realistische Tugenden wie Besonnenheit und kaltes strategisches Kalkül zuschreiben, also letztlich ein Modell der Wirklichkeit, das oft in ihren eigenen Theorien anzutreffen ist, aber leider nicht im Kreml. Diesbezüglich sprechen die Entwicklungen nach dem 24. Februar eindeutig für sich selbst – wie sogar kremlnahe Experten für Politik ausführten.[100]

Der Russozentrismus wiederum ist Teil des Westsplainings

Der westliche Diskurs über Zentral- und Osteuropa krankt überdies zumeist an Verzerrungen, die aus seinem tief verankerten Russozentrismus resultieren. Allzu oft wird daher darüber diskutiert, was diese Länder für Russland bedeuten und wie Moskaus „legitime" Interessen gewahrt werden könnten, ohne Russland zu „demütigen". Hierbei handelt es sich um ein strukturelles Problem von „Wissensproduktion". Offensichtlich fanden einige westliche Medienunternehmen es unproblematisch, ihre Korrespondenten über Länder wie Belarus aus Moskau und nicht aus Minsk berichten zu lassen. Und ebenso scheinen einige westliche Akademiker:innen zu glauben, es genüge, die russische Sprache zu beherrschen, um über die postsowjetischen Länder zu schreiben.

Dieser Russozentrismus grenzt wiederum unmittelbar an das, was die Spezialisten für Internationale Beziehungen als „Großmacht-Management" bezeichnen, indem sie davon ausgehen, die mächtigen Akteure könnten und sollten über die Köpfe der zentral- und osteuropäischen Länder hinweg mit Moskau Gespräche führen und Großmacht-Verträge abschließen, wie es im 19. und frühen 20. Jahrhundert üblich war. So wurde die Handlungsfähigkeit des ukrainischen Volkes[101] (und anderer zentral- und osteuropäischer Länder) in der letzten Debattenrunde im Anschluss an den Ausbruch des Russisch-Ukrainischen Kriegs ein weiteres Mal zu viel von „geopolitischen" Rücksichtnahmen und scheinbar rationalen „realpolitischen" Betrachtungsweisen überschattet. Und hier kommt das „Westsplaining" dem ursprünglichen „Mansplaining" wahrscheinlich am nächsten, weil sein „autoritärer“ Duktus ebenfalls ein System hierarchischer, ungleicher Beziehungen impliziert. Diesmal jedoch nicht im Innenverhältnis unterschiedlicher Geschlechter, sondern unterschiedlicher Nationen.

Ist „Westsplaining“ im Westen endemisch?

Ganz und gar nicht. Sich über etwas äußern zu wollen, ohne fundierte Kenntnisse und den notwendigen Sachverstand zu haben, scheint recht eigentlich „Teil der conditio humana“ zu sein. Das Phänomen ist auch in den „osteuropäischen“ Ländern selbst anzutreffen. So hatte ich persönlich das „Glück“, dies 2020 selbst zu erleben, als im Vorfeld der Präsidenten-„wahlen“ in Belarus die unabhängigen russischen Kommentatoren plötzlich ein reges, aber oberflächliches Interesse an Belarus entwickelten. Die meisten davon hatten vor 2020 nicht systematisch verfolgt, was in Belarus vor sich ging. Dies wiederum führte letztlich zu einem überaus naiven „Russosplaining“ von Belarus und seinem Regime. Die sprachliche Nähe erwies sich für viele russische Kommentatoren als tückisch und verstärkte den fälschlichen Eindruck, sie hätten den Durchblick. Später tappten russische Spin-Doktoren, die offensichtlich vom Kreml eingesetzt waren, um Lukaschenkas Regime nach Ausbruch der Proteste im August 2020 zu retten, bekanntermaßen in eine ganz ähnliche Falle.[102]

Im Übrigen ist das „Russosplaining“ nicht nur darauf zurückzuführen, dass die russische Sprache die Vorherrschaft des Russischen im sogenannten „postsowjetischen Raum“ geerbt hat, sondern auch auf das implizite Gefühl eines politischen, sozialen und kulturellen Anspruchs, den viele Russen teilen. Der ambivalente, vage Begriff des „nahen Auslands“ prägte ihre mentalen Landkarten über lange Zeit. Das „nahe Ausland“ fungiert als liminaler Raum.[103] Diesen stellt man sich so vor, dass er weder wirklich innerhalb noch eigentlich außerhalb Russlands liegt. Folglich ging man selbstverständlich davon aus, dass in diesem postimperialen Raum die Russen nicht mit etwas konfrontiert sein könnten, was sie naturgemäß nicht kennen oder verstehen würden.

Die Falle des „Russosplaining" und das Postsowjeticum

Diese große Illusion führte wiederum dazu, die Kenntnis der lokalen „Realität vor Ort" generell zu vernachlässigen. Man denke nur daran, wie wenig sich die Entscheidungsträger in Moskau darum bemühten, in Erfahrung zu bringen, was in der Ukraine wirklich in Bezug auf Politik, Kultur und Aufbau der Nation vor sich geht. Die ursprünglichen Ziele von Putins „Spezialoperation" sahen vor, einen schnellen Regimewechsel in Kyjiw herbeizuführen, der sich vor dem Hintergrund dessen zugetragen hätte, dass der ukrainische Staat wie ein Kartenhaus in sich zusammengefallen wäre. Moskaus spektakuläres Scheitern in der Ukraine – wo die russischen Streitkräfte, anders als erwartet, auf einen erbitterten Widerstand stießen, den die konsolidierte ukrainische Nation leistete – ist letztlich auf dieses fehlende Wissen zurückzuführen. Die arrogante, herablassende imperialistische Haltung, mit der kleine Nachbarn behandelt werden, als seien sie inferior, untergeordnet und unwichtig, ist ein wesentlicher Bestandteil des „Russosplainings".

Leider muss ich an diesem Punkt hinzufügen, dass auch die Ukrainer:innen nicht gegen diese universelle Krankheit gefeit sind. Seit Beginn der Protestbewegung in Belarus 2020 machten sich viele ukrainische Kommentator:innen diese herablassende und bisweilen verunglimpfende Haltung gegenüber den belarusischen Demonstrant:innen zu eigen. Ihre Haltung zeugte von vollständiger Unkenntnis der offensichtlich bestehenden Unterschiede[104] zwischen der ukrainischen Erfahrung, die im Wesentlichen darin gründete, Volksaufstände in einer Oligarchendemokratie zu organisieren, und der belarusischen Erfahrung von 2020, die es mit einem konsolodierten autoritären Regime[105] zu tun hatte, das in kritischen Momenten unmittelbar Rückendeckung vom Kreml erhielt.[106]

Dieses „Ukrosplaining" gegenüber Belarus beruhte auf weitreichenden Wissenslücken in Bezug auf den nördlichen Nachbarn sowie auf der naiven Annahme, dass die innenpolitische Situation in Belarus im Allgemeinen derjenigen in der Ukraine ähnele. Neuerlich befeuert wurde das „Ukrosplaining", nachdem das Regime belarusisches Staatsgebiet für russische Angriffe auf die Ukraine 2022 zur Verfügung stellte. Wie der bekannte ukrainische Intellektuelle Pawlo Subjuk[107] zutreffend ausführte, beruhen ukrainische Kommentare zu Belarus ebenfalls auf grundlegenden Wissenslücken kombiniert mit einer „chauvinistischen" Haltung.[108]

Die Verhaltensweise ist universell, aber die „Westsplainers" richten den größeren Schaden an

Am Ende des Tages scheint die Sünde des „-splainings" ziemlich universell zu sein. Auf meinen Ausgangspunkt zurückkommend denke ich, der Begriff „Westsplaining" hat unbedingt seine Vorzüge, aber nur insofern er nicht unmittelbar auf die Herkunft der am Gespräch Beteiligten abzielt, sondern sich auf die Grenzen ihres fachlichen Wissens und Verständnisses bezieht sowie auf ihre Neigung, sich als selbsternannte Autoritäten in Bezug auf Gegenstände zu gerieren, die sie zuvor nicht ausführlich genug studiert haben.

Leider neigen wir alle bisweilen dazu, uns über Dinge zu äußern, von denen wir meinen, wir hätten sie nur allzu gut verstanden. Das Problem mit westlichen Kommentaren insbesondere des Russisch-Ukrainischen Krieges besteht allerdings darin, dass diese – verglichen mit Stimmen aus Zentral- und Osteuropa – in viel höherem Maß internationalen Einfluss genießen. Wenn „Westsplainers" ihre Botschaften verbreiten, profitieren sie tendenziell davon, Zugang zu den bekanntesten europäischen wie amerikanischen Medienunternehmen mit globaler Reichweite zu haben. Und an diesem Punkt sollten wir wahrscheinlich auf die anfänglichen Parallelen zwischen „Mansplaining" und den strukturellen Ungleichheiten zurückkommen, die dem aktuellen internationalen System anhaften.

Aus dem Englischen von Anja Dagmar Schloßberger Erstveröffentlichung des Originaltexts: Aliaksei Kazharski, „Explaining the ‚Westsplainers'. Can a Western scholar be an authority on Central and Eastern Europe?", *Forum for Ukrainian Studies*, 19. Juli 2022, https://ukrainian-studies.ca/2022/07/19/explaining-the-westsplainers-can-a-western-scholar-be-an-authority-on-central-and-eastern-europe/ [Zugriff: 22. Dezember 2022]

DIE RUSSEN HABEN PUTIN ERSCHAFFEN. ER IST IHR FLEISCH UND BLUT

Marci Shore, Wolodimir Rafejenko – 23. Juli 2022

Herr Rafejenko, wie in einem literarischen Refrain kehren Sie in Vorträgen und Gesprächen oft zu dem Gedanken „Sdes i seitschas. Hier und jetzt. Hier und jetzt muss man Mensch sein" zurück. Welche Bedeutung hat er in diesen Tagen für Sie?
Der gegenwärtige Kontext meines Lebens ist eindeutig: Russlands Krieg gegen die Ukraine. Es ist ein Krieg, den Russland vor acht Jahren entfesselt hat und der am 24. Februar in eine höllische Phase eingetreten ist. Gerade jetzt bedeutet Menschsein vor allem, meinem eigenen Volk beizustehen. Alles in meiner Macht Stehende für den gemeinsamen Sieg zu tun.

Am 25. Februar, dem Tag nach der Invasion, schrieben Sie mir: „Krieg. Ein echter Krieg." Wo waren Sie damals?
Als der Krieg begann, befanden sich meine Frau und ich bald in russisch besetztem Gebiet. Wir waren gezwungen, dort mehr als einen Monat zu verbringen, bis wir schliesslich im April wie durch ein Wunder evakuiert worden sind.

Wie haben sich die russischen Soldaten verhalten? Haben Sie und Ihre Frau überhaupt mit ihnen gesprochen?
Nein. Worüber hätten wir auch sprechen sollen? Ich bin überzeugt, dass nichts Gutes dabei herausgekommen wäre – umso mehr, als uns seit dem ersten Tag der Invasion Meldungen erreichten, wonach die Russen in Nachbardörfern Zivilisten ermordeten. Jemand, dem ich vollkommen vertraue, berichtete von der Exekution einer ganzen Familie, Kindern und Erwachsenen, durch Kadyrowzy [Kadyrow-Truppen – tschetschenische Kreml-treue Einheiten – Anm. d. Red. *NZZ*] in einer Siedlung unweit von uns. Ihre Schuld bestand darin, dass sie sich weigerten, russische Soldaten zu verpflegen.

Mit der Zeit hat sich das Verhalten der russischen Soldaten tatsächlich verändert – von moderatem zu grenzenlosem Faschismus. Anfangs, als sie noch hofften, Kiew im Sturm zu erobern, machten sie nicht systematisch Jagd auf Zivilisten. Doch je selbstsicherer und erfolgreicher unsere Truppen Widerstand leisteten, und je weiter die Ziele des Kreml in die Ferne rückten, desto entsetzlicher verhielten sich die Russen.

Wie haben Sie es geschafft, zu entkommen?
Wir versuchten es seit dem ersten Kriegstag. Am frühen Morgen des 24. Februar war es bereits unmöglich. Russische Panzer standen zwischen uns und Kiew, um uns herum tobten erbitterte Kämpfe. Als Wasser, Strom und Internet ausfielen und die Geschäfte zumachten, als klar wurde, dass sich unsere überaus missliche Lage noch verschlimmern würde, weil man nirgendwo mehr Nahrungsmittel auftreiben konnte, suchte ich verzweifelt nach einem Fluchtweg. Die humanitären Korridore reichten nicht bis zu uns, und wir hatten kein Transportmittel, das es uns ermöglicht hätte, irgendwohin zu gelangen, von wo aus die Menschen nach Kiew gebracht wurden.

Leute mit Autos begannen das Dorf zu verlassen, wir aber waren gezwungen zu bleiben. Und als keine Hoffnung mehr bestand, trieb mein Freund Ljubomir Deresch freiwillige Helfer auf – Waghalsige, welche die russischen Kontrollpunkte passieren und uns hinausbringen wollten. Beim ersten Mal hat es nicht funktioniert, und wir waren am Boden zerstört, aber einige Tage später holten sie uns doch. Es war unsere zweite Evakuierung innerhalb von acht Jahren. Wie beim ersten Mal haben wir alles zurückgelassen. Wir waren aber überglücklich, als wir uns auf ukrainisch kontrolliertem Territorium wiederfanden.

Ist es möglich, diese Grenzerfahrung in Worte zu fassen?
Die ganze Zeit hindurch, da meine Frau und ich in einem kleinen Haus waren, das Tag und Nacht von Explosionen russischer Artillerie erschüttert wurde, führte ich ein Tagebuch. Es war dort nahezu unmöglich, literarische Texte zu schreiben, aber das Aufzeichnen von Ereignissen und Gemütszuständen, das heisst des Lebensstoffes, in dessen Mitte ich mich befand, war für mich nicht nur eine Möglichkeit; es war eine Notwendigkeit. Es lenkte meine Aufmerksamkeit von den ununterbrochenen Duellen von

Luftwaffe und Artillerie auf der rechten und linken Seite, vor und hinter der Datscha, ab, wo meine Frau und ich die letzten Jahre gelebt haben, nachdem man uns gezwungen hatte, unsere Heimat Donezk zu verlassen. Wir liessen unser dortiges Zuhause aus demselben Grund zurück, aus dem wir unser jetziges Haus verliessen – Russland hat unser Leben zerstört.

Was den Lebensstoff betrifft: Der Krieg erscheint als ein Moment, in dem das Konkrete und das Sinnliche in unerhörter Weise aufscheinen. Doch wird zugleich und in paradoxer Weise auch das Metaphysische lebendig. Die Frage ist, woher das Böse kommt.
Zurzeit beschäftigt mich diese Frage nicht besonders. Welchen Unterschied macht das schon? Was zählt, ist die Fähigkeit, das Gute vom Bösen zu unterscheiden. Und dort, unter Dauerbeschuss, hat man keinen Gedanken an die Ursache des Bösen verschwendet. Ja, alle Sinne waren geschärft, vor Angst, gegen die man ankämpfen musste. Das Empirische war erschreckender als jemals zuvor in meinem Leben. Und doch kam das Metaphysische nah heran, starrte auf mich und berührte mich körperlich. Der Sommer des Herrn war einen Schritt entfernt, und ich wusste, dass es nicht schlimm wäre, zu sterben. Schlimm wäre es, einen schmachvollen Tod zu sterben. Ich bat Gott, sollten meine Frau und ich dazu verdammt sein, in dieser Datscha umzukommen, uns einen schnellen Tod zu bringen.

Zeit nimmt in Grenzsituationen eine andere Form an.
Das Zeitgefühl ist mir abhandengekommen, das heisst, es ist sehr schwierig, Zeit zu messen. Die Zeit änderte ihren Lauf bereits in der besetzten Zone, das kann man nicht mehr rückgängig machen. Dort waren Jahre in einem Tag enthalten, und hier verfliegt ein Tag wie eine Stunde.

Neben der Zeit nimmt auch der Raum eine andere Bedeutung an. Der in Kiew lebende Philosoph Wolodimir Jermolenko erklärte kürzlich, wie sich im Krieg die Bedeutung eines Fensters und jene von Licht verändert haben. Wie erleben Sie das?

Wenn nicht gerade der Fliegeralarm ertönt, ist es hier ruhig und gemütlich. Da ich Schmutz hasse, halte ich alles in einem Zustand idealer Sauberkeit, was mir im Kampf gegen Panik und Sehnsucht, gegen die bisweilen fast erstickende Einsamkeit hilft. Lange noch vor der Ausgangssperre verschliesse ich die Fenster dicht und schalte das Licht ein. Das erzeugt die Illusion, den eigenen Raum unter Kontrolle zu haben.

Ich fühle mich zurückversetzt ins Jahr 1939, als der Zweite Weltkrieg begann – aber mit Internet. Alles ist sichtbar, alles liegt offen. Wir sehen in Echtzeit, wie Menschen getötet werden.

Es tobt hier ein Krieg – ein Krieg mit dem Ziel, das ukrainische Volk auszulöschen. Die Russen wollen uns als Nation zerstören, als Volk, das sich getraut hat, seinen eigenen Weg zu gehen, welcher von den imperialen Ambitionen des Kreml abweicht und den Revanchismus des russischen Volkes nicht widerspiegelt. Die schreckliche Wahrheit ist, dass eine erdrückende Mehrheit der Russen die Vernichtung des ukrainischen Staates und der ukrainischen Kultur befürwortet. Auf dem Schlachtfeld sind die Russen erbarmungslos; in besetzten Gebieten verüben sie Greueltaten. Sie plündern und vergewaltigen, sie ermorden gnadenlos Frauen und Kinder – in Mariupol und Charkiw, in Tschernihiw und Sumi. Wenn sie merken, dass sie einen Ort nicht unterwerfen können, brennen sie ihn nieder.

Brutalität und Grausamkeit sind nichts Neues. Allerdings ist die durch das Internet ermöglichte extreme Sichtbarkeit neu. Es ist das erste Mal in der Geschichte, dass es diese Art von Transparenz gibt.

Genau, das ist das Besondere an der jetzigen Situation. Transparenz hat insofern eine Bedeutung, als man sich festlegen muss, wie man zu den Geschehnissen steht. Es ist nicht mehr möglich, den Kopf in den Sand zu stecken. Wenn du die russischen Greueltaten nicht siehst, wenn du Russland nicht als anthropologische Katastrophe wahrnimmst, dann weigerst du dich bewusst, dies zu tun. Auf diese Weise trennen sich auch Gut und Böse.

Vor etwa drei Jahren schrieb Wladislaw Surkow, Putins Spin-Doktor, den Text „Der langwährende Staat Putins", eine Art

„Offenlegung des Verfahrens“: „Unser System, wie generell alles, was zu uns gehört, wirkt natürlich nicht raffiniert, ist dafür aber umso aufrichtiger.“

Um das Regime zu rechtfertigen, stellt Surkow die Situation so dar, als ob es so etwas wie eine Wertperspektive nicht gäbe, als ob es Wahrheit weder gäbe noch geben könnte, als ob das Gewissen eine Fiktion wäre. Doch er lügt.

Dass es keine Geheimnisse gibt, heisst ja nicht, dass man die Wahrheit erkennt. In einer Diskussion in Kiew über Peter Pomerantsevs Buch „Nothing Is True and Everything Is Possible“ bezeichnete der Schriftsteller, Übersetzer und Psychoanalytiker Jurko Prochasko Wahrheit einst als eine Grenze. Gibt es keine Grenzen, ist alles möglich. Oder um es mit den Worten von Dostojewskis Iwan Karamasow zu sagen: „Alles ist erlaubt.“

Dazu hat Kant sich in seinen Überlegungen zum moralischen Gesetz klar geäussert. Selbstverständlich existiert eine vollkommen unsichtbare und absolut sinnha fte Wahrheit, welche vom inneren Menschen als zu erfüllendes Gesetz wahrgenommen wird. Dieses Gesetz, welches man das Gesetz der unsichtbaren Perspektiven nennen könnte und welches weder Belohnung noch Bestrafung verspricht, umfasst, formt und begrenzt das gesamte menschliche Leben in seinem ganzen Erfahrungshorizont.

Das Beste, was wir also tun können, ist, mit guten Absichten zu handeln.

Mir scheint, dass es gerade die guten Absichten sind, die uns sehr oft auf den Weg des Bösen leiten. Man kann eine bestimmte Absicht haben, sie aber nicht in die Tat umsetzen. Zudem sind Menschen häufig ausserstande, zu verstehen, dass es nicht eine Absicht ist (die tatsächlich gut gemeint sein kann), welche eine Handlung mit Sinn erfüllt. Eine Handlung erlangt ihre wahre Bedeutung ausschliesslich aus dem Wahrnehmungshorizont der anderen. Aus diesem Grund heisst es in einem guten Buch: „An ihren Taten sollt ihr sie erkennen.“

Kann Wahrheit uns erlösen?
Ich bin mir sicher, dass allein schon die Anstrengung, im Reich der Wahrheit zu bleiben, eine Art der Erlösung ist.

Wie können wir begreifen, was dieses Reich der Wahrheit ist?
Wahrheit ist niemals in einer vorgefertigten Form vorhanden. Wahrheit kommt nicht per Post, wie Marcel Proust sagt. Sie kann nur in und durch uns entstehen, im Grenzraum zwischen Empirie und Metaphysik. Wahrheit verlangt, dass wir zum Mitschöpfer werden. Sie ist kein Was, sondern ein Wer. Sie wird im Augenblick der Anstrengung geboren, uns zwischen unserer Subjektivität und dem objektiven Ding an sich zu verorten. Sie war niemals gestern, wird niemals morgen sein – sie ist immer jetzt, in diesem Moment. Jedes Mal muss sie von uns aufs Neue erschaffen werden, und jedes Mal werden mit ihr auch wir selber neu erschaffen.

Putin lebt in einer Welt ohne Werte. In seiner Welt gibt es nur Preise. Jede Beziehung ist instrumental, ein Geschäft.
Wahrscheinlich gibt es einen Daseinszustand, in dem ein Mensch völlig entmenschlicht ist und eine Umkehr nicht mehr möglich ist. Dies bezieht sich auf ganze Gemeinschaften, welche ihr eigenes Wir als Mass aller Dinge sehen und alles und jeden verachten, der nicht dazugehört.

Das bringt mich wieder zu Kant: „Was einen Preis hat, an dessen Stelle kann etwas anderes, als Äquivalent, gesetzt werden; was dagegen über allen Preis erhaben ist, mithin kein Äquivalent verstattet, das hat seine Würde." Ein Mensch hat keinen Preis, er kann weder ersetzt noch ausgetauscht werden. Ein Mensch hat Würde. Daraus folgt Kants kategorischer Imperativ: Behandle einen Menschen stets als Zweck an sich und niemals als Mittel.
Das ist absolut passend. Solche Menschen und Gemeinschaften sind ausserstande, den anderen, die anderen als Zweck an sich wahrzunehmen. Diese sind für sie ausschliesslich Mittel zum Zweck. Möglich wird das, wenn Menschen den Sinn für die fundamentalen Werte des Menschlichen verlieren.

Der polnische Dichter Stanislaw Jerzy Lec, geboren im damals habsburgischen Lemberg, prägte den Aphorismus „Sein Gewissen war rein, da es niemals benutzt worden war".
Die Konfrontation mit dieser Art Monstrosität ist unglaublich schwierig. Das Wichtigste aber, wenn man auf derartige Kreaturen aus der Unterwelt trifft (und es sind solche Kreaturen, die Mariupol ausradiert haben), ist es, nicht so zu werden wie sie.

Im März sprach Präsident Wolodimir Selenski in einer Rede die russischen Soldaten an: „Wenn ihr euch ergebt, werden wir euch so behandeln, wie Menschen behandelt werden sollten – nämlich mit Würde. So, wie ihr in eurer eigenen Armee nicht behandelt werdet." Für mich war das ein wichtiger Moment, denn es war nicht nur ein Angebot für einen Deal, sondern auch die Bekräftigung eines moralischen Prinzips: Wir werden nicht so werden wie ihr.
Der Westen muss begreifen, dass nicht einzig Putin der Schuldige an diesem Krieg ist. Nicht er hat die Russen erschaffen. Die Russen haben ihn erschaffen. Er ist ihr Instrument, ihr Alter Ego. Er ist das Fleisch und Blut der russischen Kultur, so wie sie ist, ohne Illusion oder Sentimentalität. Und dieser Bestie muss Einhalt geboten werden.

Es kann doch aber nicht sein, dass 144 Millionen Menschen in Russland Sadisten sind.
Aus meiner Sicht besteht der grundlegende Systemfehler der russischen Kultur darin, dass sie sich ganz bewusst ausserhalb und über die allgemeinen menschlichen Werte stellt. „Verstehen kann man Russland nicht und auch nicht messen mit Verstand. Es hat sein eigenes Gesicht. Nur glauben kann man an das Land", schrieb der Dichter Fjodor Tjutschew 1866. Dies ist die universale Formel des russischen Selbstverständnisses.

Der allgemeine Werterahmen erscheint den Russen zu eng. Sie glauben, dass man sie nach universal gültigen menschlichen Massstäben weder beurteilen darf noch soll. Darum ist ihnen alles erlaubt. „Moskau ist das Dritte Rom", das denken sie über sich. Allerdings hat sich gezeigt, dass Moskau nicht das Dritte Rom, sondern das „Vierte Reich" ist.

Glauben Sie, dass man noch irgendwie zu den Russen durchdringen kann?
Ich denke, dass ausschliesslich eine noch nie gesehene, vernichtende Niederlage und eine tiefe Reue die Russen ernüchtern und in die Realität zurückbringen können.

Sie haben viele Leser in Russland. Jene Leute, die Ihnen den Tod bringen wollen, sprechen Ihre Sprache. Was kann man ihnen unter solchen Umständen sagen? Und was heisst das für die Sprache?
Zu Beginn des Jahrhunderts habe ich mich als einen in der russischen kulturellen und sprachlichen Sphäre wirkenden ukrainischen Schriftsteller begriffen. Es wäre mir nie in den Sinn gekommen, auf Ukrainisch zu schreiben. Nach den Ereignissen von 2014 lernte ich Ukrainisch und schrieb einen Roman auf Ukrainisch, um den Russen und allen anderen zu zeigen, dass es selbst für einen russischsprachigen Ukrainer kein Problem ist, Ukrainisch zu lernen. In Interviews sagte ich, dass ich fortan Bücher abwechselnd in beiden Sprachen schreiben würde – einen Roman auf Russisch, einen auf Ukrainisch.

Ich wollte zeigen, dass es niemals einen Grund gegeben hat, die russischsprachige Bevölkerung in der Ukraine vor kulturellen Übergriffen schützen zu müssen – auch heute nicht. Unter diesem Vorwand haben russische Soldaten mich und meine Familie 2014 in Donezk „befreit". Wir mussten vom Donbass nach Kiew umziehen. Natürlich ahnten wir, dass sich die Russen damit nicht zufriedengeben würden. So ist es auch gekommen.

Nach dem 24. Februar fasste ich den festen Entschluss, keinen einzigen Text mehr auf Russisch zu veröffentlichen. Ich möchte nicht von diesen Bestien verstanden werden, welche ukrainische Kinder ermorden. Ich habe ihnen nichts zu sagen. Es gibt keine Sprache, in der es möglich wäre, mit jemandem zu sprechen, der in dein Heim kommt, um dich, deine Frau und dein Kind zu ermorden, der deine Heimat zerstören und dein Land niederbrennen möchte. Und ich habe kein Bedürfnis, weiterhin, und sei es auch indirekt, zur ukrainischen Literatur in russischer Sprache beizutragen. Falls diese fortbesteht, dann ohne mein Mitwirken.

Was mich auch traurig stimmt: Putin verdient die russische Sprache nicht. Diese sollte vielmehr Ihnen gehören. Putin kann mit dieser Sprache nie das erreichen, was Sie mit ihr erreichen. Er kann Tschechow nie so verstehen, wie Sie ihn verstehen. Wieso sollten Sie ihm Ihre Sprache überlassen?
Ich bin einfach ausserstande, weiterhin auf Russisch zu schreiben. Der blosse Gedanke, dass mich jemand als russischen Schriftsteller sehen könnte, weil ich auf Russisch schreibe, ist unerträglich.

Manchmal stelle ich mir vor, dass eines Tages ein ukrainischer Dichter die russische Dichtung retten wird, wie Celan die deutsche Dichtung gerettet hat.
Die russische Dichtung als kulturelles Medium wird durch nichts anderes bedroht als durch sich selbst. Sie muss nur vor sich selbst gerettet werden, und niemandem sonst als den Russen wird das möglich sein, falls sie denn jemals zur Realität erwachen.

Gleich nach Beginn der russischen Invasion habe ich mich mit dem Schriftsteller Jurko Prochasko aus Lwiw ausgetauscht. Einmal fragte ich ihn: Was kann ich für dich tun? Er antwortete: glauben. Woher sollen wir jetzt den Glauben nehmen?
Aus dem Herzen. Aus der Sonne, welche über den Guten und den Bösen gleichermassen aufgeht. Aus den Werken Shakespeares. Aus dem Lächeln deiner Freunde und den Umarmungen deines Kindes. Aus dem warmen Regen des Frühlings und dem blauen Himmel über unseren Köpfen.

Aus dem Russischen von Julian Pokay

Deutschsprachige Erstveröffentlichung des Gesprächs: *Neue Zürcher Zeitung*, 23. Juli 2022, https://www.nzz.ch/feuilleton/die-russen-haben-putin-erschaffen-er-ihr-fleisch-und-blut-ld.1694054 [Zugriff: 22. Dezember 2022]

MARIUPOL UND DAS WARSCHAUER GHETTO

Tomasz Kamusella – 9. August 2022

Über die Invasion von Mariupol durch das russische Militär wurde während des mutigen Widerstands der ukrainischen Armee im Asow-Stahlwerk kontinuierlich berichtet. Trotzdem ist nur wenig über die Erfahrungen der Zivilbevölkerung während der Belagerung bekannt. Ein historischer Vergleich mit dem Warschauer Ghetto könnte helfen, das wahre Ausmaß menschlichen Leids aufzudecken, welches die ukrainische Stadt erlebt hat.

Die russische Belagerung und Plünderung der ukrainischen Hafenstadt Mariupol wird als „schrecklich", „barbarisch", „blutig", „vernichtend" usw. bezeichnet. Diese Bezeichnungen werden dem Blutbad nicht annähernd gerecht; sie verwirren und verschleiern das Vorgefallene, anstatt es zu erklären. Ebenso „normalisieren" sie das Ereignis als gewöhnliches Ergebnis einer von vielen militärischen Operationen. Kann Inflation nicht als „schrecklich", Menschenhandel als „barbarisch", eine Messerstecherei als „blutig" und ein Waldbrand als „vernichtend" bezeichnet werden? Was wird dann aus dem menschlichen Faktor solcher Ereignisse, sprich den Opfern und Tätern? Wie steht es um die Erinnerung?

Erinnerung oder Propaganda?

Ein überaus wichtiger Aspekt fehlt in der aktuellen Diskussion über die Belagerung von Mariupol. Dieses Ereignis sollte letzten Endes aus der Perspektive der Opfer, d.h. der Bewohner:innen Mariupols, dargestellt und verstanden werden. Nur dann können außenstehende Beobachter:innen und Kommentator:innen das Ausmaß der menschlichen Tragödie erahnen, die sich vor ihren Augen auf Fernsehschirmen und in sozialen Medien abgespielt hat. Um ein klares Verständnis von einem eine halbe Million Menschen umfassenden Ereignis zu erhalten, genügt es nicht, Bilder anzuschauen. Es genügt nicht, ein von einer russischen

Rakete getroffenes und in einen Haufen brennenden Schutts verwandeltes mehrstöckiges Gebäude[109], sich in einem Keller versteckende Menschen[110] oder Satellitenaufnahmen[111] von stets größer werdenden namenlosen Massengräbern zu betrachten.

Ein aus intellektueller Sicht vereinfachter Gebrauch von Adjektiven verflacht und atomisiert das betreffende Ereignis genauso wie eine Reihe von Bildern, welche keine zusammenhängende Erzählung bilden. Erschreckenderweise wird die Tragödie im Gegenzug „normalisiert". Obwohl bedauerlich, ist das vermeintlich nichts Außergewöhnliches. Um eine Leugnung dieser Art zu verhindern, braucht es ein umfassendes Narrativ, welches erklären würde, was sich *tatsächlich* ereignet hat. Die Belagerung und Plünderung Mariupols bilden einen Teil der Geschichte von Russlands ungerechtfertigtem Krieg gegen die Ukraine. Gleichzeitig sind die Ereignisse Teil der heldenhaften Verteidigung der Ukrainer:innen gegen die russischen Angreifer:innen (russischen Faschisten bzw. „Raschisten"). So gesehen verschwindet die Belagerung allerdings inmitten militärischer Statistiken von zig, wenn nicht hunderten von Eroberungen ukrainischer Städte und Dörfer. Dieser Ansatz „normalisiert" ebenfalls das in Mariupol Geschehene und spielt damit den Kreml-Propagandisten in die Hände.

Die Belagerung Mariupols muss als eigenständige Geschichte erzählt werden, um jener „Normalisierung" bzw. Ausradierung von Moskaus Taten in der Hafenstadt mit seinen Bewohner:innen entgegenzuwirken. Momentan stehen uns Bruchstücke von Informationen und Geschichten Überlebender zur Verfügung, die größtenteils keinen Zusammenhang haben. Die belagernden russischen Truppen taten ihr Bestes, um der Stadt den Zugang zum Internet sowie mobilen Netzwerken abzuschneiden.[112] In der Tat erreichten sie Ende März ihr Ziel zur Gänze. Damals begann sich die Weltöffentlichkeit gegen Russland zu wenden. Dies folgte auf den am 16. März stattgefundenen Luftangriff auf das Theater von Mariupol (Akademisches Drama-Theater des Oblast Donezk), in dem etwa 1.200 Personen – vor allem Kinder, Frauen und ältere Menschen – Schutz gesucht hatten. Mindestens die Hälfte kam bei dem Angriff ums Leben.[113]

Nachdem Mariupol von der Außenwelt abgeschnitten worden war, konnten sich ausschließlich die Russen ein Bild von der Situation in der Stadt machen. Die Besatzer behalten dieses Wissen für sich und ermöglichen somit russischen Propagandisten, die Ereignisse so zu manipulieren, dass sie den aktuellen Bedürfnissen des Kreml entsprechen. Es wird Jahre oder sogar Jahrzehnte dauern, die Teile dieses Puzzles zusammenzusuchen, zu sortieren und zu analysieren, bis wir eine vollständige Geschichte der Belagerung Mariupols schreiben können.

Im Augenblick ist der Schutz der Belagerungsgeschichte vor „Normalisierung“ und Erinnerungsverlust eine dringendere Aufgabe. Genau das versucht die russische Regierung zu verhindern. Erinnern wir uns daran, was nach der gleichermaßen barbarischen Invasion der tschetschenischen Hauptstadt Dschowchar Ghala (Grosny) 2001 passiert ist. Zunächst haben die Vereinten Nationen das Geschehene zur Kenntnis genommen und Grosny zur „am meisten zerstörten Stadt der Welt“ erklärt.[114] Daraufhin pumpte Russland zwischen 2003 und 2008 riesige Geldmengen in den Wiederaufbau von Grosny. 2009 zeichneten die Vereinten Nationen diese Leistung mit dem UN-HABITAT-Preis aus, was den Höhepunkt der „Normalisierung“ bzw. der stillschweigenden Einwilligung in die russische Rekolonisierung Grosnys und ganz Tschetscheniens bildete.[115] All dies wurde auf den Knochen der Opfer des russischen Genozids an der tschetschenischen Bevölkerung erreicht.[116]

Anhand dieses vielsagenden Beispiels erhofft sich der Kreml inmitten der andauernden Invasion der Ukraine, dass der „kollektive Westen“ endlich „zu Sinnen kommen wird“. Moskau verbreitet die Idee, dass gewinnbringende Geschäfte es wert sind, die Augen vor einer unbequemen Wahrheit zu verschließen, nämlich der eines weiteren Völkermords – diesmal an den Ukrainer:innen. Dann könnte das von russischen Imperialisten mithilfe von westlichen Petrodollar wiederaufgebaute Mariupol an der Reihe sein, um von den Vereinten Nationen ausgezeichnet zu werden. Ich hoffe, dass ich mich irre. Doch wenn die Tschetschen: innen derart behandelt werden konnten, dann könnte die demokratische Welt im Fall der Ukrainer:innen dasselbe Schicksal leichtfertig akzeptieren.

Demokratie oder Imperialismus und Autoritarismus?

Ein russischer Sieg in der Ukraine würde die Europäische Union tödlich verwunden und im Gegenzug das totalitäre China in seinem Bestreben ermutigen, die größte Wirtschaft der Welt und eine unantastbare Supermacht zu werden.[117] Demokratie und Menschenrechte wären dann im Hintergrund bzw. auf einen marginalisierten Westen beschränkt, wo viele prinzipienlose Politiker:innen versuchen würden, den „Erfolg" der autoritären bis totalitären Modelle Chinas, Russlands und ihrer Verbündeten, sei es Iran, Nordkorea, Venezuela oder Simbabwe, nachzuahmen.[118] Dann würde Macht vor Recht gehen und den Aufstieg einer neuen Form von Imperialismus begünstigen. Dieser würde die Grundlage des modernen Völkerrechts ersetzen, welches auf dem Prinzip der Gleichheit der Staaten beruht. Stattdessen würde es eine von China und Russland angeführte Welt Staaten erlauben, schwächere und kleinere Länder zu bedrohen.

Ein düsteres, aber nicht unmögliches Szenario, wie das dunkle 20. Jahrhundert uns allen bewiesen hat. Die existentielle Gefahr für Demokratie, Menschenrechte und den Weltfrieden unterstreicht die Notwendigkeit, die Geschichte der Belagerung Mariupols so zu untersuchen und zu erzählen, dass die Tragödie der Opfer und Überlebenden vollständig wiedergegeben wird. Das Problem besteht darin, dass uns nicht alle notwendigen Details bekannt sind. Einerseits lässt Russland sie nicht durchsickern, andererseits wurden zahlreiche ukrainische Überlebende und Augenzeugen nach Sibirien[119], in die Arktis[120] sowie in Russlands Fernen Osten[121] deportiert (einschließlich Sachalin und der an das nördliche Japan angrenzenden Kurilen). Ohne Internetzugang, geschweige denn finanzielle Mittel, um in die Ukraine und nach Europa reisen zu können, sehen sich diese Vertriebenen angesichts eines nahenden Winters tagtäglich mit der Aufgabe des Überlebens konfrontiert.[122]

Unter solchen Umständen bietet sich ein Vergleich mit einem geeigneten Beispiel aus der Vergangenheit als beste Lösung an, der Welt die Tragödie von Mariupols Belagerung und Zerstörung vorzustellen. Das Schicksal von Dschowchar Ghala (Grosny) könnte hier ein geeigneter Vergleich sein. Allerdings hat der

Westen in den auf die Tschetschenienkriege folgenden Jahrzehnten seine Pflicht vernachlässigt, den tschetschenischen Genozid durch russische Neoimperialisten zu untersuchen, zu verstehen und seiner zu gedenken. Die Geschichte der Belagerung und Zerstörung von Dschowchar Ghala muss erst geschrieben werden. Aus diesem Grund kann sie nicht zum Vergleich mit Mariupol herangezogen werden.

Mariupol und das Warschauer Ghetto

Die russische Propaganda beschuldigt die Ukraine unentwegt des Nazismus und liefert dem Kreml somit eine trügerische Rechtfertigung für seinen anhaltenden neoimperialen Landraub. Doch wirft Moskau Kyjiw in einer zynischen Umkehrung der Bedeutungen ein Verbrechen vor, dessen sich die russische Regierung und Eliten selbst schuldig gemacht haben. Es ist russischer Faschismus bzw. „Raschismus“, welcher das totalitäre System des Landes untermauert und Moskaus neoimperiale Ambitionen legitimiert.[123]

Nazi-Deutschland zerstörte die polnische Hauptstadt Warschau als Strafe für den Aufstand ethnischer, d.h. katholischer Polen, gegen die deutschen Besatzer. In der Folge wurden zwei Drittel der Gebäude und Infrastruktur der Stadt in Schutt und Asche gelegt. Vor der geplanten Zerstörung wurde die verbleibende Bevölkerung zum Verlassen der Stadt gezwungen. Ein Großteil wurde in Konzentrations- und Arbeitslager gebracht. Allerdings hat das Stadtgefüge von Mariupol noch größeren Schaden genommen, da mindestens 95 Prozent der Infrastruktur dem Erdboden gleichgemacht worden sind.[124] Dies hat sich in einem viel kürzeren Zeitraum ereignet: zwischen 24. Februar und 20. Mai 2022.

Das Warschauer Ghetto eignet sich daher eher für einen Vergleich mit Mariupol. Obwohl es sich innerhalb der polnischen Hauptstadt unter deutscher Besatzung befand, war es doch eine eigenständige Stadt. In das Ghetto, das von 1940 bis 1943 bestand, zwangen die Deutschen ca. eine halbe Million jüdischer Bewohner:innen der Hauptstadt und ihrer Umgebung.[125] Diese Zahl entspricht ziemlich genau der Bevölkerung Mariupols vor dem Krieg. Außerdem wurden über 95 Prozent der Gebäude und Infrastruktur des Warschauer Ghettos zerstört. Alles, was nach dem Aufstand von 1943 übrigblieb, war die das Ghetto von der restlichen Stadt trennende Mauer sowie eine einzige katholische Kirche, welche wegen Grundrissplanung innerhalb des Ghettos liegen musste.[126]

Die Deutschen schlossen die Juden im Ghetto ein, um sie ihrer Grundstücke sowie anderer Besitztümer wie Geld und Schmuck berauben zu können. Der Diebstahl und die daraus resultierenden Einschränkungen nahmen den Juden auch Würde und Menschlichkeit in den Augen von Nichtjuden. Traditionellem Antisemitismus geschuldet, verschlossen jenseits der Ghettomauer die meisten Nichtjuden die Augen vor der hässlichen Realität. Das wurde zusätzlich durch die antisemitische Gesetzgebung und Propaganda in Nazi-Deutschland verstärkt. Mithilfe von gestohlenem jüdischem Eigentum „erkauften" sich die deutschen Okkupanten erfolgreich die Unterstützung bzw. Gleichgültigkeit katholischer Warschauer:innen für die Gefangennahme und anschließende Vernichtung jüdischer Warschauer:innen.[127]

Ich möchte hervorheben, dass ich weder das Schicksal der Bewohner:innen von Mariupol noch die Bedingungen, unter welchen die Ukrainer:innen während der ungerechtfertigten Invasion Russlands leben müssen, mit dem Holocaust gleichsetze. Allerdings hat Moskaus „Denazifizierungsprogramm" in der Ukraine schon seinen „Wannseekonferenz-Moment" erlebt.[128] Am 3. April 2022 veröffentlichte die russische Nachrichtenagentur RIA einen Artikel, der die Vernichtung politischer, kultureller und militärischer Eliten in der Ukraine forderte.[129] Danach würde ein Großteil der Ukrainer:innen für mindestens 25 Jahre in Konzentrations- oder Zwangsarbeits- bzw. Umerziehungslager nach chinesischem Vorbild eingesperrt werden. Ziel ist die vollständige Auslöschung der ukrainischen Sprache, Kultur und Identität.

Die meisten Kommentator:innen sehen in diesem Handlungsplan einen schrecklichen Entwurf eines weiteren Genozids[130] an den Ukrainer:innen, ähnlich dem Holodomor[131] in der Sowjetunion (1932–33). Das zunehmend genauer dokumentierte Massaker von Butscha bei Kyjiw, aus dem die russischen Truppen Ende März abgezogen sind, ist ein gutes Beispiel dafür. International besteht weitgehend Übereinstimmung darüber, dass dieses Massaker ein Kriegsverbrechen[132] darstellt und einem Genozid[133] nahekommt. Darüber hinaus waren zwei Drittel der 3.000 (Tendenz steigend) auf die Ukraine abgefeuerten Raketen gegen Zivilobjekte gerichtet.[134] Das beweist, dass Moskaus Hauptziel darin besteht, so viele ukrainische Zivilpersonen wie möglich zu töten und zu terrorisieren, anstatt in eine militärische Konfrontation mit der ukrainischen Armee verwickelt zu werden.

Schließlich ähnelt das hoffnungslose und dennoch notwendige letzte Gefecht des Aufstandes im Warschauer Ghetto (19. April bis 16. Mai 1943) der einmonatigen Belagerung ukrainischer Soldaten, Freiwilliger und einiger Zivilpersonen durch übermächtige russische Truppen im gewaltigen Asow-Stahlwerk (20. April bis 20. Mai 2022).[135] Wenige an dem Aufstand im Warschauer Ghetto beteiligte Soldaten haben überlebt. Jene, denen es gelungen ist, mussten sich verstecken, da die Deutschen sie gemeinsam mit den verbleibenden jüdischen Bewohner:innen des Ghettos jagten, um sie entweder an Ort und Stelle zur Strecke zu bringen oder in nahe gelegene Vernichtungslager zu deportieren. Offiziell hegt der Kreml keine derart blutrünstigen Pläne gegen die Verteidiger:innen von Asow-Stahlwerk. Allerdings wird nach der Ankündigung der russischen Regierung, dass diese sich jetzt in Gefangenschaft befindlichen Verteidiger:innen Kriegsverbrechen beschuldigt und angeklagt werden, ein ähnlicher Wunsch immer klarer.[136] Von Moskaus Propaganda als „Naziverbrecher" dargestellt, werden die Verteidiger:innen vom Asow-Stahlwerk verleumdet und entmenschlicht. Das macht den Ausgang solcher Gerichtsverhandlungen umso erwartbarer. Sollte es jemals zu ihnen kommen, werden sie mit der Todesstrafe für alle 2.500 Kriegsgefangenen enden.

Es ist erwähnenswert, dass sich die Russen – wie ehemals die Deutschen während des Zweiten Weltkriegs – an zahlreichen kriminellen Aktivitäten beteiligen. So können wir den Vergleich zwischen Mariupol und dem Warschauer Ghetto zu Ende führen. Die russischen Truppen marodieren und plündern nach

Lust und Laune (und mit „offizieller Genehmigung“) privaten und öffentlichen Besitz in der gesamten okkupierten Ukraine, einschließlich Mariupol. Wertvolle Gegenstände werden aus ukrainischen Museen entwendet,[137] Metall aus Asowstal[138] und Millionen Tonnen ukrainisches Getreide aus dem Land geschafft. Russische Soldaten und Vertreter:innen der Besatzungsverwaltung „bedienen sich“ auch an dem Besitz der Bürger:innen, vor allem Autos, Smartphones und Laptops.[139]

Die russischen Besatzer rauben sogar humanitäre Hilfsgüter und verkaufen sie auf dem Schwarzmarkt.[140] Das macht das Leben der weniger als 100.000 in der zerstörten Stadt zurückgebliebenen Einwohner:innen noch kümmerlicher.[141] Sie haben weder Strom noch fließendes Wasser. Während die Hungersnot um sich greift, verseuchen verwesende Leichen das vorhandene noch nutzbare Grundwasser.[142] Unterernährte und traumatisierte Zivilist:innen sterben auch aus Mangel an grundlegenden lebensrettenden Medikamenten.[143] Kein Wunder, dass vereinzelte Cholera-Ausbrüche eine großflächige Epidemie auslösen könnten, falls sie nicht frühzeitig eingedämmt werden. Russische „humanitäre Hilfe“ ist absolut unzureichend, dient jedoch der Propaganda.[144] Das ist nämlich die Priorität des Kreml: Propaganda. Da es in Mariupol keinen Strom gibt, kann sie die verbliebenen Bürger:innen nicht via Fernsehen erreichen. Aus diesem Grund werden an verschiedenen Orten der zerstörten Stadt „mobile Informationssysteme“ bzw. aus China stammende Lieferwagen mit großen Bildschirmen aufgestellt, damit das Narrativ des Kreml für alle verfügbar ist.[145]

Beispiellose Beschleunigung

Der Hauptunterschied zwischen dem Warschauer Ghetto und Mariupol besteht darin, dass Nazi-Deutschland das Ghetto als Instrument des Holocausts erschaffen hat, während die Russen Mariupol belagert haben, um die Einwohner:innen der Stadt zu russifizieren. Nichtsdestotrotz waren beide städtische Bevölkerungen mit ähnlichen Problemen konfrontiert. Sie hungerten, hatten keinen Zugang zu lebensrettenden Medikamenten und fließendem Wasser, und waren den Elementen ausgesetzt.

Obwohl es nichts an der Sache ändert, dürfen wir nicht vergessen, dass die Deutschen die überlebenden Ghettobewohner:innen in Todeslager transportiert haben.[146] Den katholischen Bürger:innen Warschaus sollte der Anblick der Ermordung ihrer jüdischen Nachbar:innen erspart bleiben. Eine solche Detailgenauigkeit sucht man in Mariupol vergeblich. Es zählte Schnelligkeit, um die für die „spezielle militärische Operation" unveröffentlichten Fristen des russischen Präsidenten einzuhalten.[147] Immerhin hat sich der Kreml anfangs erhofft, die gesamte Ukraine bzw. ihren Großteil in weniger als zwei Wochen zu erobern.[148] Da sichere Korridore niemals wirklich geöffnet worden waren, konnten die Bewohner:innen Mariupols die Stadt nicht verlassen. Viele verloren anschließend unter wahllosem russischem Beschuss ihr Leben. Die Mehrheit der Opfer ist noch immer unter den Trümmern der eingestürzten Wohnhäuser begraben. Vorsichtige Schätzungen gehen davon aus, dass sich die Zahl der zivilen Todesopfer auf 22.000 beläuft.[149] Diese wird in Zukunft leider steigen und dementsprechend angepasst werden müssen. Allerdings kann es sein, dass wir das wahre Ausmaß niemals kennen werden, da die russischen Okkupanten anscheinend mobile Krematorien zum Einsatz gebracht haben, um die Zahl der in den Straßen zurückgelassenen toten Zivilpersonen und Soldaten drastisch zu reduzieren.[150]

Die Deutschen haben zwei Jahre und sieben Monate gebraucht, um das Warschauer Ghetto von der Außenwelt zu isolieren, seine Einwohner:innen verhungern und wegbringen zu lassen, und es dann dem Erdboden gleich zu machen. Dank moderner Technologien der Kriegsführung und schamloser Zerstörung haben die Russen das deutsche Modell erheblich verbessert. Im belagerten Mariupol hat der Kreml innerhalb von drei Monaten ähnliche Ziele erreicht. Folglich waren die Russen mindestens zwölf Mal schneller und effizienter als die Deutschen. Das sind schwindelerregende 1200 Prozent Beschleunigung des Kriegsgeschehens. Ich wage nicht, das Wort „Fortschritt" zu gebrauchen.

Die technokratische Schlussfolgerung widerspricht dem Ziel dieses Artikels, die Tragödie von Mariupols Bewohner:innen für die Welt sichtbarer zu machen. Immerhin schrieb ein anonymer US-Journalist, der die völkermörderische Dimension des sowjetischen Totalitarismus kommentierte, die folgende „Weisheit“ Josef Stalin zu: „Der Tod eines einzelnen Mannes ist eine Tragödie, aber der Tod von Millionen nur eine Statistik.“ In Wahrheit ist sie auf eine Aussage des deutsch-jüdischen Satirikers Kurt Tucholsky aus dem Jahr 1925 zurückzuführen.

Indem die Leser:innen die allgemeine Handlung der Belagerung Mariupols und ihre Gemeinsamkeiten mit dem Warschauer Ghetto kennen, sind sie nun mit der schwierigen Aufgabe konfrontiert, den Rahmen mit menschlichen Geschichten zu füllen. Wie haben sich die Zivilist:innen im belagerten Mariupol gefühlt? Was haben sie gedacht? Wie haben sie auf Todesgefahr reagiert und mit Anderen interagiert? Was haben sie getan, um den letzten Rest ihrer Würde zu schützen? Wie sind die Opfer ums Leben gekommen? Wie sieht das Leben für die Überlebenden und die in das eisige Landesinnere Russlands Verbannten aus?

Da ich weder Schriftsteller bin noch die Belagerung Mariupols selbst miterlebt habe, kann ich bei dieser Aufgabe nicht behilflich sein. Wir benötigen jetzt dringend eine Notlösung, um die Opfer und Überlebenden vor einer Reduzierung auf entmenschlichte Statistiken zu bewahren. Die Geschichte des Warschauer Ghettos spielt auch hier wieder eine Rolle. Nehmen wir zum Beispiel den Schriftsteller Dawid (Bogdan) Wojdowski, der den Holocaust als Kind erlebte. Er verbrachte seine Kindheit im Ghetto und machte es sich anschließend zur Lebensaufgabe, menschliche Geschichten dieses beispiellosen völkermörderischen Martyriums aufzudecken und der ganzen Welt vorzustellen. Wojdowskis Opus magnum über Leben und Tod im Warschauer Ghetto, bekannt als „Brot für die Toten“, ist vielleicht der beste während des Kommunismus veröffentlichte polnischsprachige Roman.[151] Bis zu einem gewissen Grad beantwortet dieses Buch auch viele Fragen darüber, wie die Menschen im belagerten Mariupol fühlten, starben und überlebten.

Ich danke dem Slavic-Eurasian Research Center an der Hokkaido University (Sapporo, Japan) für die Unterstützung, die es mir ermöglichte, diesen Artikel zu recherchieren und ihn zu schreiben.

Die darin vertretenen Meinungen und Argumente sind die des Autors und stellen keine offizielle Position des Slavic-Eurasian Research Center dar.

Aus dem Englischen von Julian Pokay

Erstveröffentlichung des Originaltexts: Tomasz Kamusella, „Mariupol and the Warsaw Ghetto", *New Eastern Europe*, 9. August 2022, https://neweasterneurope.eu/2022/08/09/mariupol-and-the-warsaw-ghetto/ [Zugriff: 22. Dezember 2022]

DAS HERRSCHERVOLK REGIERT NOCH IN DEN KÖPFEN

Botakoz Kassymbekova, Annette Werberger – 23. August 2022

Die Dekolonisierung der russischen Geschichte ist nötig, um die Entstalinisierung zum Abschluss zu bringen.

Dem 2019 verstorbenen amerikanischen Historiker Mark von Hagen ist es wesentlich zu verdanken, dass die Geschichte der Ukraine ernst genommen wird. Der Artikel mit dem provokanten Titel „Does Ukraine Have a History?", den er 1995 in der „Slavic Review" publizierte, war insbesondere an westliche Historiker gerichtet. Von Hagen hat später immer wieder erzählt, dass er über seine Beschäftigung mit der Ukraine und durch den engen Kontakt mit ukrainischen Forschern eine Art innere Dekolonialisierung als Historiker durchlaufen habe.

Er begann Quellen in Ukrainisch zu lesen und neue Kontexte zu entdecken. Unverständliches Material erhielt plötzlich einen neuen Sinn. Als angesehener Professor wusste er genau, dass man sich mit einer derartigen Confessio in der Historikerzunft dem Vorwurf der Unprofessionalität und des oberflächlichen politischen Aktivismus aussetzt. Aber er bestand darauf, dass ihn seine Zuwendung zur Ukraine zu einem besseren Erforscher des Russischen Reichs und der Sowjetunion insgesamt gemacht habe. Er wollte einer jüngeren Generation Mut machen, eigene Wege abseits der Zentralstellung des Russischen in den Osteuropastudien zu gehen.

Warnung vor antirussischen Erzählungen

In den Monaten seit dem Beginn des russischen Angriffskriegs gegen die Ukraine hat es viele Veranstaltungen gegeben, auf denen Vertreter der historischen Osteuropastudien über die Zukunft ihrer Fächer diskutierten. Unter der Losung der Dekolonisierung wurde ein besseres Verständnis der kolonialen Kontinuitäten in der Region gefordert. In diesem Kontext haben sich die Osteuropahistoriker Robert Kindler, Tobias Rupprecht und Sören Urbansky am 8. August im Feuilleton der F.A.Z. in dem Artikel „Die Verdammten der russischen Erde“ mit der „postkolonialen“ Geschichtsschreibung auseinandergesetzt. Sie warnen vor einer „Repolitisierung oder Moralisierung der Vergangenheit“, die dazu verleite, „Narrative zu bedienen, die auf eine Affirmation ‚antirussischer‘ Nationalgeschichten hinauslaufe[n]“.

Dekolonisierung in den Wissenschaften ist ein Prozess, der strukturelle und politische Veränderungen mit sich bringen wird, denn auch Teile der europäischen Wissenschaften basieren auf einem moralischen Wertesystem, das ethnische oder kulturelle Überlegenheit oftmals als Rationalität und Neutralität ausgibt. Vor der Oktoberrevolution von 1917 verstand sich das Russische Reich als stolze Kolonialmacht auf einer Ebene mit Großbritannien oder Frankreich. Die Sowjetunion gab sich hingegen als antiimperiale Union aus, die mit dem Zarenreich auch den Kolonialismus beendet haben wollte. Da der heutige russische Präsident Putin mit seinem Krieg so etwas wie eine Wiederherstellung der Sowjetunion im Schilde führt und im diplomatischen Verkehr mit afrikanischen Ländern versichert, Russland sei nie kolonial gewesen, wird die Frage akuter, ob die Sowjetunion tatsächlich antikolonial war und warum Russland heute der einzige postsozialistische Staat bleibt, der die Sowjetunion mit Gewalt wiedererstehen lassen möchte.

Da die Bolschewiki den Kolonialismus als ein Produkt von Kapitalismus und Imperialismus betrachteten, glaubten sie, dass der Sozialismus ihn automatisch beenden werde. Die Sowjetunion erwies sich hingegen als imperiale Diktatur, welche die russische Nation in ihr Zentrum setzte. Stalin proklamierte das russische Volk zum größten und wichtigsten Volk der Sowjetunion. Viele Völkergruppen wurden durch Deportationen oder künstlich herbeigeführten Hunger völkermörderisch unterdrückt. Das frühsowjetische Versprechen auf Selbstbestimmung wurde nicht realisiert und verwandelte sich in öffentliche Inszenierungen der „Völkerfreundschaft“.

Deutsche galten als besonders gefährlich

Politische Eliten, die sich eine andere Zukunft für ihre Völker vorstellten, wurden ausgelöscht. Zudem wurden einige Gruppen als feindliche Völker bezeichnet, weil sie angeblich mit Ausländern kollaborierten. Diese Stereotype zielten meist auf Nichtrussen, die als besonders gefährlich galten (Deutsche, Tschetschenen, Krimtataren, Koreaner) oder als unterentwickelt betrachtet wurden. Die Russen wurden als Maßstab der zivilisatorischen Entwicklung angesehen. Wer Aufstiegschancen suchte, musste sich russifizieren. Stalin nutzte die russische Kultur aus, um Nichtrussen ihre Kulturen abzusprechen und zu eliminieren.

Nach dem Zerfall der Sowjetunion waren viele Russen überrascht darüber, dass andere Völker plötzlich Unabhängigkeit verlangten statt sich beim russischen Volk zu bedanken. Die Russen waren von Stalin dazu erzogen worden, sich als bestes Volk zu verstehen, das sich opfere, um andere zu „entwickeln“ oder vor dem Nazismus sowie dem westlichen Kolonialismus zu retten. Den Erfolg des Erziehungsprogramms belegen Aussagen zweier berühmter russischer Schriftsteller: Joseph Brodskys lyrischer Einspruch gegen die Unabhängigkeit der Ukraine und Alexander Solschenizyns Ruf nach der Annexion von Nordkasachstan. Beide Autoren waren dissidentische Kritiker des sowjetischen Systems aber nicht der russischen Überlegenheit. Die Entstalinisierung des Denkens bleibt ohne Dekolonisierung unvollendet.

Niemand will zurück in die Union

Putin gründet seine Rhetorik auf sowjetischem Selbstlob der Stalinzeit. Stalin entpolitisierte das Konzept der Nation, er ließ nur eine folkloristische, bäuerliche Repräsentation nichtrussischer Nationen zu. Bis heute verweigert Putin den Ukrainern ein politisches Konzept von Nation. Indes verstehen sich Ukrainer und andere Nachbarn Russlands mittlerweile als politische Nationen, die ein multiethnisches und bilinguales Verständnis ihrer Bevölkerung pflegen.

Man streitet sich bis heute über die Faktoren, die zum Kollaps der Union der Sowjetrepubliken führte. Niemand bestreitet aber die Tatsache, dass die ehemaligen Republiken nicht in die ungleiche und unfreie, durch militärische Gewalt entstandene Union zurückkehren möchten. Die sowjetische Kolonialität unterscheidet sich zwar von westlichen Formen des europäischen Kolonialismus, aber sie ähnelt ihnen auch. Der Bruch mit dem Mythos von der großen multiethnischen Sowjetunion, die nichts mit Kolonialismus zu tun hat, ist eine riesige gesellschaftliche Aufgabe, bei der die historischen Wissenschaften eine wichtige Rolle spielen sollten. Als „antirussisch" lässt sie sich nicht abtun.

Warum blieben Kolonialisierungsprozesse in der Osteuropaforschung oft unsichtbar? Sie wurden positiv im Rahmen der sozialistischen Variante von Modernisierung gelesen. Außerdem betrafen sie Europäer und Nichteuropäer gleichermaßen, und historische Wissensproduktion fand unter geopolitischen Vorannahmen statt, wie sie sich in der Formel der „Einflussgebiete" verdichten. Man fuhr in den Osteuropastudien im Fahrwasser der russischen Staatlichkeitsidee und glaubte mit der russischen Sprache alle Phänomene abdecken und beforschen zu können. Auch Putin präferiert eine Geschichtsschreibung, die Russland ins Zentrum stellt und diese Zentralität gleichzeitig verwischt, indem man sich hinter der polyethnischen Herkunft russifizierter Eliten versteckt.

Das Beispiel Mark von Hagens zeigt, dass ein fundierter dekolonialer Ansatz auf Archivbesuchen und Spracherwerb beruht, keineswegs ein bestimmtes Geschichtsverständnis vorschreibt oder nur agitatorischen Aktivismus befördert. Die Diversifizierung der Osteuropastudien und der Umbau von Strukturen, Studiengängen und internationalen Kontakten ist eine wichtige Investition, damit wir in Europa in Zukunft in den Morgenstunden seltener von „der Geschichte" überrascht werden. Die deutsche Wissenschaftscommunity sollte denjenigen, die völkermörderisch bedroht wurden, offen entgegenkommen, auch weil sie selbst eine solche Bedrohung nie erfahren musste. Als Neutralität wäre die von der Wissenschaft bei dieser Thematik geforderte Haltung falsch beschrieben. Zu oft verweist der Anspruch auf Neutralität darauf, dass man alte Privilegien weiter genießen möchte. Was für den einen wertneutral ist, kann für den anderen die Duldung einer Praxis der Gewalt darstellen.

Mark von Hagen hat den 24. Februar 2022 vier Jahre zuvor bei seinem letzten Besuch an der Europa-Universität Viadrina in Frankfurt an der Oder vorhergesehen: „Wenn die Dinge noch schlimmer werden", sagte er, „wird das wieder unsere Aufgabe sein, so leid es mir tut. Die Ukrainischen Freien Universitäten werden wieder Menschen aufnehmen müssen, die vor der bolschewistischen Herrschaft fliehen, die sich zwar nicht mehr Bolschewiken nennen, sondern wohl faschistische Herrschaft. Es tut mir leid, dass ich Ihnen keinen optimistischeren Ausblick geben kann."

Erstveröffentlichung: *Frankfurter Allgemeine Zeitung*, 23. August 2022, https://www.faz.net/aktuell/feuilleton/debatten/russland-das-herrschervolk-regiert-noch-in-den-koepfen-18261109.html [Zugriff: 22. Dezember 2022]

AUCH IM KULTURBETRIEB MÜSSEN SANKTIONEN GEGEN RUSSLAND EINGEFÜHRT WERDEN

Natalka Sniadanko, Tanja Dückers – 30. August 2022

Der aus Lwiw stammenden Schriftstellerin, Journalistin und Übersetzerin Natalka Sniadanko gelang über Umwege die Flucht nach Deutschland. Derzeit lebt sie mit ihren Kindern in Marbach und arbeitet dort am Deutschen Literaturarchiv. Zahlreiche ihrer Bücher sind auch auf Deutsch erschienen, so zuletzt 2021 „Der Erzherzog, der den Schwarzmarkt regierte, Matrosen liebte und mein Großvater wurde". Sniadanko übersetzt unter anderem vom Deutschen ins Ukrainische – darunter Franz Kafka und Günter Grass. Tanja Dückers spricht mit ihr über ihre Flucht, die Arbeit in Deutschland, die ukrainische Sprache, das Verhältnis zu Russland und mehr.

Tanja Dückers: Frau Sniadanko, Sie sind Ende Februar über Polen und Ungarn nach Deutschland gekommen. Wie lief das ab?

Natalka Sniadanko: Das war alles purer Zufall. Wir wollten Freunde in Krakau besuchen und fuhren am 19. Februar nach Polen. Die ganze Familie, mein Mann, unsere beiden Kinder und ich. Aber an der Grenze stellte sich heraus, dass der Impfstoff, mit dem mein Sohn geimpft wurde, in Polen nicht anerkannt wird. Trotz gültiger negativer Tests wurde mein Sohn für eine Woche in Quarantäne geschickt. So sind wir zu dritt in Krakau geblieben, mein Mann fuhr am 21. Februar wieder zurück in die Ukraine und wollte uns nach der Quarantäne abholen. Am 24. begann der Krieg.

Das ist eine absurde Geschichte.

In der Tat. Noch am 23. Februar schrieb mir eine Bekannte, eine in Budapest lebende Übersetzerin: „Mein Mann und ich fahren den ganzen März über weg, willst du nicht in unserer Wohnung Urlaub machen und die Blumen gießen?" Am nächsten Tag war die Antwort auf die Frage schon klar, und so sind wir nach Budapest gefahren. Zuerst dachte ich, okay, meine Reise endet hier. Bis Ende März wird alles wieder in Ordnung sein in der Ukraine. Aber nach anderthalb Wochen Krieg war ich mir nicht mehr so sicher. Es meldeten sich mehr und mehr Bekannte, mit denen ich seit vielen Jahren keinen Kontakt mehr hatte. Alle wollten helfen und informierten mich über Möglichkeiten, einen Aufenthalt im Ausland zu organisieren. Und da kam mir eine andere Übersetzerin zur Hilfe, Claudia Dathe, die seit Jahren aus dem Ukrainischen ins Deutsche übersetzt. Sie meinte: „In Marbach soll es ein neues Stipendium geben, ein ›Artist-in-Residence‹-Programm, für Schriftsteller. Es könnte für dich sehr gut passen." Und sie hatte recht. Innerhalb von wenigen Stunden wurde alles geregelt, und ich fuhr mit meinen Kindern nach Marbach am Neckar. Es geht uns sehr gut hier. Wir werden betreut und freundlich aufgenommen. Mein Sohn studiert bereits an der Universität Stuttgart. Meine Tochter geht ans Friedrich-Schiller-Gymnasium in Marbach. Und ich darf sogar mit Originaldokumenten im Deutschen Literaturarchiv arbeiten.

Und wie geht es nun Ihrem Mann in der Ukraine?
Mein Mann war von Kriegsbeginn an entschlossen, sich freiwillig zu melden, und das tat er auch, trotz gesundheitlicher und anderer Probleme. Jetzt ist er an der Front.

Wo ist Ihr Mann genau? Haben Ihre Kinder und Sie regelmäßig mit ihm Kontakt?
Mein Mann ist zum Glück nicht direkt an den gefährlichsten Orten, sondern derzeit mit Lieferungen und Reparaturen beschäftigt. Ja, wir sind in Kontakt.

Eine äußerst belastende Situation für alle.
So ist es.

Ihr Deutsch ist wirklich sehr gut. Dabei ist es lange her, dass Sie in Freiburg studiert haben. Haben Sie denn als Schriftstellerin auch literarische Termine in Deutschland?
Ja, ich habe viele Pressetermine und Lesungen. Ich kann natürlich nicht alles wahrnehmen, da die Nachfrage so groß ist. Und

außerdem bin ich – wie auch viele andere ukrainische Schriftsteller – der Meinung, dass die Sanktionen gegen Russland bis Kriegsende auch im Kulturbetrieb eingeführt werden müssen, nicht nur in Wirtschaft, Sport oder Politik. Es erscheint in der kulturellen Sphäre sogar besonders wichtig, da dort oft Kriegspropaganda betrieben wird. So sage ich alle Veranstaltungen ab, bei denen ich gemeinsam mit russischen Autoren diskutieren soll.

Es wurden hier in Deutschland aber durchaus schon vonseiten der Veranstalter Engagements und Verträge aufgekündigt, wenn russische Künstlerinnen und Künstler sich kremlnah gaben.
Ja, in ein paar Fällen stimmt das. Manche Stiftungen sagen auch, dass jetzt kein Austausch mit Russland stattfindet.

Teilen Sie die Empfindung, dass in vielen westeuropäischen Ländern die ukrainische Kultur bislang nicht ausreichend als eigenständige Kultur wahrgenommen und marginalisiert wurde im Vergleich zur russischen?
Absolut, ja. Viele haben immer noch die alte postkoloniale Optik und sehen die Ukraine als russisches Gebiet, vor allem kulturell. Ein Beispiel: Das Goethe-Institut in Kiew war bis vor Kurzem dem Goethe-Institut in Moskau untergeordnet – und eben nicht direkt der Zentrale in München. Und es gibt ganz viele solcher Beispiele. Ich hoffe, es wird sich nach dem Krieg ändern. Russland hat sehr viel Geld in Propaganda unterstützende Kultur gesteckt wie die Literatur – auf der ganzen Welt, nicht nur in Deutschland, nicht nur in Europa, vor allem aber in der Ukraine selbst. Es gab Zeiten, in denen die russischen Verlage bis zu 90 Prozent ihres Umsatzes in der Ukraine gemacht haben. Der Inhalt des aus Russland importierten Medienkontingents war so hoch, dass man Quoten einführen musste, um das ukrainische Kontingent zu erhöhen. Anfang des Jahres 2013 sagten Experten aus der Fernsehindustrie in Kiew, dass Quoten von 20 Prozent für den ukrainischen Anteil im ukrainischen Fernsehen unrealistisch hoch seien. Jetzt ist es wesentlich mehr. Die Quoten haben viel gebracht.

Inwiefern?
Bevor die Sprachquoten eingeführt wurden, um die Menge der aus Russland importierten Sendungen zu reduzieren, hatten wir eine ganz andere Situation in den östlichen Gebieten der Ukraine, die am meisten russifiziert und dem permanenten Einfluss der russischen Propaganda ausgesetzt waren. Wir können es sehen, wenn wir die Haltung der Bevölkerung im Jahr 2014 mit ihrer jetzigen Haltung vergleichen. Viele Menschen in der Ostukraine sprechen weiterhin Russisch, aber sie wollen nicht mehr nach Russland, nicht Teil von Russland werden. Sie haben sich jetzt ganz bewusst politisch für die Ukraine entschieden.

Sie sprechen von Fernsehsendungen. Wie ist das mit Zeitungen?
Es gibt kaum noch gedruckte Presseerzeugnisse in der Ukraine, nur Online-Medien – sowohl auf Ukrainisch als auch auf Russisch. Es herrscht kein Sprachkrieg innerhalb der Ukraine. Die Sprachfrage wird von Russland bloß zynisch instrumentalisiert, um den Angriffskrieg zu verteidigen. In der Ukraine werden mehrere Sprachen gesprochen, nicht nur Ukrainisch und Russisch.

Auch Griechisch und Türkisch, Krimtatarisch, Rumänisch, Ungarisch, Polnisch …
Ukrainisch ist die Staatssprache de jure, aber Russisch war es bis vor Kurzem de facto. So war es in der sowjetischen Zeit, und so möchte es Russland weiterhin haben. Ukrainisch ist bis jetzt unterrepräsentiert in vielen Bereichen; doch sobald man die Lage für das Ukrainische verbessern will, spricht Russland von Diskriminierung des Russischen. Es gibt Schriftsteller, die 2014 aus den besetzten Gebieten geflüchtet sind, aus Donezk oder Luhansk, die weiterhin auf Russisch schreiben. Manche haben nun bewusst zum Ukrainischen gewechselt. Aber nicht alle.

Beispielsweise Andrij Kurkow, er schreibt auf Russisch.
Genau. Er ist Präsident vom ukrainischen PEN. Das wäre nie möglich gewesen, wenn wir uns jetzt nach Sprachen definieren würden. Kurkows Bücher sind in Russland übrigens längst verboten. Er kann dort nicht einreisen, nicht veröffentlichen.

Es ist eine seltsame Vorstellung, dass Menschen, bloß weil sie Russisch sprechen, in Russland leben wollen. In der Ukraine habe ich einige Menschen getroffen, die eigentlich aus den östlichen Gebieten kommen. Und sie sagten, sie sprechen gerne Russisch, und sie sahen auch Verbindungen in der Kultur zu Russland, aber sie wollen auf gar keinen Fall Russen sein. Mir scheint, dass man dies in Deutschland falsch eingeschätzt hat. Hier hieß es oft: Die Ukraine wird sich irgendwann in die EU-affine West-Ukraine und die Russland-affine Ost-Ukraine teilen. Es wurde wenig verstanden, dass Menschen, die im Osten der Ukraine leben und Russisch sprechen, trotzdem in der Ukraine, vielleicht auch in einem EU-Mitgliedsstaat leben möchte.

Das wäre so ähnlich, wie wenn man sagen würde: Okay, die Österreicher, die wollen nach Deutschland, Teil von Deutschland sein.

Oder die Schweizer …

Die Situation ist zudem in der Ukraine anders, weil die Menschen, die russischsprachig aufgewachsen sind, dies meist nicht freiwillig getan haben. Im russischen Imperium wurde die ukrainische Sprache per Gesetz verboten. Man durfte nichts in Ukrainisch veröffentlichen, keine Theatervorstellungen machen, absolut gar nichts. Im Westen der Ukraine, der in dieser langen Zeit zum Habsburger Reich gehörte, hat man alles Ukrainische gedruckt und heimlich über die Grenze in den Osten geschmuggelt. 300 Jahre lang. Aber auch das Habsburger Reich war kein Paradies für Ukrainer. Man konnte an der Uni nicht auf Ukrainisch lehren, studieren oder promovieren, nur auf Polnisch oder auf Deutsch. Später, im sowjetischen Imperium, wurde das Ukrainische weiter unterdrückt. Man hatte darauf bestanden, dass Ukrainisch und Russisch einander sehr ähnlich sind. Das ist natürlich ein reiner Mythos. Ukrainer verstehen Russisch, weil sie es gelernt haben. Russen hingegen verstehen Ukrainisch kaum. Aber um diesen Mythos aufrechtzuerhalten, hat man sogar die sowjetischen Wörterbücher bei uns zensiert. Die Wörter, die dem Russischen ähnlich sind, durften bleiben, der Rest wurde als veraltet ausradiert. So weit ging das.

Was wurde aus diesen Wörterbüchern?
Die gibt es immer noch, obwohl die Ukraine seit über 30 Jahren unabhängig ist. Unser akademisches System ist nicht auf dem besten Stand, leider; das Land ist arm. Deswegen dauert das, bis neue Wörterbücher entstehen können.

Sehen Sie jetzt eine Annäherung an den Westen, eine politische Chance, die sich auch aus der Wahrnehmung der Kultur ergibt?
Ja, unbedingt. Der EU-Kandidatenstatus für die Ukraine war eine enorm wichtige Entscheidung, eine Chance, zumindest in Zukunft eine sichere Grenze mit Russland zu haben. Die Wahrnehmung des Landes hat sich sehr verändert seit meiner Studentenzeit 1995 in Freiburg. Damals sollte ich jedes Mal die Ukraine auf der Landkarte zeigen. Und es gab natürlich zu der Zeit ganz wenige Ukrainer in Europa, man brauchte jedes Mal ein Visum, und es war sehr schwierig, eines zu bekommen. Seit der Visumsfreiheit hat sich das wesentlich verbessert. Der Austausch ist für viele möglich geworden. Jetzt leben und arbeiten viele Ukrainer in Europa und werden geschätzt. Die größere Nähe, der Austausch, der offenere Dialog, führen zu einer Reduzierung von Vorurteilen und Stereotypen. Diese Leute verändern die Wahrnehmung der Ukraine, verbessern sie. Immer öfter betrachtet man im Westen die Ukraine jetzt nicht mehr als ein postsowjetisches Land, sondern als einen moderneren Staat, in dem die Bevölkerung frei und friedlich leben will. Das wird aber derzeit von Russland, durch den Krieg, verhindert.

Vielen Dank.

Erstveröffentlichung des Gesprächs: *Politik & Kultur*, 30. August 2022, https://politikkultur.de/europa/auch-im-kulturbetrieb-muessen-sanktionen-gegen-russland-eingefuehrt-werden/ [Zugriff: 22. Dezember 2022]

PUTIN, RUSSLAND UND DER KRIEG GEGEN DIE UKRAINE

Nicolas Hayoz – 1. September 2022

Viel zu lange haben die westlichen Partner Russlands die Augen vor Vladimir Putins autoritären und diktatorischen Tendenzen verschlossen. Weder die zunehmende Repression und Propaganda im Inneren noch der imperiale Anspruch gegen außen wurden als Warnzeichen ernst genommen. Dabei liegt im imperialen Erbe und Anspruch Russlands der Kern vieler Probleme, beispielsweise das Streben nach Kontrolle über das „nahe Ausland", das sich am dramatischsten im Krieg gegen die Ukraine zeigt.

Früher als die meisten Beobachter des Aufstieges von Vladimir Putin hat Anna Politkovskaja schon seit dessen Amtsantritt als Präsident der Russischen Föderation im Jahre 2000 vor diesem gewarnt. Unter dem Eindruck des brutalen und grausamen Vorgehens der russischen Streitkräfte und des russischen Geheimdienstes im zweiten Krieg gegen Tschetschenien sah sie Putins Aufstieg zum „Zaren" Russlands als Weg in die Katastrophe.

Nach seiner erfolgreichen Wiederwahl zum Präsidenten im Frühjahr 2004 schrieb Politkovskaja, zwei Jahre vor ihrer Ermordung, dass Putin per Zufall zu enormer Macht gelangt sei und sie mit katastrophalen Auswirkungen genutzt habe.[152] Zu dieser Zeit ließen sich Putins Freunde im Westen wie Blair, Berlusconi, Sarkozy oder Schröder gerne mit dem sich reformorientiert gebenden neuen Führer im Kreml ablichten. Über die selbstgefällige Naivität und Kurzsichtigkeit jener Politiker hat sich Politkovskaja schon damals gewundert. Man konnte sehen, dass das Russland Putins Öl und Gas als strategische Waffen aufbaute, um den Westen von Russland abhängig zu machen. Der Westen bekam Energie zu günstigen Preisen und schwieg lange, allzu lange zu den Verbrechen und Kriegen des Putin-Regimes.

Von der Autokratie zur Diktatur

Ein anderer „Dissident", bekannter Politiker und Putin-Kritiker, Boris Nemzov – auch er wurde ermordet, vor sieben Jahren –, hatte 2014 nach der Annektierung der Krim und dem verdeckten Krieg Russlands gegen die Ukraine die bekannte Formel in Umlauf gebracht „Putin – das bedeutet Krieg" und warnend darauf hingewiesen, dass Putin sich nicht mit der Besetzung des Donbass zufrieden geben werde.[153] Er sollte recht behalten. Beide „Kassandras", Nemzov und Politkovskaja, wurden im Westen zwar als erbitterte Gegner von Putin wahrgenommen, aber ihre Kritik wurde vielfach auch als übertrieben betrachtet. Auch nach 2014 war den westlichen Ländern mehr an guten Beziehungen zu Russland und damit auch an einer sicheren Energieversorgung als an umfassenden Sanktionen gegen das Putin-Regime gelegen, das mit seinem ersten Krieg gegen die Ukraine das grundlegende Prinzip der Unantastbarkeit von internationalen Grenzen verletzt hatte. Dass Putin von Anfang an auf die Errichtung eines autoritären Staates mit imperialen Ambitionen und Kontrolle der internen Peripherie und seiner postsowjetischen Nachbarn hingearbeitet hat, das wollten viele nicht sehen; dass das Regime in den vergangenen Jahren immer repressiver wurde, ebenfalls nicht. Der Gesinnungswandel im Westen kam dann erst mit dem russischen Internet-Trolling für Brexit und Trump (2016) und mit dem Giftanschlag auf den russischen Ex-Agenten Sergei Skripal (2018). Und vor allem nach der Verhaftung von Alexei Navalnyj, einem weiteren scharfen Kritiker Putins, im vergangenen Jahr, der 2020 beinahe durch einen Giftanschlag umgekommen wäre. Nach der brutalen Niederschlagung der Proteste gegen dessen Verhaftung schien es für die meisten westlichen Beobachter offensichtlich geworden zu sein, dass Putins Regime sich von einer gewöhnlichen Autokratie zu einer Diktatur gewandelt hatte.[154]

Nach dem Angriff auf die Ukraine am 24. Februar ist aus dem „modernen Autokraten", wie Putin lange Zeit beschrieben worden ist, endgültig ein Angstherrscher geworden.[155] Offensichtlich hat Putin die internationale Gemeinschaft gezwungen, „ihn als das zu sehen, was er ist, ein kriegerischer Leader mit einem bemerkenswerten Zerstörungspotential".[156] Der schwedische Wirtschaftswissenschaftler Anders Åslund sieht im Krieg Putins gegen die Ukraine den Endpunkt einer „dunklen Reise", die vom Wirtschaftsreformer zum Kriegsverbrecher Putin geführt habe.[157]

Die Art und Weise, wie der Krieg gegen die Ukraine durch das Regime gerechtfertigt wird, und die gleichzeitige totalitär anmutende Repression in Russland werden nun zunehmend als Indizien dafür betrachtet, dass das Regime faschistisch geworden sei, ein Begriff, den Putin-Kritiker und ukrainische Beobachter der Entwicklungen in Russland schon im Zusammenhang des ersten Krieges gegen die Ukraine verwendet haben.[158]

Radikalisierung oder Wesenskern des Regimes?

Damit steht nun die Frage im Raum, ob das, was Putins Handlungen zeigen, Aspekte eines Autokraten sind, der sich radikalisiert hat, oder ob und in welchem Ausmaß hier die wahren Wesenszüge eines Herrschers zum Ausdruck kommen, der immer schon auf Gewalt gesetzt hat. Für die genannten Putin-Gegner Politkovskaja und Nemzov, aber auch für Navalnyj und andere russische Oppositionelle, die Putins korruptes Regime und repressive Herrschaftsweise schon seit langem angeprangert haben, war die Antwort auf diese Frage immer schon offensichtlich. Der „typische sowjetische Tschekist", von dem Politkovskaja schon vor über 20 Jahren sprach und den sie verabscheute, war immer schon da. Das „wahre Gesicht" musste gar nie versteckt werden. Aber auch Beobachter aus dem Westen wie Åslund sehen nun im Rückblick, dass das „giftige Gepäck" Putins, sein Hintergrund als KGB-Mann der UdSSR, sich nach und nach immer mehr gezeigt hat und nun im Angriff auf die Ukraine vollends zum Durchbruch gekommen ist.

Putins Kriege gegen außen und gegen innen zeigen einen Autokraten, der von Anfang an auf das „Ganze" ging, auf die Ausweitung von Macht, Eliminierung von Rivalen (wie Chodorkovskij, Berezovskij, Sobchak), Kontrolle der Gesellschaft sowie von Räumen und Territorien. In der westlichen Perspektive wird Putins Weg oft als Radikalisierungsprozess betrachtet, z. B. als Radikalisierung auf der sprachlichen Ebene,[159] die derjenigen auf der Ebene der Repression, der zunehmenden Kriminalisierung von Andersdenken, der zunehmenden Militarisierung und Anwendung von Gewalt entspricht. Das kann so gesehen werden, aber richtig ist auch, dass Putin immer schon radikal war, immer schon in Freund-Feind-Kategorien dachte, auf Beseitigung seiner vermeintlichen oder realen Gegner ausgerichtet war – mit Gewalt und, wie man es jetzt wieder sieht, mit Krieg. Kriege gehörten von Anfang an zu Putins Mitteln, um seine politischen Ziele zu erreichen. Radikalisierung heißt dann, dass der Autokrat angesichts von immer mehr Widerstand gegen seine Politik die repressiven Mittel inflationär einsetzen muss, so wie dies nach den Protesten gegen Putin 2011/12 oder im Zusammenhang mit der Verhaftung von Navalnyj im Frühjahr 2021 der Fall war.[160] Putin hat den Aufbau eines effizienten und repressiven Polizeistaates mit seinem Amtsantritt im Jahre 2000 in Angriff genommen. Die zunehmende Kontrolle der öffentlichen Kommunikation (Gleichschaltung der Medien, Kontrolle der Zivilgesellschaft), des politischen Prozesses und der politischen Akteure (Manipulation von Wahlen, Restriktion des Zugangs zu Wahlen, Aufbau einer „Machtvertikale", die das ganze Territorium der Russischen Föderation und darüber hinaus erfasst) oder der Wirtschaft wäre ohne die Sicherheitskräfte des Staates, vor allem des Inlandgeheimdienstes nicht zu realisieren gewesen. Lev Gudkov hat die Repressionsorgane des Staates, also Geheimdienste und Armee, als „zentrale Ressource und wichtigsten Typus des Sozialkapitals des autoritären Regimes" beschrieben.[161] Der Kern von dem, was als „Putinismus" bezeichnet werden kann, liegt hier: ein Herrschaftsregime, das sich über Hierarchie, Geheimdienste, Militarisierung, Freundschaften und Korruption reproduziert – das antimoderne Gegenprojekt zum demokratischen Rechtsstaat.

Zum Polizeistaat gehört auch der Propagandastaat: Antiwestliche und vor allem antiamerikanische Rhetorik, über die das Putin-Regime immunisiert werden soll, gehören seit den 2000er Jahren zu seinem Repertoire. Auch hier sieht das Regime sein autoritäres Modell durch Ereignisse wie die „farbigen Revolutionen" in Georgien 2003 oder in der Ukraine 2004, der 2013/14 die Majdan-Revolution folgen sollte, gefährdet.[162] In all diesen Ereignissen wie auch in den Protesten in Russland werden Verschwörungen gesehen, die vom Westen, vor allem den USA gesteuert werden. Dass große Teile der russischen Bevölkerung in Umfragen das Ausland als feindlich gegenüber Russland betrachten, ist wesentlich auf die Putinsche Propagandamaschine zurückzuführen, die ihre antiwestlichen Trommeln und die patriotische Mobilisierung nicht erst seit dem ersten Ukrainekrieg rührt. Dass eine Mehrheit in Russland ebenfalls kein Verständnis dafür hat, dass sich die Ukraine von Russland abgewandt und dem Westen zugewandt hat, bzw. dass die Ukraine jetzt „befreit" und „entnazifiziert" werden muss, kann ebenfalls auf die Wirkungsmacht der Propaganda zurückgeführt werden, die Russland von außen wie von innen von Feinden bedroht sieht.[163]

Imperiales Erbe und Anspruch

Diese Propaganda funktioniert auch deswegen so gut, weil sie von imperialen Ideen und entsprechenden Ressentiments, Revisionismus und Revanchismus genährt wird. Russland hängt immer noch einem „imaginären Imperium" nach.[164] Putins Obsession ist der imperiale Anspruch. Russland kann kein normaler Staat sein, sondern will im Eigenverständnis ein Imperium bleiben, was es als UdSSR oder als russisches Imperium der Zaren auch war. Putin versucht seit seinem Machtantritt, die Kontrolle über die ehemaligen Territorien der UdSSR wieder zu gewinnen. Sein imperiales Projekt kollidiert dabei mit den völlig entgegengesetzten Staats- und Nationsbildungsprojekten von Ländern wie Georgien oder der Ukraine, die Putin immer als russische Einflusssphäre betrachtet hat. Putin hat zur Erreichung seiner innen- wie außenpolitischen Ziele nie gezögert, in der internen wie externen Peripherie oder Nachbarschaft Gewalt anzuwenden. Abalow, Inozemtsev und Kusnezowa zeigen überzeugend, dass Russland die *„separatistischen Bewegungen in den postsowjetischen Staaten vom ersten Tag ihres Bestehens an unterstützt (hat). Die Strategie der ‚gesteuerten Instabilität' wurde nicht erst 2014 im Donbass erfunden, sondern mindestens zwei Jahrzehnte zuvor. Insofern bleibt Russland nicht nur nach innen imperial, sondern auch nach außen – und das sollte sowohl seinen Nachbarn als auch anderen globalen Mächten größte Sorge bereiten."*[165]

Putin führte fort, was unter seinem Vorgänger Boris Jelzin begonnen wurde: vom Krieg in Tschetschenien bis zur Instrumentalisierung der eingefrorenen Konflikte in Transnistrien, Abchasien, Südossetien und Karabach. Und schon Jelzin meinte mit Blick auf die Krim und den Donbass, dass Russland das Recht hätte, gegenüber einem postsowjetischen Staat mit einer großen russischen Bevölkerung territoriale Ansprüche zu stellen.[166] Putin benötigte acht Jahre, um den tschetschenischen Widerstand im Jahre 2008 zu brechen. Nemzov sagte es treffend: Putin, das ist Krieg. Und auch der Historiker Jan Claas Behrends bestätigt dies, wenn er schreibt: „Der Zweite Tschetschenienkrieg wurde zum Leitmotiv seiner Ära: Der neue Präsident setzte auf militärische Gewalt, Krieg wurde zu seinem Markenzeichen."[167] 2008 führte Putin dann einen kurzen Krieg gegen den Nachbarstaat Georgien, dessen Westanbindung er zu blockieren trachtete. 2014 versuchte er wiederum, die Ausrichtung der Ukraine nach Europa durch die Annektierung der Krim und dann durch den ersten noch verdeckten Krieg gegen die Ukraine zu torpedieren. 2015 setzte Putin mit der Intervention in Syrien ein weiteres folgenreiches Zeichen seiner imperialen Machtambition, wo seine Militärs über sieben Jahre Feld- und Kriegserfahrungen sammeln konnten. Die Bombardierung von syrischen Städten brachte wie schon in Tschetschenien unermessliches Leid über die zivile Bevölkerung, half aber dem Diktator Baschar al-Assad an der Macht zu bleiben.[168] Und jetzt der zweite Krieg gegen die Ukraine, der sozusagen den „Kulminationspunkt" aller bisherigen kriegerischen „Interventionen" Putins darstellt und als Vernichtungskrieg in Bezug auf Mittel und Zielsetzung alle bisherigen Kriegsoperationen in den Schatten stellt. Kriege sollten Russlands Militärmacht stärken und so den imperialen Anspruch bekräftigen. Es sieht aber so aus, dass der verbrecherische Angriffskrieg gegen die Ukraine den imperialen Anspruch definitiv als Illusion entlarvt. Die als übermächtig gepriesene russische Militärmacht hat in den Kämpfen gegen die ukrainische Armee so riesige Verluste erlitten, dass sich schon jetzt sagen lässt, dass eine solche Armee die imperialen Ambitionen Russlands kompromittiert. Es zeigt sich auch hier wiederum: Macht, gerade auch imperiale Macht, ist dann vor allem mächtig, wenn sie als solche wirkt, symbolisch. In der brutalen Gewaltanwendung verliert sie ihre Wirkung: Es geht dann nur noch um Sieg oder Niederlage. Und eine drohende Niederlage kann plötzlich zeigen, dass der „Zar" nicht mehr allmächtig ist, sie kann zum Niedergang der Autokratie, des Imperiums, führen. Generell gesehen ergänzen sich imperialer Anspruch und autokratisches Regime zwangsläufig: Der militärischen Machtdemonstration nach außen muss der autoritäre Polizeiapparat im Innern entsprechen, wo die Handlungen des Regimes über Propaganda und Repression gesichert werden müssen. Und Putin ist der Autokrat, der das „Ganze" zusammenhält, ihm fällt in den Augen der Bevölkerung das Verdienst zu, Russland wieder groß gemacht zu haben und endlich wieder zum „Sammeln postsowjetischer Erde" geschritten zu sein.

Im Rückblick gesehen liegt hier die Tragödie Russlands, dass es sich nicht aus dem „imperialen Bann" befreien konnte, um zu einem normalen modernen Nationalstaat zu werden. Was Dmitrij Furman vor über zehn Jahren geschrieben hat, hat nichts von seiner Aktualität eingebüßt: *„Der demokratische Nationalstaat ist für Russland immer noch das Ziel der historischen Entwicklung. Die Russländische Föderation ist weder eine echte Demokratie noch ein russischer Nationalstaat. Sie ist ein Überbleibsel des russländischen und sowjetischen Imperiums, das mit autoritärer Macht – Demokratie wird nur simuliert – zusammengehalten wird. Auch das Selbstverständnis der Russen ist noch nicht vollständig dem imperialen und sowjetischen Kokon entschlüpft. In Geburtswehen wälzt es sich hin und her, schwankt zwischen imperialem revanchistischem Chauvinismus, russophober Selbsterniedrigung und Angst vor einem Zerfall von Staat und Nation."*[169] Eine Mehrheit der Russen kann sich noch heute nicht mit den aktuellen Grenzen Russlands anfreunden. Das erklärt auch, wieso so viele Russen denken, dass die Ukraine eigentlich zu Russland gehören müsste. Man muss sich dabei in Erinnerung rufen, dass für die Russen, die in der UdSSR keine russische Republik hatten, wie z. B. die Ukraine, ihr Haus die ganze UdSSR war.[170] Während für die Sowjetrepubliken die Auflösung der UdSSR 1991 eine Erlösung war, bedeutete diese für die Russen eine Katastrophe, denn Russland und das sowjetische Imperium waren eins.[171] Und nach 1991 war Russland nur noch ein geschrumpftes „Mini-Imperium" (Furman), das auf einen Putin wartete, der Russland wieder groß machen sollte. Für Putin wie auch für die Mehrheit seiner Landsleute bedeutete der Zusammenbruch der Sowjetunion eine tiefe Demütigung.[172] Man erinnere sich daran, dass Putin schon 2005 den Zusammenbruch der Sowjetunion als „die größte geopolitische Katastrophe des 20. Jahrhunderts" bezeichnet hat. Er vermochte über diese Verlusterfahrung – Verlust der alten Größe, des Großmachtstatus – nationale Sehnsüchte zu mobilisieren. Alles, was später geschah, hat mit den Folgen der Auflösung der Sowjetunion zu tun, mit der Rückkehr der imperialen Ambitionen.

Kontrolle über das „nahe Ausland"

Als Zyniker der Macht instrumentalisierte Putin nationale Minderheiten für geopolitische Ziele. So betrachtete er Russlands „nahes Ausland" immer mehr als „russische Welt", die als Synonym für den exklusiven Anspruch auf die Gebiete der früheren Sowjetunion steht. Diese „russische Welt", das „nahe Ausland", musste vor ausländischer Einmischung geschützt werden. Dies umso mehr, als Moskau diesen Raum durch den Westen bedroht sieht, sowohl durch die NATO-Erweiterungen von 1999 bis 2004 als auch durch die erwähnten Massenproteste in Georgien, in der Ukraine oder in Kirgistan, die zu Regimewechseln führten und die Russland als Destabilisierungsversuche ansah.

2004 bei der Orangen Revolution konnte man schon sehen, dass Russland eine Westorientierung der Ukraine nicht akzeptieren würde. Putins Russland definiert seinen Großmachtstatus über seine Rolle als Hegemon im postsowjetischen Raum. Darum muss Putins autoritärer Staat auch Russlands Nachbarn kontrollieren. Putin hat immer wieder versucht, die Ukraine unter Kontrolle zu bekommen, über Beeinflussung von Wahlen, durch hybride Kriegsführung, schließlich durch Unterstützung von separatistischen Bewegungen an der Peripherie. Schon 2008, vor dem Krieg gegen Georgien, behauptete Putin, dass der Ukraine jede Staatlichkeit abgehe.[173]

2014 konnte Putin Russland davon überzeugen, dass die Annektierung der Krim nur eine natürliche Anpassung der Grenzen sei.[174] Man sieht auch hier wieder, wie wirkungsmächtig das „imaginäre Imperium" war und ist. Offenkundig wird eine nativistische Vision des Imperiums, die die ethnischen Russen über alle anderen erhebt.[175] Die Veröffentlichung von Putins Essay zur historischen Einheit von Russen und Ukrainern im vergangenen Jahr offenbart definitiv eine imperialistische Sicht der Dinge.[176] Putins imperiale Obsessionen, sein Revisionismus und der Versuch, die Kontrolle über ehemalige Territorien der UdSSR zu gewinnen, um den Großmachtstatus Russlands zu retten, gehören zur zentralen Ursache für den Konflikt mit der Ukraine. Russland hat die Ukraine nie verstanden, weder die Proteste, den Freiheitskampf, noch den Demokratisierungsprozess. Es hat die Unabhängigkeit der Ukraine nie akzeptiert. Imperiales Denken kollidiert mit einem demokratischen jungen Nationalstaat, der sich aus den Fängen der Kolonialmacht zu befreien sucht. Russisches hierarchisches „postsowjetisches" Denken trifft auf die Idee von gesellschaftlicher Selbstorganisation und Demokratie in der Ukraine. Russland konnte der Ukraine nie ein attraktives Projekt anbieten, das vergleichbar wäre mit dem, was die EU in Aussicht stellt: ökonomische Perspektiven, ein besseres Leben, Freiheit und Rechtsstaatlichkeit. Es geht im Grunde genommen um zwei völlig konträre Projekte: Dem in der Vergangenheit gefangenen imperialen und reformresistenten Russland steht die junge offene und demokratische Ukraine gegenüber, die ihre Zukunft selbst bestimmen will.

Solange Russland imperial denkt, wird es sich nicht demokratisieren können, um zu einem normalen „russländischen Nationalstaat" (Furman) zu werden. Und solange Russland autoritär bleibt, wird es sich auch imperial gebärden und Kriege riskieren.

Erstveröffentlichung: *Religion & Gesellschaft in Ost und West*, 01.09.2022, https://www.noek.info/publikationen/2572-rgow-8-9-2022-zeitdiagnosen-50-jahre-osteuropa-im-blick [Zugriff: 22. Dezember 2022]

DIESER SOGENANNTE PAZIFISMUS IST EINE KLEINBÜRGERLICHE IDEOLOGIE

Vasyl Cherepanyn, Fabian Bechtle, Leon Kahane – 6. Oktober 2022

Was der russische Angriffskrieg gegen die Ukraine für ansässige Kunst- und Kulturinstitutionen bedeutet, wird selten thematisiert. Der ukrainische Kurator Vasyl Cherepanyn arbeitet in mehreren Initiativen, die bedrohte Bestände evakuieren oder Künstler mit Notunterkünften versorgen. Er kritisiert im Gespräch mit der „Jungle World" das Schweigen der westlichen Kulturinstitutionen sowie das „Westsplaining" der Linken.

Woran arbeiten Sie im Moment?
Ich bin in diesen Monaten an der internationalen Kultur- und Informationsfront tätig und habe versucht, meine Kollegen – Menschen aus dem Kulturbereich in der EU und anderswo – zu aktivieren. Unser Visual Culture Research Center, Organisator der Kyiv Biennial und Gründungsmitglied der East Europe Biennial Alliance, hat zusammen mit Kollegen aus Warschau, Budapest, Prag und Riga eine Reihe internationaler Diskussionen und Veranstaltungen zur russischen Invasion in der Ukraine ins Leben gerufen. Zum Beispiel ein Sonderprogramm im Rahmen der zweiten Ausgabe der Biennale Warszawa mit dem Titel „Armed Democracy". Hier vor Ort haben wir von der Seite der Kyiv Biennial in den ersten Tagen dieses allumfassenden Kriegs die Emergency Support Initiative ins Leben gerufen. Sie bietet Künstlerinnen und Künstlern, Kuratorinnen und Kuratoren und anderen Bedürftigen persönliche Unterstützung. Diese Initiative ist stark gewachsen, und mittlerweile arbeiten wir mehr mit institutionellen Partnern.

Was sind die Hauptaktivitäten der Emergency Support Initiative?
Wir unterstützen Initiativen, die zur Evakuierung von Museumssammlungen und Kunstwerken beitragen, insbesondere aus den

stark bombardierten Regionen im Osten und Süden des Landes. Wir arbeiten auch mit denen zusammen, die an der Schnittstelle von Journalismus und Kunstaktivismus russische Kriegsverbrechen in der Ukraine dokumentieren und verschiedene visuelle Beweise aus öffentlichen und privaten Quellen zusammentragen. Außerdem unterstützen wir Notunterkünfte für Künstlerinnen und Künstler in der Ukraine und arbeiten mit ihnen zusammen. Das ist ein neues kulturelles Phänomen, würde ich sagen. Diese Unterbringungen schaffen die grundlegenden Bedingungen für Künstler, um im Westen des Landes zu leben und zu arbeiten. Sie bringen Menschen aus verschiedenen Regionen und mit unterschiedlichem Hintergrund zusammen, die sich oft noch nie zuvor getroffen haben. Das wird in den kommenden Jahren ein prägender Aspekt des ukrainischen Kulturschaffens sein.

Wenn Sie sagen, dass Sie auch in den internationalen Debatten agieren: Gibt es dort Offenheit und Verständnis für Ihr Anliegen?

Was mich schockiert hat, war eine Art Unfähigkeit vieler im Westen, den faschistischen Charakter der russischen Aggression zu erkennen. Der Ausdruck der „Entnazifizierung", mit dem der Krieg und die Methoden der Kriegsführung von Putin absurderweise begründet wurden, hätte vor allem im deutschsprachigen Raum viel größere Empörung hervorrufen müssen, als es der Fall war. In den meisten Ländern Westeuropas, insbesondere in Deutschland, wurde die Idee des Antifaschismus zu einer subkulturellen Sache – eher zu einer Mode als zu einer realen politischen Praxis. Sie ist zu einem irgendwie fetischisierten modus operandi geworden – am 1. Mai legt man sich mit der Polizei an, und den Rest der Zeit geht es um Kleidung, um die Abgrenzung zu anderen antifaschistischen Gruppen und so weiter. Aber die Idee eines vereinten Europas wäre ohne Antinazismus unmöglich. Wir wären schlicht nicht hier. Wenn wir wirklich den faschistischen Charakter dieses Angriffskriegs und die Völkermordphantasien anerkennen, die ihn vorantreiben, erfordert das international ein ganz anderes Maß an politischer Verantwortung.

Die Haltung des Westens müsste sich also schneller ändern.
Wenn wir uns mit Faschismus beschäftigen, bedeutet das praktisch, dass all die Beschwichtigungsversuche und Forderungen nach Zugeständnissen einfach überhaupt nicht relevant sind. Dieser sogenannte Pazifismus ist eine kleinbürgerliche Ideologie. Um gegen den Faschismus zu gewinnen, kann man ihm keine Zugeständnisse machen. Man kann mit ihm keine Geschäfte machen, man kann vielleicht mit ihm verhandeln, aber wie wir gesehen haben, wird das sowieso ohne Erfolg bleiben. Der Faschismus muss besiegt werden. Und das impliziert, dass man die ganze Vielfalt an Instrumenten dafür einsetzen muss – auch die militärischen.

In dieser Hinsicht verlieren wir nur Zeit. Derzeit führen wir alle eine Art geliehenes Leben, das von den Ukrainerinnen und Ukrainern gewährt wird, die die Front halten. Ohne den ukrainischen Widerstand gäbe es weder mein Land noch die EU in ihrer jetzigen Form. Im Moment sind die EU-Gesellschaften insofern privilegiert, als dass sie die durch den Krieg hervorgerufene Krise noch mit Geld bezahlen können, während die Ukrainerinnen und Ukrainer mit ihrem Leben bezahlen. Aber je mehr Zeit vergeht, desto weniger Möglichkeiten liegen auf dem Tisch. Wenn der Westen eine engagiertere Haltung zeigt, besteht immer noch eine große Chance, den russischen Faschismus auf dem ukrainischen Territorium aufzuhalten.

Sicherlich trifft diese Beobachtung zur Einstellung im Westen auch auf den Kulturbereich zu.
Als die Realpolitik – der reale Krieg – Einzug hielt, schienen viele Kunstinstitutionen in der EU und anderswo, die immer ein radikales politisches Engagement vor sich hergetragen haben, an einer Art radical chic festzuhalten. Die meisten Institutionen haben sich dann eher auf humanitäre Fragen konzentriert. Das ist natürlich auch sehr wertvoll, aber wie sich herausstellte, hatten sie zu viel Angst, darüber hinauszugehen. Sie waren unfähig, ihre Behörden und die Öffentlichkeit politisch aufzurütteln, um die ukrainische Sache auf eine andere Ebene zu heben. Ausstellungen zu machen und Geflüchteten zu helfen, ist immer ein siche-

rer Weg. Viele westliche Institutionen beschlossen, ihre Aktivitäten auf ihre Blasen einzuschränken, und traten nicht wirklich als politische Subjekte auf. In der Politik kritisieren wir immer wieder das business as usual, aber so was gibt es leider auch in der Kultur.

Die Sprache ist also radikaler als die Handlungsweise?
Viele im Westen entschieden sich dafür, so weiterzumachen, als ob es keinen kontinentaleuropäischen Krieg gäbe. Es gibt immer noch diese Wahrnehmung, dass dieser Krieg der Krieg von jemand anderem ist. Es zeigt auch eine neokoloniale Herangehensweise an den europäischen Osten, der als ein Europa aus zweiter Hand betrachtet wird, nicht wirklich als Europa. Alles in allem ist das, was wir jetzt in der internationalen Debatte hören, überdeckt von der Angst vor Eskalation, davor, den Kreml zu provozieren. Aber im Kern läuft diese Diskussion darauf hinaus, einen Status quo zu erhalten, in dem nur die Ukrainer dem Tode geweiht sind. Ich finde das absolut unausstehlich und ekelerregend.

Sie betonen, dass es um Neokolonialismus geht. Gerade dieses Thema findet in der Kunst viel Beachtung.
Der Diskurs über Dekolonialität ist zum Mainstream in Kultur und Politik geworden. Jede Institution beschäftigt sich damit. Aber Russlands Invasion hat dringlich Umstände aufgezeigt, in denen man den gesamten Rahmen der Debatten über Kolonialismus als solchen überdenken muss. In westlichen Ländern wird Dekolonialität meist in einem internen Kontext angewandt, indem man auf die Vergangenheit blickt, während man gleichzeitig die Augen vor kolonialen Erfahrungen direkt vor der eigenen Nase und in der Gegenwart verschließt. Aus meiner Sicht gibt es eine Art Fetischisierung der Idee des Globalen Südens, mit dem man sich tiefergehend nicht beschäftigt.

Warum gibt es diesen blinden Fleck?
Die Sache ist die, dass die Regionen Osteuropas, insbesondere der postsowjetische Teil, nicht in diese typische Dichotomie des Globalen Nordens und des Globalen Südens passen. Alle haben irgendwie vergessen, dass auf dem europäischen Kontinent im-

mer noch ein Imperium besteht, die sogenannte Russische Föderation. Tatsächlich war Russland nie eine Föderation, es ging immer um imperiale Ausbeutung. Denken Sie an Belarus, die Ukraine, Kasachstan, Moldawien, Armenien, Georgien sowie zahlreiche nationale Republiken, die der Moskauer Kontrolle unterworfen waren oder sind. Die politischen Bedingungen dort unterscheiden sich von dem, was wir den Globalen Süden nennen, obwohl sie wirtschaftlich auf derselben Stufe liegen mögen.

Worin liegt dieser Unterschied?
Diese Länder leben seit Jahrzehnten unter direkter militärischer Besatzung Russlands. Und ihre Befreiungspraktiken und antikolonialen Kämpfe stellen Wissen und Erfahrungen von globaler Bedeutung dar. In der Ära des Kalten Kriegs war die Annäherung an diese Region in das Konzept der Ostpolitik eingebettet. Das Paradoxe an der Ostpolitik war, dass sie sich nur an die Moskauer Zentrale richtete. Nach dem Zusammenbruch der UdSSR hat die EU die Haltung zum postsowjetischen europäischen Osten als Politik der Partnerschaft mit ihren „Nachbarn" definiert, nicht als Politik eines „gemeinsamen Hauses". Das schuf Bedingungen, unter denen die Länder der Region dem russischen Zugriff ausgesetzt blieben, und das war bis in die nuller Jahre der Fall.

In Deutschland gibt es in manchen Kreisen traditionell eine antiamerikanische und antiwestliche Stimmung – und die Angst vor einer Eskalation des Konflikts mit Russland.
In diesen Kreisen herrscht die Meinung vor, die Ukrainer sollten sich einfach nicht wehren. Das ist wohl auch, zum Beispiel, die Motivation für diese offenen Briefe deutscher Persönlichkeiten des öffentlichen Lebens an Olaf Scholz, in denen sie fordern, die Rüstungslieferungen an die Ukraine einzustellen. Ist es nicht seltsam, dass sich so unterschiedliche Menschen wie Henry Kissinger, Noam Chomsky und Alexander Kluge, die sich alle gegen Waffenlieferungen ausgesprochen haben, unter derselben Prämisse wiederfinden? Das ist an sich eine Art politischer Schizophrenie.

Es ist ein Beispiel für „Westsplaining". Sie sind selbst so sehr von den USA und der Nato besessen, dass sie nicht einmal einen weiteren imperialen Feind vermuten können. Gleichzeitig verstehen sie die Zusammenhänge nicht wirklich. Die meisten waren noch nie in der Region, sprechen nicht die Sprachen, haben eine sehr vage Vorstellung davon, was an Ort und Stelle eigentlich vor sich geht. Sie belehren die Einheimischen aber bereitwillig, was sie tun sollten, wem sie folgen sollten.

Der Krieg kam nicht überraschend, er wurde von langer Hand vorbereitet, und das war erkennbar. Warum, glauben Sie, können Leute wie Chomsky nicht sehen, was Putin seit Jahren ankündigt?

Sie verteidigen ihr eigenes Weltbild, das weitestgehend vor Jahrzehnten geprägt wurde. Im europäischen Kontext gibt es einen starken Widerwillen zu akzeptieren, dass das, was früher undenkbar war, wieder relevant geworden ist. Einer der Gründe liegt im „Nie wieder"-Slogan, der für die EU zum Simulakrum für Frieden geworden ist. Die Friedensidee wurde insofern kultiviert, als die Realitäten des Krieges grundsätzlich verdrängt wurden.

Das war auch in den vergangenen acht Jahren der Fall, als Russland nach der Maidan-Revolution 2014 mit der Besetzung der Ukraine begann. Als die Unterdrückung zurückkehrte, war die EU nicht darauf vorbereitet, sich dem zu stellen. Wir haben dies in vielen Krisen beobachtet, einschließlich der sogenannten Flüchtlingskrise, was ein völlig irreführender Begriff ist, da es sich nicht um eine Flüchtlingskrise, sondern um eine Kriegskrise handelt. Das allgemeine Vorgehen ist, Konflikte und Antagonismen nach außen zu drängen, um das Innere sicher zu halten. Die EU tendiert dazu, das Unerträgliche, auch was man an sich selbst nicht mag, an die Peripherie zu verdrängen.

Zudem hat Deutschland immer versucht, gute Beziehungen zu Russland zu pflegen.

Die Beziehung zwischen Berlin und Moskau war im Grunde die Beziehung zwischen zwei imperialen Metropolen, die nicht allzu sehr darauf geachtet haben, was dazwischen liegt. Deutschland fährt sehr gut mit einem falschen Geschichtsbild über die Befreiung Berlins durch die Russen 1945. Aus dieser Fehleinschätzung heraus wird gesagt, man sollte keine Angriffswaffen in die Ukraine schicken und so weiter. Es ist eine missverständliche Wahrnehmung der Sowjetunion als Ganzes. Denn es war natürlich nicht die russische, sondern die sowjetische Armee, die Berlin befreit hat, eine internationale Armee, die zu großen Teilen aus Ukrainern und Weißrussen bestand. Die Ukraine hat die UdSSR mit geschaffen, und ohne die Ukraine hätte sie nicht existiert. Der Kreml will nun die Ukraine nicht anerkennen, da sie nicht in seine imperiale Vision passt.

Wer sind Ihre Verbündeten in der gegenwärtigen Situation?
Der Titel der letzten Ausgabe der Kiewer Biennial im Jahr 2021 war „Allied". Das brauchen wir im Moment am meisten. Militärisch gesehen ist offensichtlich, wer die Verbündeten sind. Im kulturellen Bereich gibt es einen Kreis von Institutionen, mit denen wir kooperieren. Am stärksten nehmen wir natürlich die Unterstützung aus Polen, Lettland, Litauen und Estland wahr. Diese Länder sind bereit, sich auf Unternehmungen einzulassen, die anderen vielleicht zu radikal erscheinen. Aber alles in allem ist es vor allem dem Druck der Öffentlichkeit und der Bevölkerung in ganz Europa zu verdanken, dass sich ihre Regierungen entschieden haben, nach Beginn der Invasion solidarisch zu reagieren. Journalisten haben da einen enormen Beitrag geleistet. Aber unglücklicherweise wird alles auf dem Schlachtfeld entschieden. Und wir wissen nicht, ob das vergangene halbe Jahr erst der Auftakt war oder schon das Finale ist. Wir wissen auch nicht, wie lange dieses Finale dauern und wie es ausgehen wird. Ich bin mir nur sicher, dass wir alle, vor allem im Westen, in ein paar Jahren denken werden, wie naiv wir doch waren. Wir hatten noch die Möglichkeit zu handeln. Warum haben wir damals nicht genug getan? Wir waren so privilegiert, uns Gedanken über Energiekosten zu machen…

Die Kunstwelt versteht sich selbst als politisch engagiert und informiert, gleichzeitig scheint es, dass Leute wie Sie als eine Art Übersetzer gebraucht werden, um zu verstehen, was vor sich geht.
Ich glaube fest an Internationalismus im alten guten Sinne. Als Übersetzer im Kulturbereich zu agieren, wird irgendwann Er-

gebnisse zeitigen. Aber wenn es um diesen Krieg geht, mögen Teile der westlichen Öffentlichkeit, Institutionen oder politische Kreise so tun, als bräuchten sie eine Art Übersetzung, während ich in Wirklichkeit glaube, dass sie keine brauchen. Denken Sie zum Beispiel an das Vokabular, das der Kreml verwendet hat, um diese umfassende Invasion zu rechtfertigen. All das Gerede über „Entnazifizierung" und so weiter. Um ehrlich zu sein, fällt es mir schwer, dieses Wort im heutigen Kontext über meine Lippen zu bekommen – bereits das ist eine Gräueltat. Und nicht weniger verabscheuungswürdig ist, dass diese Worte in der globalen öffentlichen Sphäre kursieren und jeder sich unvermeidlich auf sie bezieht.

Wie kommt es, dass sie gerade im deutschsprachigen Raum so leicht aufgenommen werden konnten? Ist es nicht an sich schon inakzeptabel, dass ein über fossile Brennstoffe verfügender Oligarch mit faschistischen Ansichten seine abscheulichen Verbrechen mit Verweisen auf den Holocaust rechtfertigt? Und dann diskutieren europäische Politiker, wie viele Panzer sie zu liefern bereit sind – ob es fünf oder sieben sind, denn acht würden vom Kreml bereits als Eskalation angesehen. Man braucht keine Übersetzung, um den Faschismus zu erkennen, besonders wenn er öffentlich und offiziell auftritt und seine Absichten deutlich darlegt.

Sie brauchen keine Übersetzung, um zu verstehen, was es bedeutet, wenn jemand zu Ihnen kommt und sagt, dass Sie nicht existieren. Aber da Sie existieren und nicht existieren sollten, müssen Sie ausgerottet werden. Es ist kein exotischer Kontext für den Westen – im Gegenteil, es ist sehr klar erkennbar, womit wir es zu tun haben.

Möglicherweise benötigen viele aber eine Übersetzung, um zu verstehen, wie involviert sie sind, trotz ihrer Angst. Bewusstsein dafür zu schaffen, ist auch eine Aufgabe der medialen Berichterstattung.

Es gibt immer noch und ziemlich oft in einigen Medien, Institutionen, politischen und kulturellen Kreisen diese pseudoliberale Illusion über eine vermeintlich „ausgewogene" Berichterstattung und Haltung zu diesem Krieg. Diesem Verständnis nach gibt es zwei Seiten, und die Wahrheit könnte somit irgendwo in der Mitte liegen. Die Mitte zwischen richtig und falsch ist immer noch falsch, man kann nicht einfach diese zwei Seiten gleichsetzten. Im Gegensatz zu vielen anderen Konflikten findet dieser Krieg nicht nur zwischen zwei Armeen statt, und er findet nicht zwischen Armee und Aufständischen statt, dies ist ein Krieg der Armee eines Landes gegen die Menschen des anderen Landes.

Die Wahl ist heute ziemlich klar: Entweder werden alle möglichen militärischen, wirtschaftlichen und politischen Instrumente eingesetzt, damit die Ukraine ihr Territorium zurückbekommt und in ihren Grenzen wiederhergestellt wird, oder wir müssen uns darauf vorbereiten, dass Osteuropa zu einem Schlachtfeld wird. Wenn die Aggression in der Ukraine nicht aufgehalten wird, wuchert sie anderswo weiter. Und natürlich haben alle in Europa Angst – vielleicht weil sie jetzt wissen, dass es von Anfang an um sie ging.

Erstveröffentlichung des Gesprächs: „This so-called pacifism is a petty-bourgeois ideology", *Jungle World*, 6.1 Oktober 2022, https://jungle.world/artikel/2022/40/so-called-pacifism-petty-bourgeois-ideology, deutsche Version, https://jungle.world/artikel/2022/40/dieser-sogenannte-pazifismus-ist-eine-kleinbuergerliche-ideologie [Zugriff: 29.12.2022]

DIE DEUTSCHE NARBE

Felix Ackermann – 14. November 2022

In der Debatte über den russischen Angriffskrieg gegen die Ukraine verwandeln Publizisten wie Harald Welzer und Jakob Augstein die Täter- in eine Opferperspektive, vor laufender Kamera.

Zum Auftakt einer öffentlichen Diskussion über den russischen Angriffskrieg in der Ukraine verweist der Moderator im Oktober 2022 auf das brennende Haus Europa und sagt: „Das Thema des heutigen Abends und auch das Bild erinnern mich an meinen Großvater, der vor zwei Jahren im Alter von 99 Jahren gestorben ist. Er wurde im Zweiten Weltkrieg von der deutschen Luftwaffe als Flieger eingesetzt." Mehrmals sei er nur knapp dem Tod entronnen. „Zeit seines Lebens sprach er davon, dass dieser Krieg ihm seine Jugend geraubt hat – und dass dieser, ich zitiere, ‚Scheißkrieg' uns alle lehren sollte, dass so etwas nie wieder passieren darf."

Die deutsche Erinnerung an eigene Opfer im Angesicht des russischen Angriffskriegs in der Ukraine markiert eine auffällige Lücke im öffentlichen Sprechen über den Krieg. Der Hinweis auf den verfrühten Verlust der Jugend war nicht verbunden mit der Information über die Leiden, die deutsche Piloten über die Menschen im östlichen Europa gebracht hatten. Die Luftwaffe hatte den Angriffskrieg gegen Polen im September 1939 mit der Bombardierung polnischer Städte begonnen, sie setzten die Zerstörung ziviler Leben in den folgenden sechs Jahren auch in der Ukraine fort.

Es ist auffällig, wie 2022 im Angesicht der Bilder zerstörter Städte in der Ukraine, zu einem Zeitpunkt, zu dem in der Ukraine 2022 bereits Zehntausende Menschen ums Leben gekommen sind, der russische Geheimdienst in den besetzten Gebieten Filtrationslager betreibt und Tausende Kinder ins Innere Russlands verschleppt wurden, vor allem deutsche Männer die Kriegserlebnisse ihrer eigenen Soldaten- und Offiziersväter und -großväter anführen, um in vielen Fällen daraus die Forderung nach Verhandlungen mit dem heutigen Angreifer abzuleiten.

Beim Zuhören bleiben

Der Soziologe Harald Welzer wiederholte nach der Veröffentlichung eines offenen Briefes an den Kanzler Olaf Scholz in der Talkshow von Anne Will das Argument, Deutschland müsse im Ukrainekrieg auf eine Verhandlungslösung drängen, weil es sonst zu einer weiteren Eskalation komme. In der Auseinandersetzung mit dem damaligen ukrainischen Botschafter Andrij Melnyk reklamierte er für sich und die Deutschen insgesamt eine besondere Sprecherposition: „Wir sprechen als Mitglieder dieser Gesellschaft vor dem Hintergrund einer Kriegserfahrung, die sich durch die Generationen durchgezogen hat, und da ist möglicherweise in jeder Familie derjenigen der 45 Prozent, die gegen die Lieferung schwerer Waffen sind, eine ganz präsente Kriegserfahrung in den Familien selber drin."

Welzer führte aus, er könne von seiner eigenen Familie erzählen, oder man könne zum Beispiel Bezug nehmen auf die Rede von Richard von Weizsäcker am 8. Mai 1985, in der er von Befreiung gesprochen habe, obwohl sein eigener Vater in Nürnberg als Kriegsverbrecher verurteilt worden war. Es folgte der Ratschlag an den Botschafter eines europäischen Staates, in dem zurzeit vor laufender Kamera ein Genozid stattfindet: „Bleiben Sie mal ein bisschen beim Zuhören und nicht beim Kommentieren, das wäre sehr freundlich." Melnyk antwortete nur: „Ich bin nicht Ihr Student."

Diese Umkehr der Perspektive von einem Angehörigen der deutschen Gesellschaft, die sich im Angesicht des russischen Kriegs als Opfer von Gewaltherrschaft versteht, und ihre Instrumentalisierung als Belehrungsressource ist kein Einzelfall. Das zeigte sich kürzlich im von Radio Eins übertragenen Gespräch des Publizisten Jakob Augstein mit der ukrainischen Schriftstellerin Tanja Maljartschuk im Berliner Literaturhaus. Unmittelbar nachdem sie Zeugnis von ihrer persönlichen Betroffenheit durch den umfassenden Krieg gegen ihre Heimat abgelegt hatte, holte er weit aus, um darzulegen, wie stark das deutsche Leiden im Zweiten Weltkrieg bis heute seinen Blick präge: „Ich hatte immer das Gefühl, in einer verwundeten, verletzten Stadt aufzuwachsen." Augstein verwies direkt auf eine Narbe am Arm seines verstorbenen Vaters, die ein Eintritts- und ein Austrittsloch aufwies, und folgerte: „Ich bin also echt Nach-Nach-Geborener, wenn Sie wollen – der Krieg war bei uns, bei mir präsent.“

Langzeitfolgen eines kolonialen Blicks

Dann unterstellte er seiner Gesprächspartnerin, sie denke wahrscheinlich, sie habe es mit so einem „verwöhnten, verweichlichten Westarsch“ zu tun, und fügte hinzu: „Vielleicht stimmt das auch. Aber was Sie nicht wissen, ist sozusagen, was der Krieg für mich in meiner Biographie und in meinem Hintergrund bedeutet. Das können Sie auch nicht wissen. Ich versuche es Ihnen jetzt aber klarzumachen.“ Das heiße, so Augstein, er habe tatsächlich Angst vor Krieg. Mit Verweis auf ein Interview des Sprechers der ukrainischen Präsidialverwaltung Olexij Arestowytsch, worin dieser sagt, die Ukrainer hätten keine Angst vor einem Atomkrieg, erklärt Augstein, er finde diese Leichtfertigkeit gruselig. Arestowytsch solle gefälligst seine Klappe halten. Und fügt die rhetorische Frage hinzu: „Verstehen Sie?“

Die Parallele zu Welzers Belehrungen ist frappierend. Die aktive Weigerung, dem ukrainischen Gesprächspartner mit Empathie entgegenzutreten und zuzuhören, wird von beiden Männern aggressiv mit einer eigenen deutschen Kriegserfahrung begründet. Indem Welzer und Augstein die deutsche Täter- zu einer Opferperspektive umkehren, überdecken sie nicht nur, wie unterschiedlich die Erfahrungen deutscher und ukrainischer Familien im Zweiten Weltkrieg waren. Sie ignorieren auch die entgegengesetzten Lehren, die sich aus diesen unterschiedlichen Erfahrungen ableiten lassen. Bezeichnenderweise erwähnen sie in denselben Gesprächen nicht, dass es die Panzer der Alliierten waren, die nicht nur Europa, sondern auch die deutsche Gesellschaft vom Nationalsozialismus befreiten.

Stattdessen bringt Jakob Augstein die Narbe seines Vaters in Stellung, um Tanja Maljartschuk zu belehren. Von Berlin aus nimmt er sich heraus, noch im achten Monat eines gegen die Existenz der Ukraine gerichteten Krieges aus seiner Moderatorenrolle auszubrechen und in Gutsherrenmentalität Vorhaltungen zu machen.

Ein Unterstützer des Kriegs

Bezeichnend für beide deutschen Männer ist, dass sie 2022 ihre ukrainischen Gesprächspartner wie Unwissende behandeln, die aufgrund ihrer Sozialisation nicht alles über ihre Werke und ihr Leben wissen könnten und nicht im Bilde seien über das Leiden der deutschen Bevölkerung während des Zweiten Weltkriegs. Als der Botschafter Melnyk die Millionen sowjetischer Kriegstoten in die ARD-Diskussion einbringt, schüttelt Welzer den Kopf und verweist lächelnd auf seine Publikationsliste. Und noch in dem Moment, in dem Augstein junior ausholt, um die Narbe von Augstein senior ins Spiel zu bringen, unterstellt er der Schriftstellerin Unkenntnis seiner Biographie. Die Konstellation, in der sie aktiv den Modus der Belehrung wählen, ist kolonial. Ihre Haltung ist Ausdruck einer in der deutschen Gesellschaft tief verwurzelten Asymmetrie in der Wahrnehmung von Slawen, die Langzeitfolge eines kolonialen Blicks sind.

Die Verbindung aus Empathielosigkeit und dem Verweis auf die eigene Familiengeschichte geht damit einher, dass wir in diesen Gesprächen nichts über das Verhältnis der Väter und Großväter zum östlichen Europa lernen. Waren sie an der Ostfront im Einsatz – und wenn ja, wo? Weder Welzer noch Augstein halten es für nötig, das in ihrem Fall zu klären, um ihre Sprecherposition gegenüber den ukrainischen Gesprächspartnern sichtbar zu machen. Wir wissen aus öffentlichen Debatten der 1980er- und 1990er-Jahre, dass der „Spiegel"-Gründer Rudolf Augstein als Leutnant der Wehrmacht an der Ostfront im Einsatz war. In den Diskussionen um die frühe publizistische Karriere Augsteins im Angesicht des Krieges ging es stets um die Frage, ob es unter der Herrschaft von Hitler möglich gewesen sei, als Katholik und Deutschnationaler „anständig zu bleiben", nicht aber um die Art der militärischen Gewalt, die in der besetzten Sowjetunion von Angehörigen der Wehrmacht ausgeübt wurde. Die 2007 erschienene Biographie von Peter Merseburger enthält deutliche Hinweise darauf, dass Augstein den Krieg unterstützt hatte, obwohl er kein Anhänger der Nationalsozialisten war. Noch 1943 schrieb Augstein: „Es war der genialste Streich Hitlers, das Reich in einen Kampf um Sein oder Nichtsein zu stürzen und mit seiner Sache zu verbinden."

„Opa war kein Nazi"

Merseburgers Biographie zeigt auch eine strukturelle Ursache des Russlandkomplexes, der noch 2022 die Wahrnehmung des russischen Kriegs in der Ukraine prägt. Augstein war nach Kriegsende in seiner Arbeit als Publizist ein Musterbeispiel dafür, wie die Erfahrung des deutschen Kriegs gegen die Sowjetunion in der Bundesrepublik ganz und gar auf Russland projiziert wurde. Dabei war Augstein auch in der besetzten Ukraine im Einsatz und erlebte dort den Rückzug der Wehrmacht, der mit massiver Gewalt gegenüber den Ukrainern und Polen einherging. Die Leser erfahren darüber auch im Zuge der kritischen Diskussionen nichts.

Das publizistische Engagement, die Geste der Versöhnung und das Gespräch, das Augstein senior zeit seines Lebens mit führenden Mitgliedern der Kommunistischen Partei ebenso wie mit einfachen Menschen in der Sowjetunion geführt hatte, war stets auf Moskau ausgerichtet – so wie die deutsche Politik der vergangenen sechzig Jahre. Dieser Russlandkomplex ist so sehr Teil des Selbstverständnisses der Bundesrepublik, dass Jakob Augstein 2022 ein Gespräch über den heutigen russischen Krieg führen kann, in dem er die Narbe seines Vaters anführt, ohne mit einer Silbe zu erwähnen, dass dieser selbst in der Ukraine im Einsatz war, wo die Wehrmacht für den Tod von Millionen Menschen verantwortlich war und die Durchführung der deutschen Massenmorde an Juden, Slawen und Sinti überhaupt erst ermöglicht hatte. Rudolf Augstein hatte seine eigene Art, sich von dieser historischen Wirklichkeit des Vernichtungskriegs ironisch zu distanzieren. Auf die Frage, welche militärische Leistung er am meisten bewundere, antwortete er der „Frankfurter Allgemeinen Zeitung" 1980: „Meinen Rückzug aus der Ukraine."

Der rhetorische Einsatz der deutschen Narbe ohne die Informationen, wie es eigentlich konkret zu dieser Verwundung gekommen war, folgt der allgemeinen Tendenz, dass viele Deutsche zwar im Bewusstsein leben, Weltmeister in Vergangenheitsbewältigung zu sein, aber in der Regel nicht wissen, in welcher Einheit der Wehrmacht ihre Vorfahren im Einsatz waren. „Opa war kein Nazi", hatte es bei Welzer einst geheißen. Die von ihm diagnostizierte Umwandlung einer Täter- in eine Opferperspektive scheint 2022 in eine neue Phase getreten zu sein. Diese Perspektivverschiebung führt dazu, dass der kausale Zusammenhang zwischen der Produktion von in Charkiw von sowjetischen Ingenieuren entwickelten T-34-Panzern und dem Ende des Nationalsozialismus nicht klar zu sein scheint, denn die deutsche Gesellschaft war 1945 nicht imstande, die aus ihrer Mitte hervorgegangene Gewalt zu stoppen. Den Preis zahlten unter anderen Millionen sowjetischer Soldaten – unter ihnen besonders viele Ukrainer, Belarussen und Russen. Ihr Tod gehört zur Vorgeschichte, warum heute in deutschen Medienhäusern in gut geheizten Räumen tagtäglich Talkshows produziert werden können.

Erstveröffentlichung: *Frankfurter Allgemeine Zeitung*, 14. November 2022, https://www.faz.net/aktuell/feuilleton/medien/wie-harald-welzer-und-co-die-ukraine-belehren-18460946.html [Zugriff: 22. November 2022]

WENN WIR VERSTUMMEN, FÜHLT SICH DAS BÖSE SICHERER

Serhij Zhadan – 2. Dezember 2022

Liebe Freunde,
Ich möchte, dass wir heute im Namen all jener Menschen sprechen, die derzeit mit einem außergewöhnlich schmerzhaften zeitlichen Bruch konfrontiert sind. Ich möchte heute über Zeit sprechen als ein Segment unserer Existenz, als die Folie, auf der sich unsere Überzeugungen und Ansichten – vor allem die politischen – herausbilden, formen und wandeln. Wir alle befinden uns in einem Zeitstrom, mitten in einem System von Zeichen und Begriffen. In vielerlei Hinsicht sind wir von der Zeit abhängig. Wir sind von ihr abhängig, aber nicht in ihr gefangen. Zumindest nicht, solange wir die Kraft aufbringen, die Zeit zu bezeugen.

Was meine ich damit? Wir alle entfernen uns immer weiter von dem Schatten, den das 20. Jahrhundert geworfen hat. Der persönliche Bezug zu diesem Jahrhundert der furchtbaren Völkermorde und Weltkriege scheint uns immer mehr verloren zu gehen. Es gibt nur noch wenige Zeitzeugen des Zweiten Weltkrieges und auch des Kalten Krieges. Die Erfahrung der persönlichen Angst beim Lesen der morgendlichen Nachrichten wird allmählich ersetzt durch eine Erfahrung der Reflexion, des Abstandes und des erworbenen Wissens. Der tiefe Schmerz unserer Großeltern, die das Gemetzel des Zweiten Weltkrieges miterlebt haben und diese Erfahrung – widerwillig, wie ich anmerken möchte – ihren Kindern, also unseren Eltern, und uns, ihren Enkeln, die wir in den 1970ern geboren sind, weitergegeben haben, vermittelt sich nun unseren Kindern in Form von tragischen, grausamen, schmerzhaften, aber eben doch – Geschichten. Wer Geschichte nicht persönlich erlebt hat, zieht daraus nur selten Lehren. Wenn die Lehren übergangen werden, verliert die Geschichte ihr Potenzial für Entwicklung und Fortschritt.

Ich wurde 1974 geboren. Mein Vater 1945, er galt als „Kriegskind", so lautete die offizielle Bezeichnung. Meine Oma, die mich aufgezogen hat und als medizinische Fachkraft mit der Sowjetarmee bis nach Berlin gekommen war, starb 1982, als ich noch klein war. Ich kann mich nicht mehr an Erzählungen meiner Großmutter über den Krieg erinnern. Meine Eltern hatten nichts zu erzählen, weil sie noch zu jung waren. Ich hatte also keinen direkten Bezug zum Krieg. Was auch so bleiben sollte, denn die Umstände wollten es, dass ich genau in dem Zeitfenster geboren wurde und aufgewachsen bin, als der Krieg beschloss, die nächste Generation auszulassen. Mein Bruder und ich waren zu jung, um in Afghanistan zu kämpfen (obwohl ein älterer Cousin von uns dort im Einsatz war), und unser Land, die Ukraine, trat genau im richtigen Moment aus der Sowjetunion aus, weshalb zehntausenden ukrainischen Teenagern, die noch im Sowjetimperium geboren worden waren, ein Einsatz in Tschetschenien erspart blieb. Langsam, aber kontinuierlich bauten wir unsere eigene Welt auf und versuchten sie aus den Komplexen, Abhängigkeiten und Traumata des Imperiums zu lösen, dessen Teil wir im 20. Jahrhundert gewesen waren. Zwischenzeitlich schien es, als meine es die Zeit gut mit uns, als sei sie uns gnädig, als schenke sie uns den – aus Sicht unserer Eltern und Großeltern – unfassbaren Luxus, von Kriegen verschont zu bleiben und ein normales, friedliches Leben zu führen.

All das änderte sich 2014. Plötzlich tauchten auf unserem Territorium bewaffnete russländische Kräfte auf. Sie kamen zuerst auf die Krim und drangen dann in den Osten des Landes ein. Der Krieg begann. Ein Krieg, den die Welt lange Zeit nicht wahrhaben wollte und von dem sie wie ein Kind glaubte, er würde verschwinden, wenn man ihn nur nicht beim Namen nannte. Der Krieg in der Ukraine verschwand nicht, obwohl sich die Welt weiterhin beharrlich weigerte, ihn als solchen zu bezeichnen. Am 24. Februar dieses Jahres startete Russland eine Großoffensive, die man nicht länger ignorieren konnte. Was blieb, war das Eingeständnis, dass die bisher gültige Ordnung des europäischen Lebens in Trümmern liegt und Europa eine neue Kriegsgeneration hat. Der trügerische Sieg der Demokratie und die Demontage des Reichs des Bösen (genau diese Bezeichnung sollten wir alle, die wir im letzten Jahrhundert ein abgewerteter Teil dieses Reichs des Bösen waren, verwenden und laut aussprechen), dieser trügerische Sieg hat uns dazu verleitet, in Gebieten, in denen jede einzelne Generation aufs Neue des Friedens beraubt wurde, an Eintracht und Gleichgewicht zu glauben. Es schien uns, als hätte die Geschichte endlich den ewigen Kreislauf der Hoffnungslosigkeit durchbrochen, als hätte die Welt tatsächlich gewisse Lehren aus den Massenerschießungen und Deportationen des letzten Jahrhunderts gezogen.

Wir müssen feststellen, dass dem nicht so ist. Wir müssen feststellen, dass das Niederreißen eines jeglichen eisernen Vorhangs ein kontinuierlicher Prozess ist, ein Prozess, der tagtägliche Arbeit erfordert. Mauern haben die Fähigkeit, wieder neu emporzuwachsen, der Totalitarismus hat die Neigung, sich dort zu entfalten, wo er ignoriert wird, der Revanchismus ist eine Krankheit, an der immer noch ganze Gesellschaften leiden. Wir Ukrainer bekommen heute die alten Traumata und Komplexe der Politik des 20. Jahrhunderts voll und ganz zu spüren. Während wir unser Leben gelebt, während wir – mit allen Problemen und Schwierigkeiten, aber doch beharrlich – versucht haben, ein passendes Gerüst für unsere Wirklichkeit zu errichten und unser Verständnis von der Welt mit der allgemeinen Realität in Einklang zu bringen, fällt das Imperium, von dem wir uns so vehement abgrenzen, weil wir es im neuen 21. Jahrhundert für geboten halten, aus den Fehlern der Vergangenheit zu lernen und die Souveränität der anderen zu achten, in eben jene Vergangenheit mit ihren Narrativen, ihrer Optik und Ethik zurück. Mit einer Ethik, in der Stalin als der bedeutendste Staatsmann der Nation gelten kann. Mit einer Ethik, in der der Holodomor des Jahres 1933 – die furchtbare Tragödie, der Millionen Menschen zum Opfer gefallen sind, der Genozid an den Ukrainern – ausgeblendet werden kann. Offenbar gehen zwischen uns und Russland nicht nur die Vorstellungen von der Zukunft weit auseinander, wir haben, wie wir jetzt feststellen müssen, auch eine völlig andere Auffassung von der Vergangenheit. Einer Vergangenheit, aus der wir Lehren ziehen müssen und die uns davor bewahren sollte, alte Fehler zu wiederholen. Einer Vergangenheit, die für Russland zur Falle geworden ist. Zwanzig Jahre Indoktrination von

Propaganda und revanchistischen Ideen, zwanzig Jahre Verbreitung von Trugbildern, 20 Jahre Eintrichterung von Sowjetnostalgie und revisionistischen Ideen haben unsere Nachbarn auf einen neuen Krieg eingeschworen. Der Kreis der Geschichte schließt sich wieder, keiner schert sich um die Lehren, zum wiederholten Mal missachtet Russland fremde Grenzen. Allerdings sind dieses Mal weder Finnland noch Polen noch die baltischen Staaten das Objekt der Aggression, sondern wir, die Ukrainer. Während für uns, die wir auf dem Territorium der Ukraine leben, die Entwicklung der Ereignisse vorherzusehen war, treibt wahrscheinlich viele Menschen in der Welt heute die Frage um: Wie konnte es dazu kommen? Wie konnte uns die Entstehung und Erstarkung eines neuen Aggressors entgehen? Warum hat ihn niemand aufgehalten? Warum herrscht heute wieder Krieg in Europa?

Offensichtlich ist weder der Triumph der Gerechtigkeit noch die Niederlage des Bösen etwas Endgültiges. Allzu oft unterschätzen wir die Fähigkeit des Bösen zur Selbstregeneration, Wiederauflebung und Rückkehr zu alten Positionen. Als letzte Sowjetgeneration können wir wie niemand anders ein Lied von der trügerischen „Wandlungsfähigkeit des Bösen" singen. In Osteuropa haben sich im zeitlichen Rahmen unserer – meiner – Generation außergewöhnlich tiefgreifende Veränderungen vollzogen, die zunächst zum Fall und später zur Errichtung neuer Mauern und roter Linien führten, die mittlerweile reale Frontlinien sind. Und wir, die wir glücklicherweise nach den sowjetischen Narrativen unserer Kindheit kurz Luft holen und eine Zeitlang in einer Wirklichkeit leben konnten, in der Repressionen, Revanchismus und Weltherrschaft keinen Platz hatten, stehen nun einem Besatzer gegenüber, der gekommen ist, um unsere Zukunft zu rauben, und sich dabei von ganz eigenen Vorstellungen von der Vergangenheit leiten lässt. Letztlich sind wir in der Ukraine zum wiederholten Mal damit konfrontiert, dass eine fremde Vergangenheit direkten Einfluss auf unsere Zukunft nehmen will. Wir werden vernichtet, und man will uns glauben machen, das sei zu unserem Besten. Man raubt uns die Freiheit und nennt es Befreiung. Man nimmt uns unsere Identität und behauptet, man gäbe uns unsere Vergangenheit zurück. Die Geschichte hat versagt. Die Zeit muss das eigene Fiasko anerkennen.

Die Natur des Totalitarismus hat sich als erstaunlich zäh erwiesen. Es ist eine Natur, die nicht an Zeit gebunden ist, die jenseits von Zeit existiert. Der Wandel des gesellschaftlichen Bewusstseins schließt das Böse nicht mit ein, seine Banalität, wie Hannah Arendt sagt, ist konstant, von gesellschaftlichen Reflexionen, technologischem Fortschritt und ökologischen Transformationen bleibt es unberührt. Die Menschheit ist immer noch furchtbar leicht zu beeinflussen. Immer noch erliegt sie allzu schnell Manipulationen und propagandistischen Angriffen. Wie im 20. Jahrhundert lassen sich Menschen auch noch im 21. Jahrhundert einreden, sie seien von Feinden umgeben und zur Verteidigung des Vaterlands müsse das Nachbarland überfallen werden. Wie vor einhundert Jahren braucht es dazu nichts mehr als eine totalitäre Macht und verantwortungslose Massenmedien. Die Welt empört sich heute maßlos über die Rhetorik und das Verhalten der russländischen Machthaber und blendet dabei weiter hartnäckig die traurige Tatsache aus, dass die russländische Gesellschaft diese Rhetorik und dieses Verhalten mehrheitlich unterstützt, ja, sogar wiederholt. Ohne die Loyalität der Gesellschaft gibt es keinen Totalitarismus, und das ist eine Lehre des 20. Jahrhunderts, die wir nicht ausreichend umgesetzt haben.

Warum gehören Totalitarismus, Chauvinismus und Revanchismus eigentlich nicht der Vergangenheit an, sondern prägen gegenwärtig die gesellschaftliche Haltung in einer ganzen Reihe von Ländern? Warum hat die Welt trotz Aufarbeitung der dunklen und abgründigen Erfahrung zweier Weltkriege, der Massendeportationen und Völkermorde acht lange Jahre gebraucht, um den Aggressor Aggressor und den Besatzer Besatzer zu nennen, um die Annexion fremden Territoriums als illegal und die Führung eines Krieges gegen das Nachbarland als Verbrechen anzuerkennen? Warum sind Ethik und Moral in Politik, Wirtschaft und Medien so vage und verhandelbar? Lassen sich die so genannten europäischen Werte wirklich mit Handelsbeziehungen zu einem Land vereinbaren, das alle internationalen Vereinbarungen bricht? Wie viel Abstand brauchen wir, damit wir uns keine Wunden an der Geschichte holen, wenn wir über sie sprechen? Und vor allem – sind das alles rein rhetorische Fragen, oder sind wir – Sie und ich, wir alle – wirklich bereit, sie zu stellen und zu klären?

Der Krieg in der Ukraine geht weiter. Ja, er eskaliert. Die Besatzer denken gar nicht daran, von ihrem Wunsch Abstand zu nehmen, uns zu vernichten. Da sie keine militärischen Erfolge vorweisen können, zerstören sie die Städte im Hinterland, die kritische Infrastruktur, sie beschießen Wohnviertel und töten die Zivilbevölkerung. Die Ukraine verteidigt sich und braucht Hilfe. Die Ukraine muss geschützt werden. Aber auch die Welt als Ganzes braucht Schutz. Denn ihr Sicherheitssystem, ihre wirtschaftliche Stabilität und vor allem ihr Wertesystem haben sich als ziemlich fragil und ungeschützt erwiesen. Die Sicherheitskrise und vor allem die Wertekrise, sie werden ja mit der Niederlage Russlands nicht verschwinden. Denn das 21. Jahrhundert, das sich gerade erst entfaltet, hat uns schon jetzt gezeigt, wie schnell das Böse wieder auflebt, wenn man es ignoriert oder nährt.

Ich danke Ihnen für diese Möglichkeit – die Möglichkeit, schmerzhafte Fragen zu formulieren und dabei zu hoffen, dass sie, diese Fragen, gehört werden, dass der Versuch, wichtige und grundsätzliche Dinge auszusprechen, nicht vergeblich ist und dass wir uns nicht aus Bequemlichkeit oder Gewohnheit ins Schweigen zurückziehen. Wenn wir heute um unsere Zukunft kämpfen, unser Existenzrecht behaupten, müssen wir immer wieder Bezug auf die Geschichte nehmen, wir rufen sie an als eine essentielle Erfahrung, derer wir ohnehin alle teilhaftig sind. Es wäre gut, wenn wir diese Erfahrung konstruktiv und pragmatisch nutzen, damit die Geschichte uns nicht traumatisiert, sondern inspiriert, damit die Politik nicht nur eine Kunst der Kompromisse ist, sondern auch ein Hort der Prinzipien. Unsere Zukunft ist eng und schmerzhaft mit unserer Vergangenheit verbunden. Genauso eng sind wir miteinander verbunden, wenn uns vielleicht auch diese Verbundenheit weniger bewusst ist. Wir alle sind verbunden in dieser Zeit, in diesem Raum, und wir füllen die Luft mit unseren Stimmen. Jede Stimme ist wichtig. Jeder

Atemzug ist wichtig. Wenn wir verstummen, fühlt sich das Böse sicherer. Das ist für uns ein weiterer überzeugender Grund zu reden und zuzuhören.

Aus dem Ukrainischen von Claudia Dathe

Dankesrede, gehalten am 2. Dezember 2022 in Bremen anlässlich der Verleihung des Bremer Hannah-Arendt-Preises. Deutschsprachige Erstveröffentlichung mit freundlicher Genehmigung des Autors und der Übersetzerin.

ANMERKUNGEN

1 Bericht der UNO Flüchtlingshilfe für den UNHCR vom 21.11. 2022: https://www.uno-fluechtlingshilfe.de/hilfe-weltweit/ukraine [Zugriff: 29.12.2022]. Alle Zitate in der Vorrede, für die kein bibliographischer Nachweis angegeben wird, stammen aus Beiträgen in diesem Band.

2 Dem Portal *Mediendienst Integration* zufolge wurden zwischen Februar und Dezember 2022 insgesamt 1.036.135 Geflüchtete aus der Ukraine im Ausländerzentralregister (AZR) registriert: https://mediendienst-integration.de/migration/flucht-asyl/ukrainische-fluechtlinge.html [Zugriff: 29.12.2022].

3 Der „Offene Brief" wurde am 29. April 2022 in der Zeitschrift *EMMA* veröffentlicht: https://www.emma.de/artikel/offener-brief-bundeskanzler-scholz-339463 [Zugriff: 29.12.2022].

4 Erschienen unter dem Titel „Waffenstillstand Jetzt" in *Die Zeit* vom 29. Juni 2022: https://www.zeit.de/2022/27/ukraine-krieg-frieden-waffenstillstand?utm_referrer=https%3A%2F%2Fwww.google.com%2F [Zugriff: 29.12.2022].

5 Das Gespräch fand im Rahmen des „Freitag-Salon" am 22.10.2022 im Literaturhaus Berlin statt und wurde live übertragen, ein Mitschnitt ist abrufbar unter: https://www.radioeins.de/programm/sendungen/sendungen/353/2210/221017_radioeins_und_freitag_salon_18588.html [Zugriff 01.02.2023].

6 Lily Rothman zitiert nach Aliaksei Kazharski in diesem Band.

7 Im Original: „It's my job as Prime Minister to like Mr Putin". Zitiert nach: Ian Dreiblatt, „Anna Politkovskaya has a question for Pence and Trump; had she not been assassinated ten years ago today, she'd be the one to ask it", *Melville House*, 07.10.2016, https://www.mhpbooks.com/anna-politkovskaya-has-a-question-for-pence-and-trump-had-she-not-been-assassinated-ten-years-ago-today-she-might-ask-it/ [Zugriff: 29.12.2022].

8 Video via *C-SPAN.org*, 17.06.2001, https://www.c-span.org/video/?c4718091/user-clip-bush-putins-soul [Zugriff: 29.12.2022].

9 Schröder antwortete in der ARD-Sendung ‚Beckmann' laut vorab veröffentlichten Interview-Auszügen auf die Frage, ob Putin ein lupenreiner Demokrat sei: „Ja, ich bin überzeugt, daß er das ist". Nach: [ohne Autor], Schröder: „Putin ist ein lumpenreiner Demokrat", *Hamburger Abendblatt*, 23.11.2004, https://www.abendblatt.de/politik/deutschland/article106930893/Schroeder-Putin-ist-lupenreiner-Demokrat.html [Zugriff: 29.12.2022].

10 [Ohne Autor], „Dschon Mirschajmer: ‚Ja sowerschenno nje winju russkich sa schagi, kotorye oni predprinjali w Ukraine", *Nesawisimaja Gaseta*, 23.11.2020, https://web.archive.org/web/20220509031515/https://www.ng.ru/scenario/2020-11-23/15_8021_poland.html [Zugriff: 29.12.2022].

11 Martin Schulze Wessel, „Faschismus? Genozid? Vernichtungskrieg?", *Zeitgeschichte Online*, 24. 08. 2022, https://zeitgeschichte-online.de/themen/faschismus-genozid-vernichtungskrieg [Zugriff: 29.12.2022].

12 Vgl. den Tweet des offiziellen Twitter-Accounts des ukrainischen Parlaments vom 01.01.2023, in dem Stepan Bandera gewürdigt wurde: https://twitter.com/verkhovna_rada/status/1609544721101389831 [Zugriff: 02.01.2023].

13 Franziska Davies, „Russland ist nicht unser Nachbar", *taz*, 12. 4. 2022, https://taz.de/Osteuropa-Expertin-zu-Russlandpolitik/!5845124/ [Zugriff: 29.12.2022].

14 Im Original: *Urodliwoe detischtsche Wersalskogo dogowora*. Siehe: Lukasch Adamskij [Łukasz Adamski], „Tjaschkoe wremja 17 sentjabrja 1939 goda", *Nowaja Polscha*, 17.09.2019, https://novayapolsha.pl/article/tyazhkoe-bremya-17-sentyabrya-1939-goda/ [Zugriff: 29.12.2022].

15 „What should Russia do with Ukraine? [Translation of a propaganda article by a Russian publication]", *Medium.com*, 04.04.2022, https://medium.com/@kravchenko_mm/what-should-russia-do-with-ukraine-translation-of-a-propaganda-article-by-a-russian-journalist-a3e92e3cb64 [Zugriff: 29.12.2022].

16 Es existieren mehrere youtube-Videos von diesem Auftritt, siehe z.B. die Aufzeichnung auf dem Kanal eines gewissen Nikolaj Wolkow: https://www.youtube.com/watch?v=_IOHohNrtto [Zugriff: 30.12.2022].

17 Verwiesen sei z.B. auf den gerade, im Dezember 2022, erschienenen Reader: *Im Krieg. Ukraine, Belarus, Russland.* Geschichte der Gegenwart - Reader. Hrsg. von Gleb Albert, Svenja Goltermann, Gesine Krüger, Christine Lötscher, Philipp Sarasin, Sylvia Sasse, Janosch Steuwer, Sandro Zanetti. Leipzig: Spector Books, 2022. Der Band versammelt Beiträge, die seit Kriegsbeginn auf der Online-Plattform *Geschichte der Gegenwart* publiziert wurden.

18 Georg Witte, „Das Verhör. Ein Lehrstück des politischen Zynismus, und wie man ihn zerstört". In: *Lettre international* 139 (Winter 2022), S. 10, S. 11.

19 Isabella Bengoechea, „Ukraine war: Cancelling Russian culture is a mistake and helps no one but Putin, says art lovers", *Inews*, 04.04.2022, https://inews.co.uk/culture/ukraine-war-cancelling-russian-culture-is-a-mistake-and-helps-no-one-but-putin-say-art-lovers-1528898 [Zugriff: 14.12.2022].

20 Tim Brinkhof, „No more Medvedev, Tschaikovsky, or Dostojevsky: the pros and cons of cancelling Russian Culture“, *BigThink*, 27.04.2022, https://bigthink.com/the-present/cancelling-russia-culture-sanctions/ [Zugriff: 14.12.2022].

21 Laura Slattery, „Cultural sanctions against Russia: move fast, break contracts, send a message“, *The Irish Times*, 28.02.2022, https://www.irishtimes.com/business/media-and-marketing/cultural-sanctions-against-russia-move-fast-break-contracts-send-a-mes-sage-1.4814293 [Zugriff: 14.12.2022].

22 Alexander J. Motyl, „Though Times Ahead for Russian Studies“, *Facts & Arts*, 03.05.2022, https://www.factsandarts.com/current-affairs/tough-times-ahead-russian-studies?fbclid=IwAR09XPeEh_2nQwMjocINH3ThAVr76p2mXikfCQ2_H0hi3WF-ZxLMDmjGquY [Zugriff: 14.12.2022].

23 Nancy P. Scheel, Robert C. Branch, „The Role of Conversation and Culture in the Systematic Design of Instruction“, *Educational Technology* Vol. 33, No. 8 (August 1993), S. 7–18, https://www.jstor.org/stable/44428065 [Zugriff: 14.12.2022].

24 Marat Shaikhutdinov, *Between East and West. The Formation of the Moscow State*, Boston, 2021. https://www.degruyter.com/document/doi/10.1515/9781644697146/html [Zugriff: 14.12.2022].

25 M. M. Bakhtin, *Toward a Philosophy of the Act*, Austin, 1999.

26 Ebd.

27 Museum Nürnberg, „Leni Riefenstahls ‚Triumph des Willens“, https://museen.nuernberg.de/dokuzentrum/themen/reichsparteita-ge/riefenstahls-triumph-des-willens [Zugriff: 14.12.2022].

28 Harper Lambert, „CBS Reporter Calls Ukraine ‚Relatively Civilized‘ as Opposed to Iraq and Afghanistan, Outrage Ensues“,*The Wrap*, 29.02.2022, https://www.thewrap.com/cbs-charlie-dagata-backlash-ukraine-civilized/ [Zugriff: 02.11.2022].

29 Ewa M Thompson, *Imperial Knowledge: Russian Literature and Colonialism*, Westport (CT), 2000.

30 Andrej N. Lushnycky, Mykola Riabchuk, *Ukraine on Its Meandering Path Between East and West*, Bern 2009, S. 185.

31 „Der Feind heißt Putin, nicht Puschkin“, Pressemitteilung des PEN-Zentrums Deutschland, https://www.pen-deutschland.de/de/2022/03/06/der-feind-heisst-putin-nicht-puschkin/ [Zugriff: 02.11.2022].

32 Ленинград — Входа нет! https://www.youtube.com/watch?v=FeIjDxbAZeM [Zugriff: 02.11.2022].

33 Baleriny Donezkogo teatra wystroilis' w bukwy Z i V w podderschku spezoperazii RF, https://yamal-media.ru/news/baleriny-donetskogo-teatra-pokazali-tanets-v-podderzhku-rossijskoj-spetsoperatsii [Zugriff: 02.11.2022].

34 Dmitry Vilensky, „Open Letter on the Withdrawal from the Teach-In on Ukraine“, *transversal text*, 03.2022, https://chtodelat.org/b5-announcements/a-6/open-letter-on-the-withdrawal-from-the-teach-in-on-ukraine-by-dmitry-vilensky/ [Zugriff: 02.11.2022].

35 Auf Deutsch auch „Erschossene Wiedergeburt“ genannt (Ukrainisch: *Rosstriljane widrodschennja*, Розстріляне відродження).

36 Michail Bulgakow, *Der Meister und Margarita*, aus dem Russischen von Thomas Reschke, München 2012, S. 285.

37 Mark von Hagen, „Does Ukraine Have a History?“, *Slavic Review*, Bd. 54, Nr.3, 1995, S. 658ff.

38 Anne Lounsbery, *Life Is Elsewhere. Symbolic Geography in the Russian Provinces*, 1800–1917, Ithaca / NY, 2019.

39 Jane Burbank, „The Grand Theory Driving Putin to War“, *New York Times*, 22.3.2022, https://www.nytimes.com/2022/03/22/opinion/russia-ukraine-putin-eurasianism.html [Zugriff: 30.9.2022].

40 Susan Smith Peter, *Russian Military Thought, Russian Fascism, and Putin's War in Ukraine*. Vorlesung, Videoaufzeichnung unter https://www.youtube.com/watch?v=x-yH4OGnktk [Zugriff 30.11.2022].

41 Rudolf Hermann, „Baltikum: Die Kreml-Propaganda verfängt nicht mehr“, *Neue Zürcher Zeitung*, 06.03.2022, https://www.nzz.ch/international/baltikum-die-kreml-propaganda-verfaengt-nicht-mehr-ld.1672135?reduced=true [Zugriff: 16.11.2022].

42 Iossif Brodski, „Na nesawisimost Ukrainy“, *RuStich*, https://rustih.ru/iosif-brodskij-na-nezavisimost-ukrainy/ [Zugriff 02.01.2023] [Alle Verweise im folgenden Text kommen von der Übersetzerin und den Herausgeberinnen].

43 Siehe die Übersetzung in Zaal Andronikashvili: „Joseph Brodsky und sein berüchtigtes Ukraine-Gedicht“, https://www.faz.net/aktuell/feuilleton/debatten/regimegegner-und-kulturimperialist-joseph-brodskys-ukraine-gedicht-18404735.html [Zugriff 02.01.2023].

44 Die letzten beiden Zeilen sind entnommen aus Hans-Christoph Buch: „Joseph Brodsky und das hässlichste Gedicht über die Ukraine“, *Neue Zürcher Zeitung*, 31.035.2022, https://www.nzz.ch/feuilleton/joseph-brodsky-und-das-haesslichste-gedicht-ueber-die-ukraine-ld.1682628?reduced=true [Zugriff 02.01.2023].

45 Lev Loseff, *Joseph Brodsksy: A Literary Life*, Translated by Jane Ann Miller, Yale University Press, New Haven&London 2011, S. 242.

46 Siehe: Pawel Kisly, „Otwet Iosifu Brodskomu“, *Stichi.ru*, https://stihi.ru/2013/12/09/11401 [Zugriff 02.01.2023].

47 Siehe: Yaroslav Trofimov, „Russia's Long Disdain for Ukrainian Nationhood", *Wall Street Journal,* 28.04.2022, https://www.wsj.com/articles/russias-long-disdain-for-ukrainian-nationhood-11651165024 [Zugriff 02.01.2023].

48 Siehe, Aleksandr Daniel, „Tschtscheta gumanitarnowo snanija", *Polit.ru*, 11.02.2005, https://polit.ru/article/2005/02/11/humanitar/ [Zugriff 02.01.2023].

49 Joseph Brodsky, „Says poet Brodsky, ex of the Soviet Union: ‚A writer is a lonely traveler, and no one is his helper'", *New York Times Magazine*, 01.10. 1972, Section PM, S. 11, https://www.nytimes.com/1972/10/01/archives/says-poet-brodsky-ex-of-the-soviet-union-a-writer-is-a-lonely.html [Zugriff 02.01.2023].

50 Joseph Brodsky: „Says poet Brodsky...", s.o.

51 Joseph Brodsky: „Rede zur Abschlußfeier" (Williams College 1984), S. 332–339 in: Joseph Brodsky, *Flucht aus Byzanz. Essays.* [Joseph Brodsky, *Less Than One. Selected Essays*, Farrar, Straus & Griroux, New York 1986], Fischer Taschenbuch Verlag, Frankfurt/Main 1991, S. 333.

52 Vgl.: Joseph Brodsky, „In eineinhalb Zimmern", in: Joseph Brodsky, *Weniger als man/Less Than One.* [1976] Aus dem Amerikanischen von Sylvia List und Marianne Frisch. Holzschnitte nach Videostills: Christiane Baumgartner. Leipzig. Carivari 2004, S. 30f.

53 Deutsch in: Hans-Christoph Buch, „Das unverwechselbare Gesicht", in: Joseph Brodsky, *Der sterbliche Dichter. Über Literatur, Liebschaften und Langeweile.* Aus dem Amerikanischen von Sylvia List, Carl Hanser Verlag, München/Wien 1998, S. 71.

54 Joseph Brodsky, „Says poet Brodsky…", s.o.

55 Zum Teil übersetzt in: Zaal Androniksashvili, „Joseph Brodsky und sein berühmtes Ukraine-Gedicht", s.o.

56 Alexander S. Puschkin: „Der Gefangene im Kaukasus. Eine Erzählung" [Deutsche Prosaübersetzung], S.83–101, in: Alexander S. Puschkin. *Der Gefangene im Kaukasus (Kavkazkij Plennik). Text, Faksimile der deutsche Erstübersetzung (1823), Prosaübersetzung.* Herausgegeben von der deutsche Puschkin-Gesellschaft. Bearbeitet, kommentiert und mit einem Nachwort versehen von Andreas Ebbinghaus, Verlag Otto Sagner, München-Berlin 2009, S. 94.

57 Vgl. A.S. Puschkin: „Der Gefangene im Kaukasus. Eine Erzählung", S. 113–139, in: Alexander Sergejewitsch Puschkin, *Gesammelte Werke in sechs Bänden*. Herausgegeben von Harald Raab, Aufbau-Verlag Berlin, 4. unveränderte Auflage 1985. Band 2. *Poeme und Märchen* (Nachgedichtet von Friedrich Bodenstadt, Simon Ellenberg, Friedrich Fiedler, Wolfgang E. Groeger, August Plantener, Martin Remané, Brigitte Struzyk, Bruno Tutenberg), S. 139.

58 Alexander S. Puschkin, „Der Gefangene im Kaukasus. Eine Erzählung" [Deutsche Prosaübersetzung], s.o., S. 95 und S. 75.

59 Zitiert und übersetzt in: Pjotr Andreevič Vjazemskij, *Studie zur russischen Literatur- und Kulturgeschichte des neunzehnten Jahrhunderts, von Günther Wytrzens*, Wien 1961, Verlag Notring der wissenschaftlichen Verbände Österreichs, S. 137.

60 Alexander S. Puschkin, „An die Verleumder Russlands", S. 409–411, in: Alexander S. Puschkin, *Ausgewählte Werke in vier Bänden*. Erster Band. *Gedichte*. Verlag für fremdsprachige Literatur, Moskau 1950, S. 411.

61 Alexander S. Puschkin, „Brief an P. Wjasemski vom 1.6.1831 aus Carskoe Selo", in: Alexander S. Puschkin, *Gesammelte Werke in sechs Bänden*. Herausgegeben von Harald Raab, Aufbau-Verlag, Band 6 (Die Übersetzer dieses Bandes sind Fritz Mierau und Klaus Täubert), S. 241–242.

62 Alexander Puschkin, „Brief an E.M. Chitrogo vom 9.12.1830", in: *Pisma Puschkina k Jelisawete Michajlowne Chitrogo 1827–1832*. Trudy Puschkinskogo Doma. Vypusk XLVIII. Leningrad, Izdatelstwo Akademii nauk SSSR 1927 (redaktor izdanija S.f. Platonov), S. 11.

63 Adam Mickiewicz, *Die Ahnenfeier. Ein Poem*. Zweisprachige Ausgabe. Übersetzt, herausgegeben und mit einem Nachwort versehen von Walter Schamschula. Mit einem Vorwort von Hans Rothe. Köln-Weimar-Wien: Böhlau 1991. (= Schriften des Komitees der Bundesrepublik Deutschland zur Förderung der Slawischen Studien, Bd. 14), An die russischen Freunde. Dieser Exkurs ist den russischen Freunden gewidmet – vom Verfasser, S. 485–487, S. 487.

64 Alexander S. Puschkin, „An die Verleumder Russlands", S. 409.

65 Taras Schewtschenko: „Der Kaukasus. (Meinem Geliebten Jakob de Balmen.)" [Aus dem Ukrainischen von Alfred Kurella], S. 177–183, in: Taras Schewtschenko. *Meine Lieder, meine Träume. Gedichte und Zeichnungen*. Verlag der Nation Berlin Verlag Dnipro Kiew. Ausgewählt und mit einem Nachwort versehen von Rolf Göbner. Übersetzt von Alfred Kurella, Erich Weinert, Hedda Zinner, Hugo Huppert, Iwan Franko, Erwin J. Bach und Hans Rodenberg. Berlin 1987, S. 178.

66 Taras Schewtschenko: „Vermächtnis" (übersetzt von Iwan Franko), in: Taras Schewtschenko, *Ausgewählte Gedichte*. Staatsverlag der nationalen Minderheiten der USSR. Kiew 1939.

67 Joseph Brodsky: „Das unverwechselbare Gesicht. Rede bei der Entgegennahme des Nobelpreises für Literatur (übersetzt von Hans-Christoph Buch)", S.59–75 in: Joseph Brodsky, *Der sterbliche Dichter. Essays*. Aus dem Amerikanischen von Sylvia List. Fischer Taschenbuch Verlag. Frankfurt am Main 2000, S. 61.

68 Percy Bysshe Shelley, *Ausgewählte Werke. Dichtung und Prosa*, Herausgegeben und mit einer Einführung versehen von Horst Höhne. Insel Verlag, Leipzig 1985, S. 665.

69 Ähnliche Äußerungen sind dem YouTube und den Telegram-Kanälen Alexander Dugins laufend zu entnehmen. Siehe auch: www.izborsk-club.ru, www.blagogon.ru [Zugriff: 02.01.2023].

70 Michail Bulgakov, *Die Weiße Garde*. Neu übersetzt von Alexander Nitzberg, dtv, München 2020, Kapitel 3, S. 54.

71 Siehe: Sergej Michejew, „Prisnaki antichrista projawilis w kakoi by wy dumali strane?", *Dzen Video* https://dzen.ru/video/watch/6267023122e6cb08a405028c?t=9 [Zugriff 02.01.2023].

72 Siehe: Alexander Solshenizyn, „Possorit rodnyje narody??", *Iswestija*, 02.04.2008, https://iz.ru/news/335020 [Zugriff 02.01.2023].

73 Siehe: Karen Schachnasarow, „Protiwnikow woiny shdut sterilisazija i konzlagerja", *Telekanal Rossija 1* („Woskresnyj wetscher s Wladimirom Solowjowym", Sendung vom 28.04.2022), https://haqqin.az/news/244667 [Zugriff 02.01.2023].

74 Siehe: „Woskresnyj wetscher s Vladimirom Solovyovym", *Telekanal Rossija 1* (Sendung vom 24.04.22, „Vosmoshna li jadernaja wojna? Kommentari Margarity Simonjan"), https://www.vsoloviev.ru/sunday/8089/ [Zugriff 02.01.2023].

75 Taras Schewtschenko, „Der Gottesnarr [Jurodiwyj]" (übersetzt von Alfred Kurella), S. 244–247 in: Taras Schewtschenko, *Meine Lieder. Meine Träume*, s.o., S. 246 und folgende Zitate S. 247.

76 Oksana Sabuschko, „Lektionen aus einem grossen Bluff – der Weg zum Massaker von Butscha führt auch über die russische Literatur", *Neue Zürcher Zeitung*, 28.04.2022, https://www.nzz.ch/feuilleton/lektionen-aus-einem-bluff-russische-literatur-nach-butscha-ld.1681267?reduced=true [Zugriff: 15.11.2022] – auch abgedruckt im vorliegenden Band.

77 Jens Herlth, „Was kann Tolstoj dafür? – Eine Antwort auf Oksana Sabuschkos Polemik zur Abwertung der russischen Literatur", *NZZ*, 08.05.2022, https://www.nzz.ch/feuilleton/was-kann-denn-tolstoi-dafuer-replik-auf-oksana-sabuschkos-polemik-ld.1682695 [Zugriff: 21.12.2022] – auch abgedruckt im vorliegenden Band.

78 Alexander Pushkin, „To the Slanderers of Russia (1831)", *Russian Universe*, 24.09.2014, https://russianuniverse.org/2014/09/24/slanderers-of-russia/ [Zugriff: 15.11.2022].

79 Anna Dolgov, „Navalny Wouldn't Return Crimea, Considers Immigration Bigger Issue Than Ukraine", *The Moscow Times*, 16.10.2014, https://www.themoscowtimes.com/2014/10/16/navalny-wouldnt-return-crimea-considers-immigration-bigger-issue-than-ukraine-a40477 [Zugriff: 15.11.2022].

80 Iryna Rodina, „People of Culture Taken Away by the War (updating)", *PEN Ukraine*, 24.10.2022, https://pen.org.ua/en/lyudy-kultury-yakyh-zabrala-vijna [Zugriff: 15.11.2022].

81 „What should Russia do with Ukraine? [Translation of a propaganda article by a Russian publication]“, *Medium.com*, 04.04.2022, https://medium.com/@kravchenko_mm/what-should-russia-do-with-ukraine-translation-of-a-propaganda-article-by-a-russian-journalist-a3e92e3cb64 [Zugriff: 15.11.2022].

82 „On Dialogue While Bombs Are Falling: PEN Ukraine Addressed the Global Intellectual Community, *PEN Ukraine*, 18.03.2022, https://pen.org.ua/en/pro-dialog-pid-bombamy-ukrayinskyj-pen-zvernuvsya-do-mizhnarodnoyi-intelektualnoyi-spilnoty [Zugriff: 15.11.2022].

83 Leningrad, „Wchoda net!“, *Youtube.com*, 04. 2022, https://www.youtube.com/watch?v=FeIjDxbAZeM [Zugriff: 15.11.2022].

84 Lidia Kelly, „WWII Holocaust survivor killed in Ukraine's Kharkiv“, *Reuters.com*, 22.03.22, https://www.reuters.com/world/wwii-holocaust-survivor-killed-ukraines-kharkiv-2022-03-22/ [Zugriff: 15.11.2022].

85 Julia Anton, „Sie sind schon zum zweiten Mal auf der Flucht“, *Frankfurter Allgemeine Zeitung*, 09.04.2022, https://www.faz.net/aktuell/gesellschaft/menschen/holocaust-ueberlebende-aus-der-ukraine-fliehen-nach-deutschland-17942989.html?GEPC=s6 [Zugriff: 15.11.2022].

86 Chinua Achebe, „An Image of Africa: Racism in Conrad's Heart of Darkness“, Research in African Literatures, Spring 1978, Vol. 9, No. 1, S. 1–15, https://www.jstor.org/stable/pdf/3818468.pdf [Zugriff: 22. Dezember 2022].

87 Jan Dirk Herbermann, „UN-Menschenrechtsrat befasst sich mit Kriegsverbrechen: Die Liste des Grauens“, Der Tagesspiegel, 12.05.2022, https://www.tagesspiegel.de/politik/die-liste-des-grauens-8109949.html [Zugriff: 17.11.2022].

88 [Redaktion], „Mariupol wohl unter russischer Kontrolle: Russland meldet komplette Einnahme des Stahlwerks“, *Der Tagesspiegel*, 21.05.2022, https://www.tagesspiegel.de/politik/russland-meldet-komplette-einnahme-des-stahlwerks-azovstal-4332199.html [Zugriff: 17.11.2022].

89 [Redaktion], „Drei Monate Krieg in der Ukraine: Kiew fordert mehr Waffen“, *Der Tagesspiegel*, 24.05.2022, https://www.tagesspiegel.de/politik/kiew-fordert-mehr-waffen-russland-will-militarbasis-in-besetztem-gebiet--die-lage-im-uberblick-4334317.html [Zugriff: 17.11.2022].

90 Open Letter by 156 Experts on Eastern Europe and International Security to the German Government: Immediately Increase Berlin's Support for Ukraine, 24.04.2022, https://neweasterneurope.eu/2022/04/24/open-letter-by-155-experts-on-eastern-europe-and-international-security-to-the-german-government-immediately-increase-berlins-support-for-ukraine/ [Zugriff: 22. Dezember 2022].

91 Gerard Toal, „War can be ended, but peace would be tough for Ukraine to swallow Defeating Putin in long run means accepting face-saving Russian 'victory' in immediate term", *The Irish Times*, 12.05.2022,https://www.irishtimes.com/opinion/war-can-be-ended-but-peace-would-be-tough-for-ukraine-to-swallow-1.4824457 [Zugriff: 13.12.2022].

92 Ebd.

93 Ebd.

94 Lily Rothman, „A cultural history of mansplanning, *The Atlantic*, 01.11.2011, https://www.theatlantic.com/sexes/archive/2012/11/a-cultural-history-of-mansplaining/264380/ [Zugriff: 13.12.2022].

95 Ebd.

96 Yascha Mounk, *The Atlantic*, 05.08.2018, https://www.theatlantic.com/ideas/archive/2018/10/new-sokal-hoax/572212/ [Zugriff: 02.01.2023].

97 Iver B. Neumann, *Russia and the Idea of Europe. A Study in Identity and International Relations*, https://www.routledge.com/Russia-and-the-Idea-of-Europe-A-Study-in-Identity-and-International-Relations/Neumann/p/book/9781138182615 [Zugriff: 13.12.2022].

98 C.B. Neumann, I.B. Neumann, „Uses of the Self: Two Ways of Thinking about Scholarly Situatedness and Method", *Sci-hub*, 05.06.2015, https://sci-hub.hkvisa.net/10.1177/0305829815576818 [Zugriff: 13.12.2022].

99 Aliaksei Kazharski, „The Realist Illusion About Russia and Ukraine: A Response to Stephen Walt. What really causes the ‚Ukraine crises'", 27.01.2022, https://www.academia.edu/69820297/The_Realist_Illusion_About_Russia_and_Ukraine_A_Response_to_Stephen_Walt. [Zugriff: 22. Dezember 2022].

100 Ivan Timofeev, „Why Experts Believed an Armed Conflict with Ukraine would never happen, Russian International Affairs Council", *RIAC*, 04.03.2022, https://russiancouncil.ru/en/analytics-and-comments/analytics/why-experts-believed-an-armed-conflict-with-ukraine-would-never-happen/ [Zugriff: 22. Dezember 2022].

101 Maria Mälksoo, „The Postcolonial Moment in Russia's War Against Ukraine", *Journal of Genocide Research*, 11.05.2022, https://www.tandfonline.com/doi/full/10.1080/14623528.2022.2074947 [Zugriff: 22. Dezember 2022].

102 Irina Chalupa, „Jabatki. Osnownyje priznaki prisutstwija w Belarusi", *Novaja Gazeta*, 22.08.2020, https://novayagazeta.ru/articles/2020/08/22/86782-yabatki [Zugriff: 22. Dezember 2022].

103 Aliaksei Kazharksi, M. Kubová, „Belarus as a liminal space for Russia's ontological security before and after the 2020 protests", *New Perspectives*, *29*(3), 2021, S. 249–271, https://journals.sagepub.com/doi/abs/10.1177/2336825X211032900 [Zugriff: 22. Dezember 2022].

104 Andrei Babitsky, „Ukraine is not Russia. Neither is Belarus", *The Russia File. A Blog of the Kennan Institute*, 29.04.2022, https://www.wilsoncenter.org/blog-post/ukraine-not-russia-neither-belarus [Zugriff: 22. Dezember 2022].

105 Artyom Shraibman, „Why Belarus is not Ukraine", *The House That Lukashenko Built: The Foundation, Evolution, and Future of the Belarusian Regime*, Carnegie Endowment for International Peace, 2018, S. 26–28. *JSTOR*, http://www.jstor.org/stable/resrep16978.14 [Zugriff: 22. Dezember 2022].

106 Sahra Rainsford, „Putin says he could send police to Belarus if necessary", *BBC*, 27.08.2022, https://www.bbc.com/news/world-europe-53930796 [Zugriff: 22. Dezember 2022].

107 Pawlo Subjuk, „Perscha ukrajinsko-biloruska wijna", *Zaxid.Net*, 05.07.2022, https://zaxid.net/persha_ukrayinsko_biloruska_viyna_n1545743?fbclid=IwAR0htAI_kf69Ju4qvW67dGFMLBDJb-z5o-AeHNmwVS_nWCOI_iLPQe71srko [Zugriff: 22. Dezember 2022].

108 „Lukashenka most liked foreign leader in Ukraine", *Belsat*, 12.11.2019, https://naviny.belsat.eu/en/news/lukashenka-most-liked-foreign-leader-in-ukraine/ [Zugriff: 22. Dezember 2022].

109 Mostafa Rachwani, „Maruipol bombing:before and after satellite images show destruction in Ukraine city", *The Guardian*, 10.03.2022, https://www.theguardian.com/world/2022/mar/10/mariupol-bombing-ukraine-before-and-after-satellite-images-map-russian-attack-residential-maternity-childrens-hospital [Zugriff: 22. Dezember 2022].

110 Stuart Greer Reuters, „Bombs, Basements, And Burials: Besieged Mariupol Residents Struggle To Survive", *RadioFreeEurope Radio Liberty*, 22.03.2022, https://www.rferl.org/a/ukraine-mariupol-russia-siege/31765150.html [Zugriff: 22. Dezember 2022].

111 Iryna Balachuk, „Area of mass graves near Mariulok doubles – Shkemy", *Ukrainska Pravda*, 07.07.2022, https://www.pravda.com.ua/eng/news/2022/07/7/7356847/ [Zugriff: 22. Dezember 2022].

112 Matt Burgees, „The Last Cell Tower in Mariupol", *Wired*, 31.03.2022, https://www.wired.co.uk/article/mariupol-ukraine-war [Zugriff: 22. Dezember 2022].

113 Lori Hinnant, Mystlav Chernov, Vasilisa Atepanenko, „AP evidence points to 600 dead in Mariupol theater airstrike", *AP News*, 04.05.2022, https://apnews.com/article/Russia-ukraine-war-mariupol-theater-c321a196fbd568899841b506afcac7a1 [Zugriff: 22. Dezember 2022].

114 „Scars remain amid Chechen revival", *BBC News Chanel*, letzte Aktualisierung: 03.03.2007, http://news.bbc.co.uk/1/hi/programmes/from_our_own_correspondent/6414603.stm [Zugriff: 21.12.2022].

115 „World Habitat Day 2009 Scroll of Honour Award Winners“, *UN Habitat*, 27.09.2009, https://web.archive.org/web/20090927202525/http:/www.unhabitat.org/content.asp?typeid=19&catid=588&cid=7291 [Zugriff: 22. Dezember 2022].

116 Joseph Dato et. al., „Chechnya: the hidden genocide“, *UNPO*, 23.09.2003, https://unpo.org/article/291 [Zugriff: 22. Dezember 2022].

117 Tomasz Kamusella, „How China combined authoritarianism with capitalism to create a new communism“, *The Conversation*, 26.10.2021, https://theconversation.com/how-china-combined-authoritarianism-with-capitalism-to-create-a-new-communism-167586 [Zugriff: 22. Dezember 2022].

118 David J. Kramer, „Defeating Putin in Ukraine is Vital to the Future of Democracy“, *Journal of Democracy*, 05.2022, https://www.journalofdemocracy.org/defeating-putin-in-ukraine-is-vital-to-the-future-of-democracy/ [Zugriff: 22. Dezember 2022].

119 Shweta Sharma, „Putin 'resettling Ukrainians 5,500 miles away in Siberia and far east Russia', report claims“, *Independent*, 12.04.2022, https://www.independent.co.uk/news/world/europe/russia-ukraine-resettling-siberia-putin-b2056054.html_[Zugriff: 22. Dezember 2022].

120 Olesia Bida, „To a camp in the Far East. How Ukrainians flee Russia through interrogations, filtering and the FSB“, *hromadske*, 13.06.2022, https://hromadske.ua/en/posts/to-a-camp-in-the-far-east-how-ukrainians-flee-russia-through-interrogations-filtering-and-the-fsb_[Zugriff: 22. Dezember 2022].

121 Dean Kirby, „Putin sends Mariupol survivors to remote corners of Russian as investigation reveals network of 66 camps“, *iNews*, letzte Aktualisierung: 07.05.2022, https://inews.co.uk/news/putin-mariupol-survivors-remote-corners-russia-investigation-network-camps-1615516_[Zugriff: 22. Dezember 2022].

122 „Over 1.3M Ukrainians already deported to Russia“, *Ukrinform*, 17.05.2022, https://www.ukrinform.net/rubric-society/3485634-over-13m-ukrainians-already-deported-to-russia-ombudsperson.html [Zugriff: 22. Dezember 2022].

123 Tomasz Kamusella, „Putin's fascism“, *New Eastern Europe*, 25.04.2022, https://neweasterneurope.eu/2022/04/25/putins-fascism/ [Zugriff: 22. Dezember 2022].

124 Mark Doman, „How Putin unleashed the 'Syria playbook' on Ukraine“, *ABC.net*, 25.05.2022, https://www.abc.net.au/news/2022-05-26/damage-data-reveals-extent-of-vicious-russian-tactics/101070918 [Zugriff: 22. Dezember 2022].

125 „Warsaw Ghetto“, *Yad Vashem*, https://www.yadvashem.org/holocaust/about/ghettos/warsaw.html#narrative_info [Zugriff: 22. Dezember 2022].

126 „The Warsaw Ghetto Uprising“, *Holocaust Encyclopedia*, https://encyclopedia.ushmm.org/content/en/article/the-warsaw-ghetto-uprising [Zugriff: 22. Dezember 2022].

127 Piotr Forecki, „Forecki: Nasze mienie ‚pożydowskie'", *Krytyka Polityczna*, 14.12.2014, https://krytykapolityczna.pl/kultura/historia/forecki-nasze-mienie-pozydowskie/#mobile-site-navigation [Zugriff: 22. Dezember 2022].

128 „Wannsee Conference and the ‚Final Solution'", *Holocaust Encyclopedia*, https://encyclopedia.ushmm.org/content/en/article/wannsee-conference-and-the-final-solution_[Zugriff: 22. Dezember 2022].

129 Timofej Sergejtzew, „Tschto Rossija dolschna sdelat' s Ukrainoj", *Ria Novosti*, 03.04.2022, https://archive.ph/FoMBp_[Zugriff: 22. Dezember 2022].

130 Chris Brown, „A Kremlin paper justifies erasing the Ukrainian identity, as Russia is accused of war crimes", *CBC News*, 05.04.2022, https://www.cbc.ca/news/world/kremlin-editorial-ukraine-identity-1.6407921 [Zugriff: 22. Dezember 2022].

131 Taras Kuzio, „The Kremlin is committing genocide against Ukrainians for the second time in a century", *Holodomor Museum*, 07.03.2022, https://holodomormuseum.org.ua/en/news/the-kremlin-is-committing-genocide-against-ukrainians-for-the-second-time-in-a-century/_[Zugriff: 22. Dezember 2022].

132 „Bucha killing raise ‚serious' questions about possible war crimes: Bachelet", *UN News*, 04.04.2022, https://news.un.org/en/story/2022/04/1115482_[Zugriff: 22. Dezember 2022].

133 Joseph Lee, Doug Faulkner, „Ukraine war: Bucha deaths ‚not far short of genocide' – PM", *BBC News*, 06.04.2022, https://www.bbc.com/news/uk-61011022_[Zugriff: 22. Dezember 2022].

134 „Official: 30% of Russian missile strikes target military infrastructure, most hit civilian areas", *The Kyiv Independent*, 16.07.2022, https://kyivindependent.com/uncategorized/only-30-of-russian-missile-strikes-target-military-infrastructure-most-hit-civilian-areas [Zugriff: 22. Dezember 2022].

135 „War in Ukraine: Kyiv orders Azovstal troops to stop fighting, Russia claims control of Mariupol", *Le Monde*, 20.05.2022, https://www.lemonde.fr/en/international/article/2022/05/20/war-in-ukraine-kyiv-orders-azovstal-troops-to-stop-fighting_5984152_4.html_ [Zugriff: 22. Dezember 2022].

136 „Amid Russian Calls for ‚Tribunals', Concerns expressed over Fate of Azovstal Defenders", *RadioFreeEurope RadioLiberty*, 22.05.2022, https://www.rferl.org/a/ukraine-azovstal-prisoners-of-war-russia-tribunals/31862045.html_[Zugriff: 22. Dezember 2022].

137 Sophia Kishkovsky, „Russian forces reportedly stole valuable art from museums in Melitopol and Mariupol", *The Art Newspaper*, 03.05.2022, https://www.theartnewspaper.com/2022/05/02/russian-forces-reportedly-steal-art-museums-melitopol-mariupol_ [Zugriff: 22. Dezember 2022].

138 Dana Gorfiichuk,„Russia begins to clear Mariupol port entrance to export stolen grain and metal“, *Ukrainska Pravda*, 01.07.2022, https://www.pravda.com.ua/eng/news/2022/07/1/7355870/_[Zugriff: 22. Dezember 2022].

139 Alena Mazurenko, „Russians and collaborators steal what cars are left in occupied Mariupol – Intelligence Directorte“, *Ukrainska Pravda*, 09.07.2022, https://www.pravda.com.ua/eng/news/2022/07/9/7357204/ [Zugriff: 22. Dezember 2022].

140 Valentyna Romanenko, „Mariupol: occupiers start selling stolen humanitarian aid – mayor's adviser“, *Ukrainska Pravda*, 13.06.2022, https://www.pravda.com.ua/eng/news/2022/06/13/7352197/ [Zugriff: 22. Dezember 2022].

141 „Mariupol population has decreased fivefold since start of the war“, *Ukrinform*, 07.06.2022, https://www.ukrinform.net/rubric-ato/3501896-mariupol-population-has-decreased-fivefold-since-start-of-war.html [Zugriff: 22. Dezember 2022].

142 Amrit Burman, „Over 100,000 Mariupol Residents Have No Water, Food Access Since April': Ukrainian Mayor“, *Republic World*, 01.06.2022, https://www.republicworld.com/world-news/russia-ukraine-crisis/over-100000-mariupol-residents-have-no-water-food-access-since-april-ukrainian-mayor-articleshow.html [Zugriff: 22. Dezember 2022].

143 „Mariupol residents dying due to lack of medicines – mayor“, *Interfax Ukraine*, 04.07.2022, https://interfax.com.ua/news/general/843608.html_[Zugriff: 22. Dezember 2022].

144 Dina Krechetova, „Occupiers in Mariupol use children for propaganda – mayor's advisers“, *Ukrainska Pravda*, 07.06.2022, https://www.pravda.com.ua/eng/news/2022/06/7/7351073/ [Zugriff: 22. Dezember 2022].

145 Andrew Roth, „Russia uses Orwellian Propaganda news vans in Mariupol“, *The Guardian*, letzte Aktualisierung: 26.05.2022, https://www.theguardian.com/world/2022/may/26/russia-uses-orwellian-propaganda-news-vans-in-mariupol [Zugriff: 22. Dezember 2022].

146 „Treblinka: Key Dates“, *Holocaust Encyclopedia*, https://encyclopedia.ushmm.org/content/en/article/treblinka-key-dates [Zugriff: 21.12.2022].

147 „Russia's operation in Ukraine proceeds according to plan – Kremlin spokesman“, *Tass*, letzte Aktualisierung: 14.03.2022, https://tass.com/politics/1421801 [Zugriff: 22. Dezember 2022].

148 Denver Nicks, „Putin Boasts of Being Able to Take Kiev in 2 Weeks“, *Time*, 02.09.2022, https://time.com/3259699/putin-boast-kiev-2-weeks/ [Zugriff: 22. Dezember 2022].

149 „Mariupol death toll stands at 22,000 – mayor's adviser“, *Ukrinform*, 25.05.2022, https://www.ukrinform.net/rubric-ato/3491682-mariupol-death-toll-stands-at-22000-mayors-adviser.html [Zugriff: 22. Dezember 2022].

150 „Russia accused of using ‚mobile crematoria' in besieged Mariupol", *Euronews*, 06.04.2022, https://www.euronews.com/2022/04/06/russia-accused-of-using-mobile-crematoria-in-besieged-mariupol [Zugriff: 22. Dezember 2022].

151 Bogdan Wojdowski, *Bread for the Departed*, Northwest University Press: Evanston 1997.

152 Anna Politkovskaia: *La Russie selon Poutine*, Paris 2006, S. 357.

153 Michail Komin, Michail Fischman, „Nemzow sformulirowal ransche ostalnych, tschto Putin – eto wojna. Intervju ", in : *Nowaja gaseta*, 5.7.2022, https://novayagazeta.eu/articles/2022/07/05/nemtsov-sformuliroval-ranshe-ostalnykh-chto-putin-eto-voina [Zugriff : 27.12.2022].

154 „Vladimir Putin has shifted from autocracy to dictatorship", in : *The Economist*, 13.11.2021, https://www.economist.com/briefing/2021/11/13/vladimir-putin-has-shifted-from-autocracy-to-dictatorship_ [Zugriff: 22. Dezember 2022]. Andreas Rüesch, „Russland wandelt sich zur unverhüllten Diktatur – trotzdem läuft es für den Kreml nicht rund ", in : *NZZ*, 12.2.2021, https://www.nzz.ch/meinung/russland-wandelt-sich-zur-offenen-diktatur-trotzdem-laeuft-es-fuer-den-kreml-nicht-nach-wunsch ld.1601439?reduced=true [Zugriff: 22. Dezember 2022].

155 Andreas Beckmann, „Radikalisierung des Putin-Regimes. Von der ‚Gelenkten Demokratie' zur ‚Angstherrschaft'", in: *Deutschlandfunk*, 21.4.2022, https://www.deutschlandfunk.de/putin-russland-diktatur-demokratie-ukraine-100.html [Zugriff: 22. Dezember 2022].

156 Andrea Kendall-Taylor, Erica Frantz, „The Beginning of the End for Putin? Dictatorships Looks Stable – Until They Aren't", in: *Foreign Affairs*, 2.3.2022, https://www.foreignaffairs.com/articles/russianfederation/2022-03-02/beginning-end-putin [Zugriff: 22. Dezember 2022].

157 Anders Åslund, „Vladimir Putin's dark journey from economic reformer to war criminal", in: *Atlantic Council*, 13.06.2022, https://www.atlanticcouncil.org/blogs/ukrainealert/vladimirputins-dark-journey-from-economic-reformer-to-war-criminal/_[Zugriff: 22. Dezember 2022].

158 Vgl. Alexander Motyl, „Putin's Russia as a Fascist Political System", in: 49, 1 (2016), S. 25–36. https://yubanet.com/opinions/alexander-motyl-yes-putin-and-russia-are-fascist-how-they-meet-the-textbook-definition/ [Zugriff: 22. Dezember 2022]. Vgl. auch Timothy Snyder, „We Should Say it. Russia is Fascist", in: *The New York Times*, 19. 5. 2022, https://www.nytimes.com/2022/05/19/opinion/russia-fascism-ukraine-putin.html [Zugriff: 22. Dezember 2022].

159 Katrin Büchenbacher, Cian Jochem, „Putins Weg der Radikalisierung", in: *NZZ*, 26.07.2022, https://www.nzz.ch/international/putins-radikalisierung-seinewichtigsten-reden-in-der-analyse-ld.1689895?reduced=true [Zugriff: 22. Dezember 2022].

160 Maria Lipman, „Die Protestbewegung und die Antwort der Staatsmacht“, in: *RGOW* 41, 10 (2013), S. 8–11.

161 Jens Siegert, „Navalnyj und wie weiter?“, in: *RGOW* 49, 4–5 (2021), S. 3–4.

162 Lev Gudkov, *Wahres Denken. Analysen, Diagnosen, Interventionen*, Berlin 2017, S. 49.

163 Vgl. *RGOW* 42, 5–6 (2014): *Umbruch in der Ukraine. Konturen und Bedeutungen einer Revolution.*

164 Gudkov, *Wahres Denken* (Anm. 11), S. 133 ff., S. 148.

165 Wladislaw L. Inosemzew, „Phantomschmerz tut weh – für die Russen ist das Imperium die einzige Form des Gemeinwesens, die sie kennen“, in: *NZZ*, 3.1.2022,https://www.nzz.ch/meinung/bedrohte-ukraine-russlandkann-nichts-anderes-als-imperialismus-ld.1661721?reduced=true [Zugriff: 22. Dezember 2022].

166 Alexander Abalow, Wladislaw Inozemtsev, Ekaterina Kusnezowa, Ekaterina: „Das letzte Imperium. Russland ist dazu verdammt, eine revisionistische Macht zu sein“, in: *Internationale Politik*, 1. 1. 2019,https://internationalepolitik.de/de/das-letzte-imperium [Zugriff: 22. Dezember 2022].

167 Allen C. Lynch, „The Influence of Regime Type on Russian Foreign Policy toward ‘the West’, 1992–2015“, in: *Communist and Post-Communist Studies* 49, 1 (2016), S. 101–111, hier S. 105. https://www.jstor.org/stable/48610437#metadata_info_tab_contents [Zugriff: 22. Dezember 2022].

168 Jan C. Behrends, „Unter dem deutschen Radar. Die postsowjetischen Kriege 1991 bis 2022“, in: *APuZ* 72, 28–29 (2022), S. 21–27, hier S. 23. https://www.bpb.de/shop/zeitschriften/apuz/krieg-in-europa-2022/510254/unter-dem-deutschen-radar/ [Zugriff: 22. Dezember 2022].

169 Jonathan Littell, „War brought Vladimir Putin to Power in 1999. Now, it Must Bring Him down“, in: *The Guardian*, 3. 3. 2022, https://www.theguardian.com/commentisfree/2022/mar/03/vladimir-putin-ukraine-war-chechnya [Zugriff: 22. Dezember 2022].

170 Dmitrij Furman, „Russlands Entwicklungspfad. Vom Imperium zum Nationalstaat“, in: *Osteuropa* 61, 10 (2011), S. 3–20, https://zeitschrift-osteuropa.de/site/assets/files/3067/oe111001.pdf_ [Zugriff: 22. Dezember 2022]. Vgl. auch Andrii Portnov, „Im Osten nichts Neues“, in: *APuZ* 72, 28–29 (2022), S. 16–20. https://www.bpb.de/shop/zeitschriften/apuz/krieg-in-europa-2022/510253/im-osten-nichts-neues/ [Zugriff: 22. Dezember 2022].

171 Furman, *Russlands Entwicklungspfad* (Anm. 19), S. 10.

172 Abalow, Inozemtsev, Kusnezowa, „Das letzte Imperium“ (Anm. 15).

173 Jörg Baberowski, „Man muss die Kränkung über das verloren gegangene Imperium ernst nehmen“, in: *Philosophie Magazin*, 2. 3. 2022, https://www.philomag.de/artikel/joerg-baberowski-man-muss-die-kraenkung-ueber-das-verloren-gegangene-imperium-ernst_[Zugriff: 22. Dezember 2022].

174 Wjatscheslaw Epurjanu, Sofija Prjasnjakowa, „Roshdenie nazii. Kak Putin chotel unitschtoshit ukrainskij narod, no w itoge ukrepil ukrainskuju identitschnost“, in: *The Insider*, 12.7.2022, https://theins.ru/history/252084_[Zugriff: 22. Dezember 2022].

175 Lynch, „Influence“ (Anm. 16), S. 105.

176 Cristina Florea, „Putin's Perilous Imperial Dream. Why Empires and Nativism Don't Mix“, in: *Foreign Affairs*, 10. 5. 2022, https://www.foreignaffairs.com/articles/russian-federation/2022-05-10/putins-perilous-imperial-dream_[Zugriff: 22. Dezember 2022].

AUTOR:INNEN

Felix Ackermann – Kulturwissenschaftler, Historiker und Professor für Public History an der FernUniversität in Hagen
Victoria Amelina – ukrainische Schriftstellerin, Kriegsverbrecherforscherin
Fabian Bechtle – bildender Künstler und Co-Leiter des Forums demokratische Kultur und zeitgenössische Kunst
Alida Bremer – Schriftstellerin, Übersetzerin, Literaturwissenschaftlerin und Kulturmanagerin
Vasyl Cherepanyn – Leiter des Visual Culture Research Center / Kyjiw Biennial, Dozent, Kurator
Claudia Dathe – Literaturwissenschaftlerin, Kulturmanagerin und Übersetzerin aus dem Ukrainischen, Polnischen und Russischen
Franziska Davies – Osteuropahistorikerin, Akademische Rätin auf Zeit an der Ludwig-Maximilians-Universität München
Andrii Dostliev – Künstler, Kurator, Artist in Residence an der Central European University, Budapest, 2022–2023
Lia Dostlieva – Künstlerin, Kulturanthropologin, Essayist, Artist in residence an der Jan van Eyck Academie 2022–2023
Tanja Dückers – Schriftstellerin und Journalistin
Kinga Dunin – Literaturkritikerin, Schriftstellerin und Publizistin
Nicolas Hayoz – Professor für Politikwissenschaft mit Schwerpunkt Osteuropa an der Universität Fribourg
Jens Herlth – Slavist, Literaturwissenschaftler und Professor an der Universität Fribourg
Witold Jurasz – Journalist von Onet.pl, ehemaliger Diplomat und Chargé d'Affaires der Republik Polen in Minsk
Leon Kahane – Künstler, Fotograf, Co-Leiter des Forums demokratische Kultur und zeitgenössische Kunst
Tomasz Kamusella – Wissenschaftler interdisziplinärer Forschung in den Bereichen Sprachpolitik, Nationalismus und Ethnizität an der Universität St. Andrews

Botakoz Kassymbekova – Assistenzprofessorin an der Universität Basel für Neuere Geschichte mit den Schwerpunkten sowjetische Geschichte, Stalinismus, Poststalinismus und russische imperiale Geschichte

Aliaksei Kazharski – Dozent an der Fakultät für Sozialwissenschaften der Karls-Universität in Prag und wissenschaftlicher Mitarbeiter am Institut für Europäische Studien und Internationale Beziehungen der Comenius-Universität in Bratislava

Karolina Kołpak – Osteuropahistorikerin, Doktorandin an der Universität Yale

Aleksandra Konarzewska – Literaturwissenschaftlerin, wissenschaftliche Mitarbeiterin an der Eberhard Karls Universität Tübingen

Alexander Kratochvil – Slavist (Ukrainistik und Bohemistik) an der Ludwig-Maximilians-Universität München und Literaturübersetzer aus dem Ukrainischen und Tschechischen

Marcel Krueger – Autor, Übersetzer und Redakteur

Halyna Kruk – Dichterin, Prosaautorin, Kinderbuchautorin, Literaturwissenschaftlerin und Übersetzerin aus dem Polnischen

Michael Martens – Journalist, Südosteuropa-Korrespondent und Buchautor

Sergej Medwedew – Historiker, Politikwissenschaftler und Journalist, Professor an der Karls-Universität Prag und der Freien Universität Riga

Kateryna Mishchenko – Schriftstellerin, Verlegerin und Übersetzerin

Matthew Omolesky – Menschenrechtsanwalt und Forscher im Bereich der Erhaltung des kulturellen Erbes

Oleksiy Panych – Philosoph, Autor und Mitglied des PEN Ukraine

Andrii Portnov – Osteueropahistoriker, Professor an der Europa-Universität Viadrina, Frankfurt (Oder)

Susan Smith-Peter – Osteuropahistorikerin, Professorin am College of Staten Island/The City University of New York

Olga Radetzkaja – Übersetzerin aus dem Russischen und Französischen ins Deutsche, Redakteurin der Zeitschrift OSTEUROPA
Oleksiy Radynski – Künstler und Filmemacher
Wolodymyr Rafejenko – Schriftsteller, Literaturkritiker und Filmkritiker. Mitglied des PEN Ukraine
Petro Rychlo – Germanist, Literaturwissenschaftler, Übersetzer, Essayist und Professor an der Nationalen Jurij-Fedkowytsch-Universität Czernowitz
Oksana Sabuschko – Schriftstellerin, Dichterin und Essayistin
Schamma Schahadat – Slavistin, Professorin für Slavische Literatur- und Kulturwissenschaften an der Eberhard Karls Universität Tübingen
Boris Schumatsky – Schriftsteller, Publizist
Marci Shore – Osteuropahistorikerin, Professorin an der Universität Yale
Natalka Sniadanko – Schriftstellerin, Journalistin und Übersetzerin
Timothy Snyder – Osteuropahistoriker, Professor an der Universität Yale
Szczepan Twardoch – Schriftsteller und Publizist
Thomas Weiler – Übersetzer aus dem Belarusischen, Polnischen und Russischen ins Deutsche
Nina Weller – Slavistin und Literaturvermittlerin
Annette Werberger – Professorin für Literaturwissenschaft mit dem Schwerpunkt Osteuropäische Literaturen an der Europa-Universität Viadrina Frankfurt (Oder)
Georg Witte – Slavist, Komparatist, Übersetzer und Lyriker, em. Professor im Peter Szondi-Institut für Allgemeine und Vergleichende Literaturwissenschaft der Freien Universität Berlin
Serhij Zhadan – Schriftsteller, Dichter, Übersetzer, Musiker und politischer Aktivist

ISBN 978-3-949262-29-6

Umschlaggestaltung: Norbert Lauterbach, Berlin
Satz und Gestaltung: Norbert Lauterbach, Berlin

Druck: GGP Media GmbH, Pößneck

Gesetzt aus der Minion und der Frutiger